全国普通高等院校电子信息规划教材

电工理论与
控制技术基础

吴有林　张远强　金星　吴英　杨莎　编著

清华大学出版社

北京

内 容 简 介

本书是针对宽口径、应用型人才培养的教学需求和教学特点而编写的,全书共分 10 章,内容包括电路的基本概念及定律、电路的基本分析方法、电路中的暂态分析及应用、正弦交流电路、三相电路、磁路与变压器、交流异步电动机、直流电动机、交流继电接触控制系统、PCL 控制技术基础。每章、节之前都有重点知识点提示;每章例题都有知识目标;每章后附要求掌握的填空题、选择题问答题和必要的习题。书末提供各章主要习题的答案,便于有效引导学生学习。本书的最大特点是每章都配有 Flash 平台开发的二维动画高仿真电子课件,讨论书中的一些难点和重点。

本书概念清晰、重点突出,推导讲解透彻、通俗易懂,注重将经典理论和单元电路与工程应用、电器产品相结合。

本书可作为高等院校的应用电子技术、电器自动化工程、电子信息工程、通信工程、机电工程、计算机工程及其他理科专业的教材,也可作为工程技术人员继续教育的参考用书。

图书在版编目(CIP)数据

电工理论与控制技术基础/吴有林,张远强,金星,吴英,杨莎编著.—北京:清华大学出版社,
2012.6

(全国普通高等院校电子信息规划教材)

ISBN 978-7-302-28744-5

Ⅰ. ①电… Ⅱ. ①吴… ②张… ③金… ④吴… ⑤杨… Ⅲ. ①电工—理论—高等学校—教材 ②电气控制—高等学校—教材 Ⅳ. ①TM1 ②TM921.5

中国版本图书馆 CIP 数据核字(2012)第 089221 号

责任编辑:白立军　战晓雷
封面设计:常雪影
责任校对:梁　毅
责任印制:王静怡

出版发行:清华大学出版社
　　　　网　　　址:http://www.tup.com.cn,http://www.wqbook.com
　　　　地　　　址:北京清华大学学研大厦 A 座　　　　邮　　编:100084
　　　　社 总 机:010-62770175　　　　邮　　购:010-62786544
　　　　投稿与读者服务:010-62776969,c-service@tup.tsinghua.edu.cn
　　　　质量反馈:010-62772015,zhiliang@tup.tsinghua.edu.cn
　　　　课件下载:http://www.tup.com.cn,010-62795954
印 装 者:北京鑫海金澳胶印有限公司
经　　销:全国新华书店
开　　本:185mm×260mm　　印　张:15.25　　　　字　　数:365 千字
版　　次:2012 年 6 月第 1 版　　　　印　　次:2012 年 6 月第 1 次印刷
印　　数:1～3000
定　　价:25.00 元

产品编号:044185-01

1. 电工技术的发展与要求

"电工理论与控制技术"是研究电工技术和电子技术应用的基础课。电工控制技术这些年在计算机技术和通信技术的支持下发展非常迅速,也从原来的单一的电工理论和技术发展到集计算机理论和技术、通信理论和技术以及控制理论和技术于一体的新型的电力电子技术和新型的电力控制技术。过去无论是讲到电工理论或电工技术,都是集中在强电范围,即常说的电力系统,不涉及弱电方面的内容;而现在的电工技术完全融入弱电领域的各个学科,包括通信理论及技术、以单片机技术为主的 PCL 技术及理论、模拟电子技术和数字电路技术。也就是说,现在的学科虽然是独立的,但它们的应用则是互相渗透、相互交织的,因此,要求学生在本课程的学习过程中,同时要学习或了解其他弱电或计算机硬件相关学科的知识,分析各学科间技术的应用和支撑,特别是以单片机为主的软件知识和硬件知识,全面提高分析问题和解决问题的能力,去适应社会对人的要求。

2. 本课程的性质

本课程为理工类电专业和非电专业的基础课。电专业的课程名称为"电路基础",对应的教材一般分上、下两册,共 70～90 学时;非电理工类专业的课程名称为"电工学",对应的教材一般也分上、下两册,非电专业将下册改为电子技术的相关内容。根据目前二本院校理工类专业以培养宽口径人才为主的培养模式和教学目标,结合各类教材的特点和二本院校理工类人才培养定位的需要,本教材改为《电工理论与控制技术基础》,内容既具有必要的理论学习深度,又兼顾创新知识的传授。本课程的面授学时数控制在 54～72学时。本教材配套的电子课件具有大量的实时动画,能对书中的一些重点和难点进行透彻的说明,对学习关键知识点起到事半功倍的作用。

3. 本课程的目标

本课程包括以下 4 个目标。

(1) 综合目标:通过本课程的学习,掌握必要的电工理论,能对绝大部分电器产品的工作原理进行系统的分析,能在短时间内分析出支持该产品的核心技术及相关理论。

(2) 就业目标:能满足企业电器产品的生产、施工、销售、管理、维护和研发等方面的工作。能看懂各种电器设备的施工图,并承担单位或一般房屋的电路设计和安装施工。

(3) 等级目标:通过短期的相关安全法规方面的学习,能考取国家级的电工证(建议毕业当年完成此项工作)。

(4) 知识目标:在电类硕士研究生的入学考试中,专业成绩要达到合格要求。

4. 本课程对前后课程的要求

本课程是建立在"大学物理"基础上的一门专业基础课,有部分基础知识甚至直接来自高中物理的拓展,因此,对前修课中的一些基本概念和定性分析要求清楚地掌握。本课程对后续课程的影响较大,特别是与模拟低频电路、高频电路等课程的关联非常紧密,所以在学习过程中应尽量与其他学科的知识进行相互交融和联系,以扩大知识的视野。

本书在撰写过程中得到了"贵州省重点建设学科"的支持和帮助,在此表示感谢。由于作者水平有限,书中难免有不当之处,恳请读者批评指正。

编　者

2012 年 3 月

目 录

Contents

第 1 章

电路的基本概念与基本定律

本章重点

以欧姆定律为基础,掌握基尔霍夫电流定律(KCL)和基尔霍夫电压定律(KVL)及应用,并能用这些定律分析电器产品的核心理论。

本章重要概念

电压、电流的正方向、电位、电压、回路、网孔、地和公用点、电位升、电位降、开路、短路等。

本章学习思路

从中学物理知识向本学科过渡,充分理解基尔霍夫电流定律(KCL)和基尔霍夫电压定律(KVL)的拓展应用。理解全电路的欧姆定律在电源外特性分析中的应用过程。

本章的创新拓展点

基尔霍夫电流定律(KCL)和基尔霍夫电压定律(KVL)拓展分析在新型电器产品中的应用。

1.1　电路的作用与组成部分

本节知识重点　了解强电系统和弱电系统的电路组成及作用。

1.1.1　电路组成

电路是指电流流通的全部路径,它包括从电源开始到用户负载的全部网路,或者说是电能和其他形式的能量相互转换的设备的总称,分强电系统和弱电系统两大类。图 1.1 展示了强电系统的电路网络。

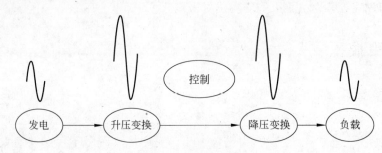

图 1.1　强电系统

从强电系统的电路组成框图可以看出,发电机所生产的交流电首先要经过升压变压器将电压升高后才送入输电网络。随输电网络的级别不同,升压级数分为 10 万伏、22 万伏、35 万伏和 50 万伏几种规模。用户端则是首先将输电网络的高压进行降压,一般情况下,都是先将输电网络的数万伏的高压经过多次降压后,才进入片区供电网,最后再经过降压才得到 380V 和 220V 低压供工、农业生产或一般家用。

无线电系统的电路网络要复杂一些,无线电通信系统电路的组成如图 1.2 所示。

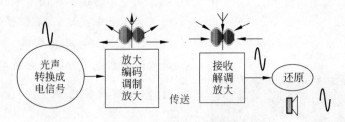

图 1.2　无线电系统

从图 1.2 可知,无线电系统的工作过程首先要经过光、声、电的转换过程,将现场的光、声或其他连续信号转变成电信号,再将电信号按一定方式进行编码调制,最后通过电磁波的形式发送,而接收端先必须将接收到的电磁波信号进行放大、解调,最后还原成可视、可听或可执行的低频信号,显然无线电系统中电信息的传送是由电磁波完成的。

讨论　现在用中学时所学过的知识进行讨论,什么情况下发电机发出的交流电要经过升压变换进入输电网络?升压变换的主要目的是什么?而到达负载前,为什么又要经过降压变换处理呢?什么情况下发电机发出的电可以直接供给负载?

1.1.2　电路的作用

电路的主要作用是实现电能的传输和转换,为了实现这一目的,电路通常由下面3个部分组成。

(1)电源:产生电能,为用户提供电能,包括交流和直流两种电源。

(2)中间环节:电能传送和控制。包括电压的升和降、网路间的切换、停和送等重要环节。

(3)负载:包括各种各样的用电设备,它的作用是将电能转换成其他形式的能量。如电炉将电能转换成热能,电灯将电能转换成光能,音响将电能转换成声能,电视将电能转换成光能和声能,电动机将电能转换成机械能等。

1.2　电路模型

本节知识重点　理解电原理图的绘制过程。

所谓电路模型就是将电路实物以电路图符号形式表示的电路连接图,这个电路图就叫电路模型或电原理图,在画电原理图时,通常将电路中的元件进行理想化后,再组成电路原理图,这样,在模型电路中,组成电路的元件性质为纯"元件",即纯电感、纯电容、纯电阻、电压源和电流源等。简单的电路及其模型如图1.3所示。

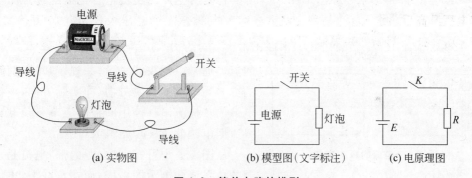

(a) 实物图　　　　　　(b) 模型图(文字标注)　　　　(c) 电原理图

图 1.3　简单电路的模型

有了电路模型的概念后,下面通过两个具体的实物电路来学习电原理图的绘制,第一个是手电筒电路,第二个是楼道开关控制电路。

实训　完成下面的实物电路的电原理图绘制(用4号图纸绘制)。

(1)绘制手电筒的电原理图:电路的实物如图1.4所示。

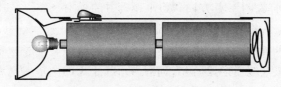

图 1.4　手电筒电路实物

（2）双向楼道开关：其工作过程是，人在楼下时打开电灯，上楼后关闭电灯；要下楼时先打开电灯，下到楼下后再关闭电灯。实物如图1.5所示，动画操作过程参见本书第1章电子课件。

图1.5 双向楼道开关示意图

实训目的：（1）懂得什么是电路原理图；（2）学会绘制简单的电原理图。

1.3 电压和电流的参考方向

本节知识重点 注意电路中电压、电流不同方向的物理意义。

1.3.1 真实方向

大学物理课中，在画电路时，对电路中电源、电压的极性通常用＋或－号来表示，电流的流向通常以箭头线表示，并规定，正电荷运动的方向为电流的真实方向（即实际方向，电流从电源的正极流出→经中间控制环节→负载做功→流回电源的负极），如图1.6所示。

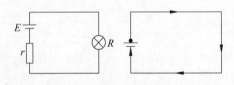

图1.6 电流的真实方向

从图1.6中可知，在电源内部，电流是从电源的负极流向电源的正极；而在负载上，电流则是从高电位点流向低电位点。

1.3.2 电流的正方向

在实际的电路计算时，由于电路通常都具有一定的复杂性，往往不知道电路中电流的真实方向。为了分析计算方便，这时可以假定它的正方向，这个假定的正方向就叫参考方向，如图1.7中的标有文字的箭头所示。这个极性或方向是我们规定的极性或方向，它与实际方向可能相同，也可能相反。当计算的结果为正值时，说明假定的方向与真实方向相同；当计算的结果为负值时，说明假定的方向与真实方向相反。

图1.7 电流的正（规定）方向

例 1.1　电路参数如图 1.8 所示,已知电压 $V=-10\text{V}$,电阻 $R=10\Omega$。计算图中流过电阻 R 上的电流 I。

本例知识目标: 理解电流的正、负关系。

解: 根据欧姆定律,流过电阻的电流应该等于电阻两端的电压与电阻之比,所以电流为:

$$I=\frac{V}{R}=\frac{-10}{10}=-1(\text{A})$$

图 1.8　例 1.1 电路

结果中电流是负值,说明电流是从下向上流的,和图中所画的方向不一致,图中的方向只是我们规定的正方向,或称标注的方向。

1.4　欧姆定律

本节知识重点　学会将电路理顺,使其符合非专业人员的阅读习惯。

欧姆定律在中学时就学习了。下面先用电压、电流正方向的概念,结合中学物理所学的关于欧姆定律的知识,对图 1.9 所示的单个元件电路进行计算。在 3 个电路中,先写出电阻两端电压的表达式,再看看电压的值和电流、电压的正方向有什么关系,从中找出规律。

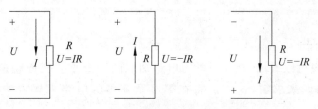

图 1.9　单个电阻元件电压的计算

从计算结果可知,电阻两端电压的极性完全取决于电流的流向,电流的流入端为电压的正极性端,流出端为电压的负极性端。从计算过程可以看出,对于单个元件的简单电路,使用的计算方法就是中学物理课中的欧姆定律。但随着计算机辅助设计在电器、电子行业的应用越来越普及,对一些简单的电路必须进行电路的理顺工作,以满足理论学习与工程相衔接的需要,这就需要将欧姆定律进行拓展应用。

现在引入一个新电路来学习怎样扩展欧姆定律的应用,从中学习电路的理顺(规范)工作,理顺电路的目的就是便于用中学时学到的知识求解电路。

例 1.2　原电路如图 1.10 所示,图中 $E_1=8\text{V}$,$E_2=-6\text{V}$,$R_1=50\text{k}\Omega$,$R_2=90\text{k}\Omega$,求图中 a 点的电位 V_a。

本例知识目标: 学会将电路理顺。

解: 重画电路的理顺原则是,E_1 的正极(8V)通过 R_1 接至 a 点,说明该电源的负极接地,这样就能画出电路的左支路。E_2 的负极通过 R_2 与 a 点连接,说明该电源的正极接地,这样就能画出右支路,重新理顺后的电路如图 1.11 所示。

在理顺的电路中,取电流按顺时针流动,则 a 点的电位应该等于第一个电源电动势减

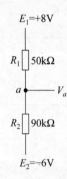

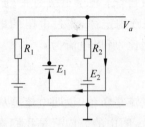

图 1.10 例 1.2 原电路   图 1.11 例 1.2 重新绘制的电路

去电流在电阻 R_1 上的电压降,所以为:

$$V_a = E_1 - U_{R_1}$$

因为

$$U_{R_1} = IR_1$$

而

$$I = \frac{E_1 + E_2}{R_1 + R_2}$$

所以

$$V_a = 8 - \left(\frac{8+6}{50+90}\right) \times 50 = 3(\text{V})$$

从理顺的过程可以看出,在大学学习电路知识的一个重要任务就是将复杂的电路化简,然后用中学知识来求解,这一点将在第 2 章众多的电路求解方法学习中充分体现出来。

1.5 电源有载工作、开路与短路

本节知识重点 (1)电路的 3 种状态;(2)电源的外特性。

本节新增概念如下:

开路:断开的电路。电路断开后,对电源而言,相当于负载为无穷大,电路中的电流 $I=0$,例如教室和家庭里的电源插座。开路时的示意电路如图 1.12(a)所示。

短路:电路处于短路时,对电源而言,相当于负载的电阻 $R=0$。根据欧姆定律,当电阻为零时,电路中的电流非常大,所以,禁止电源在使用中短路。图 1.12(b)为电路的短路。

直流:电路中电流、电压的大小和方向不随时间的改变而发生改变。提供这种电压或电流的电源称为直流电源,直流电压和电流的曲线如图 1.12(c)所示。

回路:在一个电路中,如果电流从电源的正极流出,经过中间环节后,又流回到电源的负极,那么,电流流过的路径称为回路。如人体触电事故就是电流通过人体形成了回路,所以人们在进行带电操作时必须保证人体不能成为电路的组成部分而形成回路。而

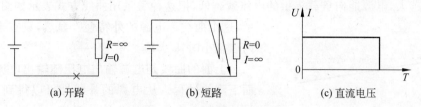

图 1.12　开路、短路和直流电压

通常在计算电路时,每次选择回路都要包括一条新的支路。

交流:电路中的电流和电压都随时间的不同在改变,工作在这种状态下的电路称为交流电路,供给电路的电源称为交流电源,如图 1.13 所示。

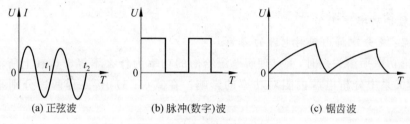

图 1.13　常见交流电压波形

討論

(1) 带电操作时如何避免人触电?

(2) 直流电能否用于电灯的照明或电炉取暖?

1.5.1　电源的有载工作

知识点:全电路的欧姆定律。

研究分析所采用的电路如图 1.14 所示,电路中,R_0 为电源的内阻,R 为电路的负载电阻。

1. 电压与电流的关系

根据欧姆定律,电路中的电流应该等于回路中的电动势除以回路中的总电阻,所以回路中的电流为:

$$I = \frac{E}{R_0 + R} \tag{1.1}$$

负载两端的电压或者叫负载得到的电压为:

$$U = IR \tag{1.2}$$

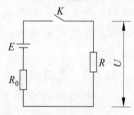

图 1.14　电源的有载工作

根据物理学中已掌握的电位单值性原理,将电流表达式(1.1)代入式(1.2)并整理后得:

$$U = R \times \frac{E}{R_0 + R} = E - R_0 I \tag{1.3}$$

式中,E 表示了电源端电动势的大小,而 $R_0 I$ 为电流在电源内阻上产生的压降。从电压方程可知,负载上得到的电压等于电源电压减去内阻上的压降。在电源电动势一定的情况

下,内阻越大,电源能向负载提供的电压就越低,把这种关系用曲线方式表示如图1.15所

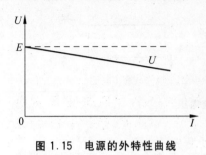

图 1.15　电源的外特性曲线

示,这个曲线称电源的外特性。显然,只有当电源的内阻很小时,$U \approx E$。

上面的曲线是电源输出电压随输出电流的增加而下降的过程。从电源的外特性可以得到启发,即设计任何一个电源时总是希望将内阻设计得很低。电子技术中的射极输出器、直流稳压电源和功率放大器的末级等都有这个主要的技术指标要求,希望内阻小,以增强带负载的能力。

> **讨论**　有时某片区的电压到了用电高峰期时,为什么家里的灯会变暗?

2. 功率和功率平衡

知识点：充分理解内阻对电源的影响。

在讨论功率平衡关系时,重点理解电源给出的功率为什么不等于负载上所消耗的功率,从平衡关系中分析电源内阻对功率的影响。在式(1.3)中,方程两边分别乘以电流 I 得：

$$UI = EI - R_0 I^2 \tag{1.4}$$

如果作简单的移项则为：

$$EI = UI + R_0 I^2 \tag{1.5}$$

显然,式中 $EI = P_E$ 应该是电源给出的功率,$UI = P$ 为负载上得到或消耗的功率,$R_0 I^2 = P_0$ 为电源内阻上所消耗的功率,即电源给出的功率为电源内阻上所消耗的功率与负载上所得到的功率之和。很明显,只有当内阻为零时,电源所给出的功率才等于负载所得到的功率。之前从电压平衡关系已说明,电源内阻越大,电源能向外供给的电压就越低,此处再次证明了电源内阻对功率的影响。

> **讨论**
>
> (1) 为什么在长距离的电力输电系统中要将电压升高?
>
> (2) 在设计家庭的电路时,哪些房间的电线要用得粗一些? 哪些房间的电线可以用得细一些?

例 1.3　电路如图1.16所示,图中,$U = 220\text{V}$,$I = 5\text{A}$,内阻 $R_{01} = R_{02} = 0.6\Omega$。

(1) 求电源电动势 E_1 和负载的反电动势 E_2；

(2) 试说明功率平衡关系。

本例知识目标：理解和掌握电源内阻对输出电压和输出功率的影响。

解：电流正方向规定如图1.16所示。根据全电路的欧姆定律,电源输出的电压 U 应该等于电源的电动势(或称端电压)E 减去内阻上的压降 $U_{R_{01}}$,即：

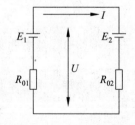

图 1.16　例 1.3 电路

$$U = E_1 - R_{01} I$$

移项后得：

$$E_1 = U + R_{01}I = 220 + 0.6 \times 5 = 223(\text{V})$$

E_2 应该等于 U 减去 R_{02} 上的压降或

$$U = E_2 + U_{R_{02}}$$

同样经移项后得：

$$E_2 = U - R_{02}I = 220 - 0.6 \times 5 = 217(\text{V})$$

从这两个电动势的数据可以看出，E_2 显然是处于被充电的状态，对 E_1 来说，E_2 是负载，因为电流是从正极流入，说明它在吸收功率。这种情况下，电源 E_1 产生的功率应该等于各负载消耗的功率和 E_2 所吸收的功率，E_1 产生的功率为：

$$P_1 = 223\text{V} \times 5\text{A} = 1115\text{W}$$

E_2 所吸收的功率为：

$$P_{E_2} = E_2 I = 217\text{V} \times 5\text{A} = 1085\text{W}$$

两个内阻所消耗的功率为：

$$P_R = (R_{01} + R_{02}) \times I^2 = 30\text{W}$$

根据能量守恒原则，电源 E_1 所给出的功率应该等于内阻上所消耗的功率加上 E_2 所吸收的功率，所以有：

$$P_1 = P_{E_2} + P_R = 1085\text{W} + 30\text{W} = 1115\text{W}$$

从这个例题的结果数据可以看出，电源的内阻不但使得输出电压下降，也使得输出功率下降，内阻上的功率以热能的形式消耗。

3. 电源与负载的判别

知识点：正、负功率。

在实际工作中，有时为了分析电路的工作状态，特别是在对某电源进行充电过程中，需要知道哪个是电源，哪个是负载。对电源或负载判别的依据是：在电路中，先确定电压的极性后，当电流是从电压正极流出时，则是电源；当电流是从电压的正极流入时，则是负载，如图 1.17 所示和例 1.3 的 E_2。

4. 额定值与实际值

知识点：掌握元件的安全使用条件。

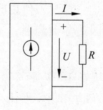 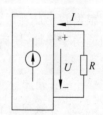

(a) 电流从正极流出　　　(b) 电流从正极流入

图 1.17　电源与负载的判断

1）额定值

对负载而言，它是设备允许工作在安全下条件下的电压、电流值，比设备所承受的最大值要小。对电源而言，它是可提供的规定值。可以说，电器设备的额定值是厂家制造时规定产品处于长期稳定、安全工作情况下的电压、电流和功率值。电器设备工作时，电压、电流超过额定值，功率将加大，可能导致设备损坏；低于额定值，将不能产生正常的光、热或机械能量。

2）实际值

对负载而言，它是所承受的实际电压和电流值，这个值可能高于或者低于额定值，也可能等于额定值，它基本上由电源所决定，例如，一个灯泡的额定电压是 220V，功率是

100W,在农村山区它的实际电压可能只有190V,此时所耗功率小于100W;而在城区个别地方可能有230V,此时它所消耗功率大于100W。对电源而言,它所输出的实际值往往由负载决定。例如,一台10kVA的发电机,只有当它的负载是10kW、功率因数为1时,它所输出的功率才是10kW;如果负载功率小于10kW,它所输出的功率就小于10kW;如果它的负载不是纯阻性负载,它输出的有功功率也不是10kW。

例1.4 有一只220V/60W的灯泡,接在220V的电源上,求通过该灯泡的电流和在220V电压下工作时的电阻。如果每晚工作3小时,问一个月用多少度电?

本例知识目标:理解功率和电能计量的关系。

解:根据中学物理知识,功率 $P=UI$

$$I = \frac{P}{U} = \frac{60}{220} = 0.273(\text{A})$$

所以

$$R = \frac{U}{I} = \frac{220}{0.273} = 806(\Omega)$$

一个月的用电量按30天计算,每天用电3小时,则:

$$W = Pt = 60 \times 3 \times 30 = 5.4 \text{kW} \cdot \text{h}(\text{即} 5.4 \text{度})$$

例1.5 有一个额定值为5W/500Ω的电阻,可以通过的额定电流为多少?在使用时,电压不能超过多少?

本例知识目标:理解元件的安全性。

解:根据电阻和功率的关系,电阻允许通过的电流的额定值为:

$$I = \sqrt{\frac{P}{R}} = \sqrt{\frac{5}{500}} = 0.1(\text{A})$$

再根据 $U=IR=0.1 \times 500 = 50(\text{V})$,使用时,一旦电阻两端的电压超过50V,电流将增加,引起功率增加,最后电阻因过热而烧断。

讨论

(1) 在例1.4中,电压在180V和250V时灯泡上的功率是多少?

(2) 在我国的农村电网工程中,为什么要进行电力输电线路的农网改造?它的经济价值体现在什么地方?

1.5.2 电源开路

知识点:开口处电压等于电源电压,电流为零。

对电源而言,如果它的负载为无穷大,即输出的电流为0,就叫电源开路,如图1.18所示。在开路状态,由于电路断点位置的不同,其开路口的电位极性也不同,图1.18中给出了3种不同断点时的电位极性。

如果把室内的插座看作一个独立的电源,只要这个插座上没插任何电器,它就是开路状态。又如放在实验室的直流电源或干电池等,只要没有接有负载,它们都处于开路状态。电源在开路状态下,其电压、电流和功率关系是:

$$I = 0; \quad U = E; \quad P = 0 \tag{1.6}$$

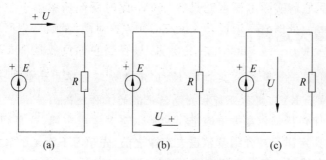

图 1.18 电源的 3 种开路状态

1.5.3 电源短路

知识点：短路处电压为零，电流非常大。

对电源而言，如果它的负载阻抗为零，就是电源的短路，如图 1.19(a)所示。在实际工作中，有时又会出现局部短路，如图 1.19(b)所示。电源短路后，它出现下面的特殊情况。

(1) 电源的端电压 $U=0$，如图 1.19(a)所示；局部短路时，短路点电压 $U_{R_1}=0$，如图 1.19(b)所示。

(2) 短路电流非常大，因为电源的内阻很小：

$$I = \frac{E}{R_0}$$

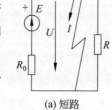
(a) 短路

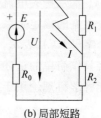
(b) 局部短路

图 1.19 电源的短路

(3) 由于短路电流很大，所以在内阻上的功耗非常大：

$$P_{E_0} = R_0 I^2$$

电源的输出功率 $P=0$。

所以，在任何时候，都禁止将电源短路，特别是一些自动控制设备上的微处理器芯片的参数保持电池更不能短路。

例 1.6 若一个电源的开路电压 $U_0=12\text{V}$，短路电流为 $I_s=30\text{A}$，求该电源的电压和内阻 R_0。

本例知识目标：理解电源内阻。

解：由于题目所给的端电压是在开路状态，所以此时开路电压就是电源电压：

$$E = U_0 = 12\text{V}$$

而内阻为：

$$R_0 = U_0/I_s = 12/30 = 0.4(\Omega)$$

从上述结论可以看出，如果不是电源有一个 0.4Ω 的内阻存在，那它的短路电流将是无穷大，因为 $I_s = \dfrac{E}{R_0}$，分母是不能为零的。

1.6 基尔霍夫定律

本节知识重点 应用 KCL 定律和 KVL 定律列写电路中的电压方程和电流方程，并能用 KCL 定律和 KVL 定律分析相关电器产品的工作理论。

基尔霍夫定律包括基尔霍夫电流定律和基尔霍夫电压定律，这是列写电路电流方程和电压方程的经典定律。在介绍基尔霍夫定律之前，先学习下面 4 个基本术语。

支路：电路中的每一条分支叫支路。

节点：电路中，具有 3 条支路或 3 条支路以上的连接点叫节点。

回路：由一条或多条支路组成的闭合电路叫回路。

网孔：内部不含支路的回路叫网孔。

1.6.1 基尔霍夫电流定律(KCL)

知识点：电路中的电流关系。

基尔霍夫电流定律是关于电路中电流分布规律的一个基本定律，它给出了电路各部分电流的确定关系。为了书写方便，将用它的英文名词 Kirchhoff's Current Law 的第一个字母 KCL 表示，这里要特别强调，物理学的定律绝大部分就是实验结论，所以关于定律将只作简单的论述，而不进行严格的数学证明，把重点放在如何正确、灵活地分析电路，并能将学科理论用于生产实验中去分析问题和解决问题。

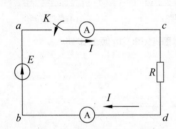

图 1.20 无分支电路上下两支路的电流相等

实验发现，在图 1.20 所示的无分支直流电路中，上下两条支路中各接一只精度和量程相同的电流表，当电路闭合后，两只表的电流读数完全相等。

这种现象完全服从电荷守恒定律，即电路中的电场力只能使电荷移动，而不能将其随意制造或消灭。其次在直流电路中，电流和电压都不随时间发生变化，即它们是固定的值。根据这样的观点来考查电路中的任意一点 c，就会发现流入 c 点的电流必然等于 c 点流出的电流。

为了说明这个结论的正确性，先设流入 c 点的电流大于流出的电流，即进入 c 点的电荷多于移出者。而电荷是不灭的，基于这种假设，势必在 c 点堆积正电荷，由此会引起 c 点电位的变化，随即 c、d 间的电位差也发生变化，根据欧姆定律，就应该是流经电阻 R 的电流也要发生变化，此电位、电流的变化是与直流电路的前提不相符的，所以这种假设显然不能成立。

因此，实际过程应该是，每当有 Δq 的电量进入 c 点时，必然有等量的电荷量移出 c 点，或者说流入 c 点的电流恒等于流出者，对电路的任意一点，情形都是相同的，所以在无分支电路中，电流是处处相同的，电流流动的这一特点叫电流的连续性。

对于如图 1.21 所示的有分支的复杂电路，电流的流动也必然是连续的，否则就会引起电位、电流的变化。

对于有分支的复杂电路,按照上面的分析,各个分支电路都应该有一个确定的电流,如图 1.21 中的 I_1、I_2、I_3、I_4、I_5 和 I_6,在电流分支的地方,即各个节点处,它们都是电路的一部分,不允许电荷的堆积,在这些节点上,电流必须是连续的,显然,只有流入的电流恒等于流出的电流,节点上的电荷才不会堆积,电流才连续,所以各节点处的电流关系为:

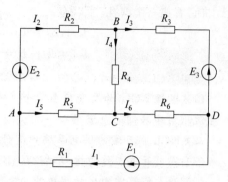

A 点:$I_1 = I_2 + I_5$

B 点:$I_2 = I_3 + I_4$

C 点:$I_6 = I_4 + I_5$

D 点:$I_1 = I_3 + I_6$

图 1.21 有分支复杂电路

归纳起来,可以得到这样的结论,在电路的各节点处,流入节点的电流恒等于流出同一节点的电流。这就是基尔霍夫电流定律(KCL)。如果将这一关系用数学公式来描述则为:

$$\sum I_入 = \sum I_出 \tag{1.7}$$

这一定律不但应用于列写复杂电路的电流方程,同时可扩展到一个大的区域,如对一个房间、一个办公区域而言,流入的电流必然等于流出的电流,这个定律广泛地应用于现代的保护电器产品中。

例 1.7 电路如图 1.22 所示,图中 $I_1 = 2A$,$I_2 = -3A$,$I_3 = -2A$,求 I_4。

本例知识目标:KCL 的简单应用。

解:根据 KCL,电路中流进的电流应该恒等于流出的电流,所以有:

$$I_1 + I_3 = I_2 + I_4$$

移项后得

$$I_4 = I_1 + I_3 - I_2 = 2 + (-2) - (-3) = 3(A)$$

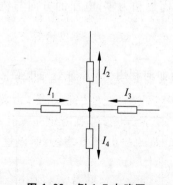

图 1.22 例 1.7 电路图

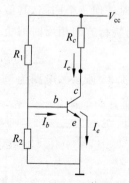

图 1.23 例 1.8 晶体管共射放大电路

例 1.8 如图 1.23 所示的电路叫晶体管共射放大电路,图中集电极电流 $I_c = 4.95mA$,发射极电流 $I_e = 5mA$,求基极电流 I_b。

本例知识目标:将 KCL 应用于电子技术中分析问题。

解：根据 KCL，对任意一个节点或网络，流入的电流恒等于流出的电流，对三极管而言，将它看成一个网孔，所以有：

$$I_c + I_b = I_e$$
$$I_b = I_e - I_c = 5 - 4.95 = 0.05(\text{mA})$$

讨论

(1) 根据 KCL，如果安装在某个房间的淋浴器漏电了，此时，流入这个房间的电流还等于流出这个房间的电流吗？

(2) KCL 在日常的供电系统中有什么作用？体现在哪些地方或产品中？

(3) 漏电开关工作的核心理论是什么？

(4) 在人们日常的生活用电中，都是使用单相电，即一条火线和一条零线，火线上的电流是否等于零线上的电流？

1.6.2 基尔霍夫电压定律(KVL)

知识点：电路绕行一周的电压关系。

引入讨论的电路如图 1.24 所示，图中元件的端点用 a、b、c、d 标记，而电位用 V_a、V_b、V_c、V_d 表示。

根据物理知识，电路中各点的电位具有单值性，而且各点电位在数值上等于单位正电荷在各点的电位能。现在想象持一单位正电荷从电路的任意一点开始绕行一周，看其电位的变化。设从 c 点开始，它具有 V_c 电位能，在顺时针方向的绕行过程中，它的电位（或电位能）有时增大，有时减小，返回到出发点 c 时，电位仍为 V_c。就是说，绕闭合回路一周，电位的净变化等于零，这个物理事实用相邻两点间的电位差的数学形式表示则为：

$$(V_c - V_d) + (V_d - V_a) + (V_a - V_b) + (V_b - V_c) = 0 \tag{1.8}$$

由此可见，在每个电位都出现一正一负的过程中，必然恒等于零。根据电压是两点间的电位差的概念，式(1.8)可以描述为：

$$U_3 + (-U) + U_1 + U_2 = 0 \tag{1.9}$$

式(1.8)说明，对任何一个回路，其绕行一周，电压的代数和为零，电压的方向与绕行方向一致时取正，与绕行方向相反时取负。

$$\sum U = 0 \quad \text{或} \quad \sum E = \sum U \tag{1.10}$$

下面以图 1.25 所示的电路为例，来分析和介绍如何利用 KVL 来列写电路的电压方

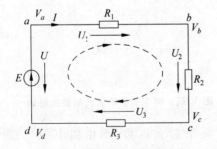

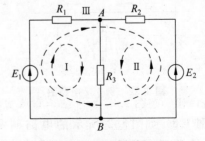

图 1.24　KVL 引入讨论电路　　　　　　图 1.25　多回路电路

程,最后通过电压方程和电流方程求解出电路中的电流。

首先按回路的概念将电路分为3个回路来列写回路的电压方程,从中总结出列写回路电压方程的规律。

在图 1.25 中,虚线所示为绕行方向,对回路Ⅰ有下面的电压关系:
$$E_1 = U_{R_1} + U_{R_3} \quad 或 \quad E_1 - U_{R_1} - U_{R_3} = 0$$
在回路Ⅱ中,虚线所示为逆时针绕行方向,所以有下面的电压关系:
$$E_2 = U_{R_2} + U_{R_3} \quad 或 \quad E_2 - U_{R_2} - U_{R_3} = 0$$
对大的回路Ⅲ而言,虚线所示为顺时针绕行方向,所以电压方程为:
$$E_1 - E_2 = U_{R_1} + U_{R_2} \quad 或 \quad E_1 - E_2 - U_{R_1} - U_{R_2} = 0$$
很明显,在列写3个回路的电压方程时,都有下面的规律:回路中的电动势和电压与绕行方向一致时取正值,与绕行方向相反时取负值。

例 1.9　电路如图 1.26 所示,已知,$U_{AB}=5\mathrm{V}$, $U_{BC}=-4\mathrm{V}$, $U_{DA}=-3\mathrm{V}$,求 U_{CD} 和 U_{CA} 为多少?

本例知识目标:KVL 在实际回路和虚拟回路中的应用。

解:根据 KVL,沿闭合回路绕行一周,电压的代数和为零,所以有:
$$U_{AB} + U_{BC} + U_{CD} + U_{DA} = 0$$
$$5 + (-4) + U_{CD} + (-3) = 0$$
所以
$$U_{CD} = 2(\mathrm{V})$$
对于求 U_{CA},A 点与 C 点间为虚回路,但电位关系仍服从 KVL,所以有:
$$U_{AB} + U_{BC} + U_{CA} = 0$$
移项代入数据得:
$$U_{CA} = -1(\mathrm{V})$$

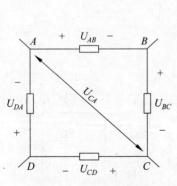

图 1.26　例 1.9 电路

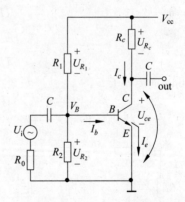

图 1.27　例 1.10 电路图

例 1.10　在图 1.27 所示的单管放大器电路中,各电流和元件上的电压正方向已在图中用箭头指示。当基极电流 I_b 太大时,晶体管要产生饱和(饱和是指基极电流 I_b 增加时,输出电压开始下降),利用 KVL,从电压方程中分析放大器产生饱和的原因。

解：根据 KVL，放大器的电压方程应该为：

$$U_{R_1} + U_{R_2} = V_{cc}$$

$$U_{R_c} + U_{ce} = V_{cc}$$

根据 KCL，放大器的电流方程应该为：

$$I_e = I_b + I_c$$

当由于基极输入电流 I_b 增加时，使发射极电流 I_e 增加，器件中，由于 $I_b \ll I_e$，所以认为 $I_e \approx I_c$。这样，一旦 I_b 增加，实质是 $U_{R_c} = I_c R_c$ 在增加时，根据 KVL，在 $U_{R_c} + U_{ce} = V_{cc}$ 中，U_{ce} 必须要减小，而 U_{ce} 的变化量是输出电压，所以，当 I_b 增加到一定数值后，输出不但不能增加，有时反而要减小，这就是放大器产生饱和的原因。

1.7 电路中电位的概念及计算

本节知识重点 　理解电路电位与参考点有关，电压与参考点无关的关系。

电流在电路中的流动实质上是电场力推动电荷移动，也就是说，电场力在推动电荷的移动过程中必须做功，我们把电场力做功的能力叫做电压，用字母 U 表示。当正电荷 $\mathrm{d}q$ 从 a 点移动至 b 点时，电场力所做的功为 $\mathrm{d}A$，则 a、b 两点间的电压为：

$$U_{ab} = \frac{\mathrm{d}A}{\mathrm{d}q} \quad \text{或} \quad U_{ab} = V_a - V_b$$

式中 V_a、V_b 实质就是 a、b 两点的电位，因此，电压实质就是电路中两点间的电位差。

电压和电位差又是两个不同的概念，电压一定是指某两点间的电位之差，而电位是指某点与参考点的电压之差，在电路中，选择不同的参考点，电路中各点的电位就有所不同。

在图 1.28 所示的电路中，当选择 G 点作为参考点后，电路中的电位点有 3 个，分别为 V_a、V_b 和 V_c，电压也有 3 个，分别为 U_{R_1}、U_{R_2} 和 U_{R_3}，在数值上它们为：

$$U_{R_1} = V_a$$

$$U_{R_2} = V_b - V_a$$

$$U_{R_3} = E - V_b$$

而 V_c 可以直接等于 E。

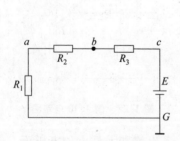

图 1.28　电路中的电位关系

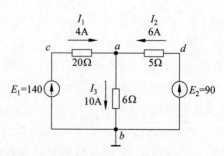

图 1.29　例 1.11 电路图

例 1.11　电路如图 1.29 所示，图中各电动势的数值和各电阻元件的数值已标出，求各点的电位。

本例知识目标：学习选择最佳电位计算的参考点。

解：根据电路结构，选取点 b 作为电位计算的参考点最合适，其他任意一点对计算电路中的电位都不是很有利。当选 b 点作为参考点（即零电位点）后，各点的电位为：

$$V_a = I_3 R_3 = 10 \times 6 = 60(\mathrm{V})$$

$$U_{ab} = V_a - V_b = 60(\mathrm{V})$$

如果选 a 点作为参考点，则 b 点的电位为 $-60\mathrm{V}$。

可见电路中的电位与参考点的选取有关，而与电压无关，电路中某两点间的电压是不变的，是绝对的。

例 1.12 电路如图 1.30 所示，电压和元件参数已在图中标出，计算图中 b 点的电位。

本例知识目标：学习理顺电路。

解：设电流按图示方向流动，所以 b 点电位应该等于电源电压（$+6\mathrm{V}$）减去 R_2 上的压降，由于所取的绕行方向与电动势的方向一致，所以电动势取正值，它们为加的关系，故电路中的电流为：

$$I = \frac{6+9}{R_1 + R_2} = \frac{6+9}{100+50} = 0.1(\mathrm{A})$$

所以 b 点电位为：

$$V_b = 6 - I R_2 = 6 - 0.1 \times 50 \times 10^3 = 1(\mathrm{V})$$

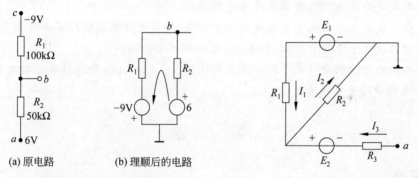

图 1.30 例 1.12 电路图   图 1.31 例 1.13 电路图

例 1.13 电路如图 1.31 所示，已知 $E_1 = 12\mathrm{V}$，$E_2 = 4\mathrm{V}$，$R_1 = 4\Omega$，$R_2 = R_3 = 2\Omega$，求 a 点电位。

本例知识目标：闭合回路才有电流流动。

分析：本例的电路只有一个闭合回路。R_3 支路处于开路状态，没有电流流动，所以在 R_3 支路的电阻元件上是没有压降产生的，只有电势存在。

解：对闭合回路而言，它的电流关系如下：

$$I_1 = I_2 = \frac{E_1}{R_1 + R_2} = \frac{12}{4+2} = 2(\mathrm{A})$$

对于非闭合的 R_3 支路，由于处于开路状态，所以它的电流为零，即：

$$I_3 = 0$$

这样,电路中 a 点有电位 V_a 为:

$$V_a - R_3 I_3 - E_2 + R_2 I_2 = 0 - 4 + 2 \times 2 = -4(\text{V})$$

1.8 本章小结

电路分析是指已知电路图(电路结构)及元件参数,求电路各支路中的电流或节点电位。

本章介绍了电压源、电流源、电源的外特性,电源的 3 种特殊状态。

全电路的欧姆定律是研究电源外特性的主要理论手段之一。

KCL 和 KVL 是分析电路和列写电路方程的经典定律。KCL 的内容是对任何一个节点或网络而言,流入的电流等于流出的电流。KVL 的内容是沿任意回路绕行一周,其电压降的代数和为零。这两个定律用公式表示如下:

$$\sum I_入 = \sum I_出$$

$$\sum U = 0 \quad 或 \quad \sum E = \sum IR$$

KCL 近些年在工业产品中的典型应用是漏电开关。

电路中各节点的电位只与参考点的选取有关,与电压无关。

回顾思考与讨论

(1) 本章讲的经典理论的主要内容有哪些?

(2) 为什么在电力系统中要大量使用变压器,而不直接从发电厂接到用电负载上?

(3) 请找出一个或多个 KCL 和 KVL 应用的典型产品。

(4) 电源的外特性要求在使用中注意些什么?人们在进行金属材料拼接时使用的电焊机属于电流源还是电压源?

习　　题

一、填空题

1.1　当电源电压一定时,如果负载电阻 R 增大,流过负载电阻 R 中的电流也应该随之_____。

1.2　当负载一定时,如果电源电压 E 增大,流过负载电阻 R 中的电流呈_____。

1.3　如果将两个 100W/220V 的灯泡串联接在 220V 电源上,每个灯泡消耗的功率应该为_____。

1.4　如果将一个 100W/220V 的灯泡和另一个 25W/220V 的灯泡串联接在 220V 电源上,两个灯泡分别会出现_____。

1.5　家庭或办公室安装的电源插座上在没有接用电设备时,该插座上的电压应该为_____。

1.6　某人在进行带电操作时,必须保证自己的身体不与电路组成_____,否则此人将触电。

1.7　通常家用或办公用电器规定的额定电压是220V,但由于某种原因,某区域内的供电电压只有200V,虽然这个区域的电器能工作,但它们所消耗的功率将_____。

1.8　电源的外特性主要是指:随负载电流的增加,电源的_____将下降,这种下降是由于电源的_____所引起的。

1.9　负载一定时,引起电压源输出电压下降的原因是_____。

1.10　当负载电流增加时,电压会下降,这是因为_____。

1.11　用电流源供电时,为了保证最大电流输出,希望电流源的内阻_____。

1.12　当在某些电路中只标有电源电压是正值时,说明该电源的负极是_____的。

1.13　有人在绘制电原理图的供电电源时只注明为－5V,说明该电源的正极是_____的。

1.14　基尔霍夫电流定律(KCL)不但适用于电路的某个节点,_____某个房间或区域。

1.15　为了防止触电事故发生,通常在用电设备的进线端安装漏电开关,漏电开关工作的核心理论是_____。

1.16　室内的电源插座常处于开路状态,根据KVL,这些插座上的电压是_____V。

1.17　基尔霍夫电压定律(KVL)不但适用于闭合电路的电压方程列写,也能用于_____电路的电压方程列写。

1.18　电路中的电位只与电路的_____有关,而与电压无关。

二、问答题

2.1　指出图1.32中的支路数、节点数和网孔数。

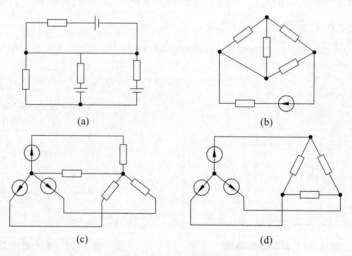

(a)　　　　　　　　　　(b)

(c)　　　　　　　　　　(d)

图 1.32　2.1题电路图

2.2　某人在进行照明电路的安装时,是按图1.33所示完成的。验收时,两盏灯都能正常工作,但验收人员确认为不合格。请分析不合格的原因。

2.3　某人在实验室测量图1.34中a、b两点间的电压时,将万用表的红表笔接到b点,黑表笔接到a点,测得的读数是怎样的?

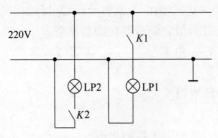

图 1.33　2.2 题电路图

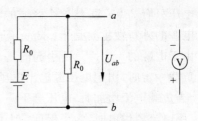

图 1.34　2.3 题电路图

三、计算题

3.1　图 1.35 中已知，$I_1 = 5\text{A}$，$I_2 = 2\text{A}$。求 I_3。

3.2　图 1.36 中已知，$I_1 = 2\text{A}$，$I_3 = 3\text{A}$，求流经 E_2 支路的电流。

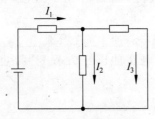

图 1.35　3.1 题电路图

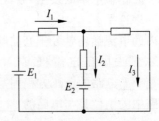

图 1.36　3.2 题电路图

3.3　图 1.37 中已知 $E_1 = 6\text{V}$，$E_2 = 12\text{V}$，$E_3 = 5\text{V}$。$R_1 = R_2 = 1\Omega$，$R_3 = 5\Omega$，$R_5 = 11\Omega$，$R_4 = 9\Omega$，求开关 K 打开时 R_4 中的电流。

3.4　已知图 1.38 中 $I_1 = 0.3\text{A}$，$I_2 = 0.5\text{A}$，$I_3 = 1\text{A}$，求 I_4。

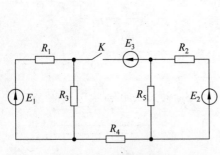

图 1.37　3.3 题电路图

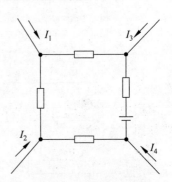

图 1.38　3.4 题电路图

3.5　图 1.39 中 $I_e = 3\text{mA}$，$I_b = 60\mu\text{A}$。求 I_c。

3.6　分压电路如图 1.40 所示，图中各段的电压和电流值已在图中注明。求各电阻。

3.7　图 1.41 中 $E_1 = 480\text{V}$，$E_2 = 600\text{V}$，$R_1 = 12\Omega$，$R_2 = R_3 = 4\Omega$，$R_4 = 7\Omega$。求 R_1 中的电流。

3.8　图 1.42 中，$E_1 = 40\text{V}$，$E_2 = 10\text{V}$，$E_3 = 20\text{V}$，$R_1 = 10\Omega$，$R_2 = 5\Omega$，$R_3 = 4\Omega$，求各电阻支路中的电流。

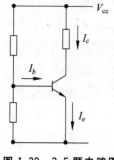

图 1.39 3.5 题电路图

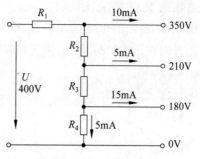

图 1.40 3.6 题电路图

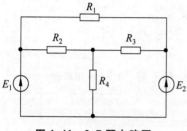

图 1.41 3.7 题电路图

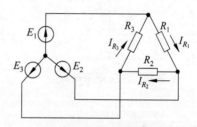

图 1.42 3.8 题电路图

3.9 电路如图 1.43 所示,各参数已在图中标注,如果图中电流 $I_5 = 0$,求 R_4。

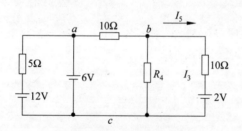

图 1.43 3.9 题电路图

3.10 电路如图 1.44 所示,图中各电阻元件的阻值已标出,各段电流方向和数值如图所示。求图中各段电压和总电压 U。

3.11 电路如图 1.45 所示,图中 $U_{R_1} = 8.3\text{V}$,$U_{be} = 0.7\text{V}$,求图中电压 V_{cc}。

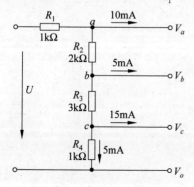

图 1.44 3.10 题电路图

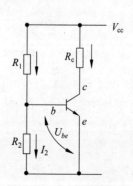

图 1.45 3.11 题电路图

3.12 电路如图 1.46 所示，图中 $U_{R_c} = 4V$，电源电压 $V_{cc} = 9V$，求管压降 U_{ce}。

3.13 如图 1.47 所示的电路为单管放大电路，图中 $I_b = 100\mu A$，$I_c = 2mA$，$I_1 = 1mA$，各电流方向在图中已标出，电阻元件阻值如图所示。求图中各段电压 U_{ce}、U_{R_c}、U_{R_1}、U_{R_2}、U_{be} 及 V_{cc}。

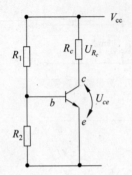

图 1.46　3.12 题电路图

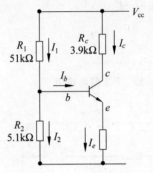

图 1.47　3.13 题电路图

第 2 章

直流电路的分析方法

本章重点

依据经典的 KVL 和 KCL,使用新的计算方法,包括支路电流法、叠加原理、节点电压法、电压源和电流源的等效转换、代维南定理等对复杂电路中的电压和电流进行分析和计算。

本章重要概念

节点电位、回路电流、电源单独作用、电流叠加、等效变换、电压源、电流源、开口电压和短路电流。

本章学习思路

学习电路新的计算方法,将复杂的电路化简成简单的电路,最后用欧姆定律求解。

本章的创新拓展点

将理论知识用于对新型电子产品相关工作原理的分析。

2.1 电阻串、并联接的等效变换

本节知识重点   串联电阻的分压原理与应用,并联电阻的分流原理与应用。

电阻的串联和并联在中学物理和大学物理课程中已经作过介绍,但那时主要的任务是完成串联和并联后进行电阻值的计算,现在学习的重点是转移到用串、并联实现电路的分压和分流功能。下面首先介绍电阻的串、并联及等效变换,再介绍电阻元件的特性和作用。

2.1.1 电阻的串联与分压原理

从中学的物理课程已知,电阻在电路中的作用是阻碍电流或限制电流的流动。根据欧姆定律,电路中一旦有电流流动,就会在它流过的负载(电阻)上产生电压降,这个电压降与电阻值成正比关系,利用这种关系在电路中电阻就起到分压作用。

1. 电阻的串联

将两个以上电阻的头、尾相联,就叫电阻的串联。电阻串联后,对电源而言,可以用一个等值的电阻去代替,这个等值的代替电阻就叫等效电阻,它在数值上等于各个电阻的代数和,如图 2.1 所示。

当多个电阻串联后,对电源而言,其总的电阻为:

$$R_{总} = R_1 + R_2 + \cdots + R_{N-1} + R_N \tag{2.1}$$

2. 串联电阻的分压原理

串联电阻分压的分析电路如图 2.2 所示,电路中电流的绕行方向为图中虚线所示方向。

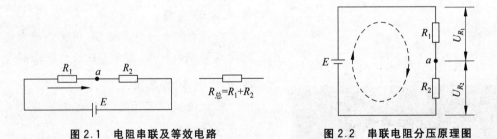

图 2.1 电阻串联及等效电路   图 2.2 串联电阻分压原理图

在电路中,根据全电路的欧姆定律,回路中的电流 I 应该等于电源电压除以回路中的总电阻,即:

$$I = \frac{E}{R_1 + R_2} \tag{2.2}$$

而 $U_{R_1} = E = U_a$ 或者 $U_{R_1} = I \times R_1$,如果将中点 a 作为电压的分界点,可以看出,电压关系为:$U_a = U_{R_2} = IR_2$,将电流表达式代入后将得到:

$$U_a = IR_2 = U_{R_2} = E \times \frac{R_2}{R_1 + R_2} \tag{2.3}$$

从式(2.3)中可以看出，U_a 不但与电阻 R_2 成正比，并且它是电源电压的一部分，R_2 越大，U_a 就越高，也就是说，它从电源电压那里分得的电压就越高。同理，可以得到 U_{R_1} 的表达式。

$$U_{R_1} = E \times \frac{R_1}{R_1 + R_2} \qquad (2.4)$$

从式(2.3)和式(2.4)可知，当要求哪个电阻上的电压时，就用哪个电阻作分子，电阻越大，从电源那里分得的电压就越高。

式中 $\dfrac{R_1}{R_1+R_2}$ 和 $\dfrac{R_2}{R_1+R_2}$ 叫电路的分压系数。

例2.1 电路如图2.3所示，已知电源电压 $E=10\text{V}$，当要求输出电压为5V时，求电阻 R_1 和 R_2 的比值。

本例知识目标：分压原理应用。

解：电路的输出电压 U_{out} 实质就是电阻 R_2 上的电压 U_{R_2}，所以有：

$$U_{\text{out}} = U_{R_2} = E \times \frac{R_2}{R_1 + R_2} = 5(\text{V})$$

因为电源电压为10V，所以分压系数为0.5，因此 $R_1 = R_2$。

讨论

(1) 在各种电压表中，电压的量程档位从 $1\text{V}\sim2500\text{V}$，它利用的是什么原理？

(2) 各种音响设备中，音量大小的控制原理是什么？

(3) 家用电吹风机的低压是如何取得的？

3. 电阻元件的伏/安特性

在图2.4所示的电路中，设电阻为定值 5Ω，将电压分别按表2.1中所示的数值调整，并将所得的电流值填入表2.1中。

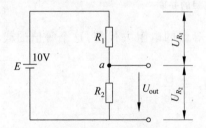

图 2.3 例2.1电路图

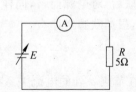

图 2.4 电阻伏/安特性实验图

表 2.1 电阻伏/安特性实验数据

电压(V)	1	2	3	4	5	6	7	8	9	10
电流(A)	0.2	0.4	0.6	0.8	1	1.2	1.4	1.6	1.8	2

从表2.1中的数据可知，当电阻为常数，电压增加时，电流也跟着增加，并且这种增加呈线性关系，用坐标轴表示这种关系就是电阻的伏/安特性，如图2.5所示。

从图2.5所示的曲线可以得到这样一个结论：普通的电阻元件是一种线性元件，它

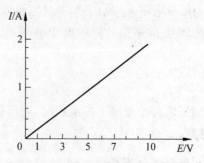

图 2.5 普通电阻的伏/安特性曲线

的伏/安特性是一条经过坐标原点的直线(特殊用途的电阻元件除外,如热敏电阻、气敏电阻、光敏电阻、压敏电阻和湿敏电阻等)。

2.1.2 电阻的并联与分流原理

1. 电阻的并联

电阻的并联是指将两个以上的电阻头和头、尾和尾连接在一起,图 2.6 为两个电阻并联电路。

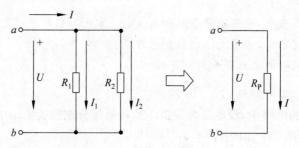

图 2.6 两个电阻的并联

电阻并联后,对电源而言,同样可以用一个等值的电阻去代替,这个等值的代替电阻叫等效电阻,根据欧姆定律有:

$$I_1 = \frac{U}{R_1}; \quad I_2 = \frac{U}{R_2} \tag{2.5}$$

根据 KCL,在节点 a 处的电流关系有:

$$I = I_1 + I_2 = U\left(\frac{1}{R_1} + \frac{1}{R_2}\right) \tag{2.6}$$

如果令

$$R_P = \frac{1}{R_1} + \frac{1}{R_2} \tag{2.7}$$

显然式中 $\frac{1}{R_1}$ 和 $\frac{1}{R_2}$ 都是电阻的倒数,所以,电阻并联后,总的电阻的倒数等于各电阻的倒数之和。将式(2.7)代入式(2.6)后得到总电流的表达式:

$$I_{总} = \frac{U}{R_P} \quad 或 \quad U = IR_P \tag{2.8}$$

式中 R_P 就是并联电阻的等效电阻值,当电路中只有两个电阻并联时,等效电阻的数值为:

$$R_P = \frac{R_1 \times R_2}{R_1 + R_2} \qquad (2.9)$$

从式(2.9)可以看出,电阻并联后,总的电阻值减小了。当有多个电阻并联时,总电阻的倒数同样等于各个电阻的倒数之和。

$$\frac{1}{R_总} = \frac{1}{R_1} + \frac{1}{R_2} + \cdots + \frac{1}{R_{N-1}} + \frac{1}{R_N} \qquad (2.10)$$

如果令 $G = 1/R$,则可以得到:

$$G_总 = G_1 + G_2 + \cdots + G_{n-1} + G_n \qquad (2.11)$$

式中,G 为电阻的倒数,称为电导。

2. 并联电阻元件的分流原理

电阻元件串联起来可以在电路中起到分压作用,并联起来可以在电路中起分流作用,分析使用的电路如图 2.7 所示。

由于电路只有两个电阻并联,所以并联后的总电阻为:

$$R_总 = \frac{R_1 \times R_2}{R_1 + R_2} \qquad (2.12)$$

根据欧姆定律,电路两端总的电压为:

$$U = IR_总 = I \times \left(\frac{R_1 \times R_2}{R_1 + R_2} \right) \qquad (2.13)$$

根据欧姆定律,电路两个分电流分别为电阻两端的电压除以电阻,所以有:

$$I_1 = \frac{U}{R_1}, \quad I_2 = \frac{U}{R_2}$$

而电压由式(2.13)决定,将式(2.13)代入分电流表达式中得:

$$I_1 = I \times \frac{R_2}{R_1 + R_2}, \quad I_2 = I \times \frac{R_1}{R_1 + R_2} \qquad (2.14)$$

显然,电阻的比例项 $\frac{R_2}{R_1 + R_2}$ 或 $\frac{R_1}{R_1 + R_2}$ 都小于1,称为分流系数。所以分电流等于总电流乘以分流系数,也就是说,支路电流只是总电流的一部分,它总是小于总电流,支路中的电阻是分流系数的分子。支路中的电阻越小,它从总电流分走的电流就越大。

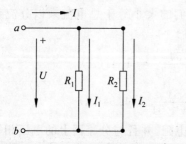

图 2.7 并联电阻的分流原理图

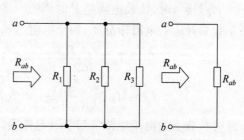

图 2.8 例 2.2 电路图

例 2.2 电路如图 2.8 所示,图中 $R_1 = 33\text{k}\Omega$,$R_2 = 15\text{k}\Omega$,$R_3 = 0.8\text{k}\Omega$,计算图中的等效并联电阻。

本例知识目标：多个电阻相并联,总阻值以小的一个为主。

解：多个电阻并联,总的电阻的倒数等于各个电阻的倒数之和。

即
$$\frac{1}{R_{总}} = \frac{1}{R_1} + \frac{1}{R_2} + \frac{1}{R_3}$$

代入各电阻的数据后得:

$$R_{总} = \frac{1}{1.35} \approx 0.8(k\Omega)$$

例 2.3　电路如图 2.9 所示,图中 $R_L = 51\Omega$,电源电压 $U = 220V$,中间环节为 4 个电阻串联分压器,每段电阻值为 27Ω,串联后总电阻值为 108Ω,求开关 S 分别打在 a,b,c,d 四个点时,负载和分压电阻各段所通过的电流及负载电压。

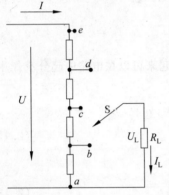

图 2.9　例 2.3 电路图

本例知识点：串联电阻的分压作用,并联电阻的分流作用。

解：(1) 在 a 点接入时的电流和电压。

因为 a 为零电位点,不但没有电压,也没有分流作用,所以,负载电压和分电流都为零。

$$U_L = 0, \quad I_L = 0$$

而此时流经分压电阻器的总电流直接用欧姆定律求出:

$$I_{ea} = \frac{U}{R_{ea}} = \frac{220}{108} \approx 2.04(A)$$

(2) 在 c 点接入时的电流和总电阻。

负载从分压电阻的中点接入,这时电路的总的等效电阻 R' 应该是负载电阻 R_L 与 R_{ca} 并联,然后再加上 R_{ec}:

$$R' = \frac{R_{ca} \times R_L}{R_{ca} + R_L} + R_{ec} = \frac{54 \times 51}{54 + 51} + 54 = 80(\Omega)$$

由于此时电路总的电阻减小,所以从电源得到的电流应该有所增加,其大小为:

$$I_{ec} = \frac{U}{R'} = \frac{220}{80} = 2.75(A)$$

(3) 在 c 点并入时的分电流关系。

在 c 点接入时,负载电流是总电流的一部分,它们的大小等于总电流乘以分流系数,分流系数是旁边的电阻作分子,两个电阻之和为分母。

$$I_L = I_{ea} \times \frac{R_{ca}}{R_{ca} + R_L} = 2.75 \times \frac{54}{54 + 51} = 1.41(A)$$

$$I_{ca} = I_{ea} \times \frac{R_L}{R_{ca} + R_L} = 2.75 \times \frac{51}{54 + 51} = 1.34(A)$$

此时负载上的电压应该等于负载电流乘以负载电阻,并且与分流器上的电压相等:

$$U_L = I_L R_L = 1.41 \times 51 \approx 72(V)$$

可以看出,尽管是可变电阻的中点接入,但电压并不等于一半,而是低于一半。这是因为可变电阻的下半部分电阻并联后,并联电阻不是总电阻的 1/2,所以根据分压理论,此处的电压必然低于 1/2。

（4）在 d 点，负载电阻向上移动到了负载的 3/4 处，下面的总并联电阻有所增加，此时总的等效电阻为 R''：

$$R'' = \frac{R_{da} \times R_L}{R_{da} + R_L} + R_{ed} = \frac{81 \times 51}{81 + 51} + 27 = 58(\Omega)$$

总电流为：

$$I_{ea} = \frac{U}{R''} = \frac{220}{58} = 3.8(A)$$

而这种情况下，各分电流仍是总电流乘以分流系数，同样分流系数是旁边的电阻作为分子，负载上的电压是负载乘以负载电流，它们分别是：

$$I_L = I_{ea} \times \frac{R_{da}}{R_{da} + R_L} = 3.8 \times \frac{81}{81 + 51} = 2.3(A)$$

$$I_{da} = I_{ea} \times \frac{R_L}{R_{da} + R_L} = 3.8 \times \frac{51}{81 + 51} = 1.47(A)$$

$$U_L = R_L I_L = 51 \times 2.3 = 117(V)$$

（5）负载接至 e 点，此时负载和分压器两者处于并联状态，接在 220V 电源上，所以此时电路上的电压、电流计算是独立的，分别是：

$$I_{ea} = \frac{U}{R_{ea}} = \frac{220}{108} \approx 2.04(A)$$

$$I_L = \frac{U}{R_L} = \frac{220}{51} = 4.3(A)$$

$$U_L = U = 220(V)$$

例 2.4 某信号衰减器的电路如图 2.10 所示，E 表示信号源，R_4 为负载，R_1、R_2 和 R_3 组成 T 形衰减环节。图中 $E = 12V$，$R_1 = R_2 = 20\Omega$，$R_3 = 40\Omega$，$R_4 = 50\Omega$，求各支路电流。

本例知识目标：电阻串、并联在混联电路中的等效计算。

解：根据电阻的串、并联等效变换概念，将图 2.10 的电路依次等效化简为图 2.11(a)、(b)、(c) 所示的 3 个电路，然后用欧姆定律求出总电流，最后根据分流原理再求各分电流。

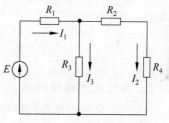

图 2.10 例 2.4 电路图

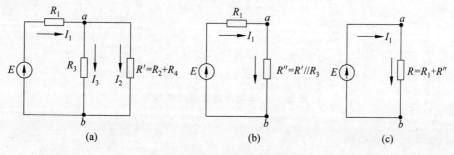

(a)　　　　　(b)　　　　　(c)

图 2.11 图 2.10 的等效电路

(1) $R' = R_2 + R_4 = 20 + 50 = 70(\Omega)$

(2) $R'' = \dfrac{R_3 R'}{R_3 + R'} = \dfrac{40 \times 70}{40 + 70} = 25.4(\Omega)$

(3) $R = R_1 + R'' = 20 + 24.5 = 45.4(\Omega)$

(4) $I_1 = \dfrac{E}{R} = \dfrac{12}{45.4} = 0.265(A)$

(5) 负载上的电压 $U_{ab} = I \times R = 0.265 \times 25.4 = 6.73(V)$

(6) $I_3 = \dfrac{U_{ab}}{R_3} = \dfrac{6.73}{40} = 0.168(A)$

(7) $I_2 = \dfrac{U_{ab}}{R'} = \dfrac{6.73}{70} = 0.0963(A)$

实际电路分析讨论　　图 2.12 为某饮水机电路,图中 K 为电源开关,KH 为温度继电器,动作温度为 85℃。LED-R 为红色发光二极管(加热指示灯),LED-G 为绿色发光二极管(电源指示灯),LED-B 为蓝色发光二极管(保温指示灯)。R_L 为加热负载,功率为 500W,设 $R_1 = R_2 = R_3 = 100\text{k}\Omega$,发光二极管工作时(正向导通)电阻近似等于 1kΩ。试分析电路的工作加热过程和断电过程。

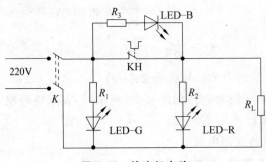

图 2.12　饮水机电路

3. 电阻在电路中的符号

电阻在电路中使用的符号根据它的功能不同而有所不同,常见的电阻符号如图 2.13 所示。

图 2.13　不同用途的电阻的符号

4. 电阻的基本参数

(1) **阻值**:按系列分别由 1～9 的数字组成。如 0.1、0.5、0.68、1、5.1、10、12、15、18.20、22、24、27、33.39、43、47、51、62、68、82、91 等。大多数情况下,后面的倍率分别在

$10^{-1} \sim 10^7$ 不等。

(2) 功率：$\frac{1}{8}$ W、$\frac{1}{4}$ W、$\frac{1}{2}$ W、1W、2W、5W、10W、20W、30W 等。

(3) 精度：常用的有 $\pm 1\%$、$\pm 5\%$ 和 $\pm 10\%$ 误差。

(4) 识别：采用直接数字标识或色环。

对于普通的色环电阻，电阻的误差环一般是金或银，一般不会识别错误；四环电阻则不然，其误差环有与第一环（有效数字环）相同的颜色，如果读反，识读结果将完全错误。识别时请注意以下几点区别。

① 误差环距其他环较远。

② 误差环较宽。

③ 第一环距端部较近。

④ 有效数字环无金色、银色。（若从某端环数起第1、2环有金色或银色，则另一端环是第一环。）

⑤ 误差环无橙色、黄色。（若某端环是橙色或黄色，则一定是第一环。）

四环电阻表示方法如下。

第一、二环为有效数字，第三环为倍数，第四环为误差（金色代表误差 $\pm 1\%$，银色代表误差 $\pm 5\%$），如图 2.14 所示为四环电阻的表示方法，图中环的颜色从左到右依次为棕、黑、红、银。该电阻的阻值为 $10 \times 10 = 100\Omega \pm 5\%$ 误差。

说明：随着电阻制造工艺水平的提高，现在绝大部分产品中使用的电阻、电容和管子都是贴片式结构，即无引线结构。到目前为止，贴片元件还没有统一的国家标准，各公司的标识方式有所差异，使用时请参见各企业标识，图 2.15 是一般色环电阻的标识数字方法。

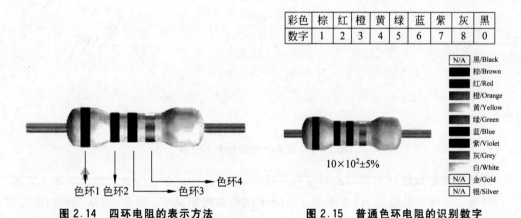

彩色	棕	红	橙	黄	绿	蓝	紫	灰	黑
数字	1	2	3	4	5	6	7	8	0

N/A 黑/Black
棕/Brown
红/Red
橙/Orange
黄/Yellow
绿/Green
蓝/Blue
紫/Violet
灰/Grey
白/White
N/A 金/Gold
N/A 银/Silver

$10 \times 10^2 \pm 5\%$

色环1 色环2 色环3 色环4

图 2.14 四环电阻的表示方法　　**图 2.15 普通色环电阻的识别数字**

*2.2 电阻的"星形"和"三角形"连接等效变换

本节知识重点　掌握 △-Y 两种电阻网络变换的计算。

在前面电路的分析计算过程中，采用的基本思路是先将电路进行化简后，再用中学的知识求解。但是,工程上有许多电路,仅有电阻的串、并联远远不能满足工程计算的需要,电路中还可能出现既非串联,又非并联的特殊情况,这就要求必须先将复杂的电路进行化简,而复杂电路的结构无非是 Y 形连接或 △ 连接,所以,复杂电路的化简实际上就变成了 Y 形电路转换成 △ 电路,或者是将 △ 电路转换成 Y 形电路,然后再用中学物理知识来求解,图 2.16 所示的虚线电阻网络为 △-Y 电路的变换过程。

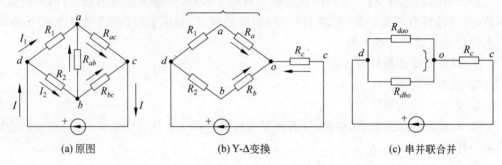

(a) 原图　　　　　(b) Y-△变换　　　　　(c) 串并联合并

图 2.16　△-Y 电路的变换过程

在上面的变换过程中,虽然电路可以直观地计算,但接下来的任务就是求出两种电路结构下的数值关系,以实现两种电路的相互变换。

现在来进行这种变换的推导过程,并将需变换的部分电阻网络重新提出来,如图 2.17 所示,图(a)为需要变换的两种电阻网络,图(b)为 Y 形电阻网络,图(c)为 △ 电阻网络。首先在图(b)和图(c)两个电阻网络中分别引入一个外加电源 E,按照等效的概念,只要外加的电压相等,两个电路中的电流也应该相等,既然电流是相等的,则电阻也应该相等,否则电流就不会相等。

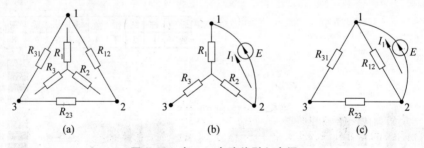

(a)　　　　　　　(b)　　　　　　　(c)

图 2.17　在 △-Y 电路外引入电源

为了更清楚地推导出它们的相互等效过程,将电路的 3 个节点分别用 1、2 和 3 表示。

分析:对外加电源而言,在图 2.17(b)中的负载电阻是 R_1 和 R_2 串联,而在图 2.17(c)中,负载是 R_{31} 和 R_{23} 串联后再与 R_{12} 并联,即 $\dfrac{R_{12}(R_{31}+R_{23})}{R_{12}+R_{23}+R_{31}}$。对电源而言,只要它们等效,下面的等式就必然成立:

$$R_1 + R_2 = \frac{R_{12}(R_{23}+R_{31})}{R_{12}+R_{23}+R_{31}} \tag{2.15}$$

同理

$$R_2 + R_3 = \frac{R_{23}(R_{31}+R_{12})}{R_{23}+R_{31}+R_{12}} \tag{2.16}$$

$$R_3 + R_1 = \frac{R_{31}(R_{12} + R_{23})}{R_{31} + R_{12} + R_{23}} \qquad (2.17)$$

当电阻网络是 Δ-Y 型,则 Δ 电阻为已知,此种情形将式(2.15)、式(2.16)和式(2.17)相加,再除以 2 得:

$$R_1 + R_2 + R_3 = \frac{R_{12}R_{23} + R_{23}R_{31} + R_{31}R_{12}}{R_{12} + R_{23} + R_{31}} \qquad (2.18)$$

再由式(2.18)分别减去式(2.15)、式(2.16)和式(2.17),即可得到 Δ-Y 变换时的电阻值。

$$R_1 = \frac{R_{12}R_{31}}{R_{12} + R_{23} + R_{31}}$$

$$R_2 = \frac{R_{23}R_{12}}{R_{12} + R_{23} + R_{31}} \qquad (2.19)$$

$$R_3 = \frac{R_{31}R_{23}}{R_{12} + R_{23} + R_{31}}$$

显然,3 个公式的计算格式相似,所以用统一的标识表示,Δ-Y 变换时:

$$Y_{电阻} = \frac{相邻三角形电阻的乘积}{三角形电阻之和}$$

下面假定 Y 形电阻为已知,求 Δ 形电阻,方法是将式(2.19)中任取两式相乘并求其和得:

$$\begin{aligned}
R_1R_2 + R_2R_3 + R_3R_1 &= \frac{R_{12}^2 R_{31}R_{23} + R_{23}^2 R_{31}R_{12} + R_{31}^2 R_{23}R_{12}}{(R_{12} + R_{23} + R_{31})^2} \\
&= \frac{R_{12}R_{23}R_{31}(R_{12} + R_{23} + R_{31})}{(R_{12} + R_{23} + R_{31})^2} \qquad (2.20) \\
&= \frac{R_{12}R_{23}R_{31}}{R_{12} + R_{23} + R_{31}}
\end{aligned}$$

再将式(2.20)分别除以式(2.19)中的第一式、第二式和第三式,可得:

$$R_{12} = \frac{R_1R_2 + R_2R_3 + R_3R_1}{R_3}$$

$$R_{23} = \frac{R_1R_2 + R_2R_3 + R_3R_1}{R_1} \qquad (2.21)$$

$$R_{31} = \frac{R_1R_2 + R_2R_3 + R_3R_1}{R_2}$$

由于式(2.21)的格式近似,所以仍用标称格式,即 Y-Δ 变换时:

$$\Delta_{电阻} = \frac{Y 电阻两两乘积之和}{对面的 Y 电阻}$$

如果三角形或星形网络的 3 个电阻相等,则变换后的星形或三角形的 3 个电阻也相等,而且三角形每一个电阻均为星形网络电阻的 3 倍,因为从式(2.21)可知,当 $R_1 = R_2 = R_3 = R$ 时:

$$R_{12} = R_{23} = R_{31} = \frac{3R^2}{R} = 3R$$

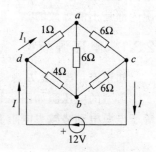

图 2.18 例 2.5 电路图

例 2.5 桥形电路如图 2.18 所示,各电阻元件数值已标注在图中,电流正方向按箭头方向已规定,求图中电流 I_1。

本例知识目标：Δ-Y 变换计算。

解：要求出 I_1，必须将电阻进行 Δ-Y 变换，对原电路进行化简后，再用全电路的欧姆定律求解，化简之后的电路如图 2.19 所示。

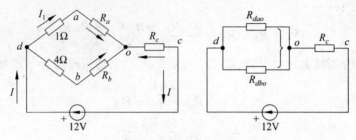

图 2.19　利用 Δ-Y 化简后的电路

在三角形中，由于 3 个电阻相等，所以有：

$$R_Y = \frac{1}{3}R_\triangle = 2(\Omega)$$

然后再加上原支路上的电阻 1Ω 和 4Ω 得：

$$R_{dao} = 1 + 2 = 3(\Omega)$$
$$R_{dbo} = 4 + 2 = 6(\Omega)$$

对图 2.19 的简单电路就可以直接用中学物理知识求解了。电路的总电流为：

$$I = \frac{E}{\dfrac{R_{dao}R_{dbo}}{R_{dao} + R_{dbo}} + R_c} = \frac{12}{\dfrac{6 \times 3}{6 + 3} + 2} = 3(A)$$

而分电流 I_1 等于总电流乘以分流系数，即：

$$I_1 = I \times \frac{R_{dbo}}{R_{dbo} + R_{dao}} = 3 \times \frac{6}{6 + 3} = 2(A)$$

2.3　电压源和电流源的等效变换

本节知识重点　掌握两种电源模型等效变换原理。

在日常工作中，常常使用两种电源。一种是电压源，它以输出电压为主，如实验室的稳压电源、手机的电池、计算机的芯片电池及发电机等。还有一种称为电流源，它以输出电流为主，如电焊机、高频或低频加热炉等，这两种电源对负载而言是可以等效的，但在电源内部是不能等效的。

2.3.1　电压源模型

知识点：理解电压源及外特性。

典型的电压源如图 2.20 所示，在图中，根据全电路的欧姆定律，负载两端的电压应该等于电源电动势减去电阻上的压降，所以电压方程为：

$$U = E - IR_0 \tag{2.22}$$

显然，只有当 R_0 等于零时，负载所得到的电压才等于电源电压，因此，这只是一种理想状态下的电源。而实际电源的输出电压是随负载电流的加大而下降的,这种关系是第1章介绍的电源的外特性,如图2.21所示,图中虚线为理想状态,实线为实际状态。

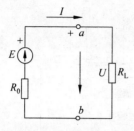
图2.20　电压源模型电路

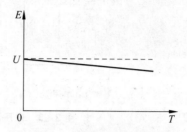
图2.21　电压源的外特性曲线

从电源的外特性可知,在任何情况下,总是希望电源内阻越小越好。这一结论同样可以扩展到电子设备的末级功率放大器中,如对于一台音响功率放大器,仍然希望它的输出阻抗低。对各种电子设备的电源而言,同样总是希望其内阻越低越好。

2.3.2　电流源模型

知识点:理解恒流的意义。

在工程中,能提供恒定电流的电源叫电流源,如电子技术中的晶体管集电极电流和工业上的电焊机,它们的输出电流都基本上不随负载的变化而变化。为了导出电流源的数学表达式,将式(2.22)两边都除以R_0得:

$$\frac{U}{R_0} = \frac{E}{R_0} - I = I_\mathrm{s} - I \tag{2.23}$$

式中,$I_\mathrm{s} = \dfrac{E}{R_0}$称为电激流,由于$E$和$R_0$都是常数,所以它是一个恒流源,相当于电压源的短路电流,对式(2.23)移项后得:

$$I_\mathrm{s} = \frac{U}{R_0} + I \tag{2.24}$$

此方程称为电流源方程,由此可知,电激流I_s包括两部分,一部分是流经负载的电流I,另一部分是流经内阻R_0的电流,显然,R_0应该跨接在具有电压U的输出端上,如图2.22所示。

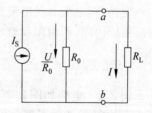
图2.22　电激流源电路

从图中可以看出,对电流源来说,总是希望它的内阻越大越好,电阻大,分走的电流就小,能向负载输出的电流就大。

2.3.3　电压源和电流源的等效变换

1. 电压源转换成电流源

等效变换的目的是在对电路进行计算时合并及化简电路,电压源转换成电流源的过程如图2.23所示。之所以能这样转换,是对负载而言的,两种电源对负载供电,负载所得到的功率是相等的。

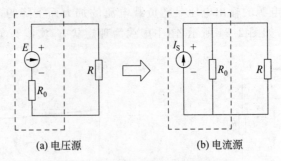

(a) 电压源　　　　　　　　(b) 电流源

图 2.23　电压源转换成电流源的过程

变换前,电压源及电压源的内阻是已知的;变换后,电流源在数值上等于电压源的短路电流,内阻保持不变。

$$I_S = \frac{E}{R_0}$$

$$R_0 = R_0 \tag{2.25}$$

2. 电流源转换成电压源

电流源转换为电压源的过程如图 2.24 所示,当然这种转换仍是对负载而言才成立。

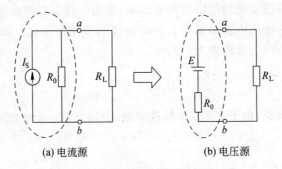

(a) 电流源　　　　　　　　(b) 电压源

图 2.24　电流源转换为电压源的过程

变换前,电流源及电流源的内阻仍是已知的;变换后,电压源在数值上等于电流源的电流乘以内阻,而内阻移至电压源后,其数值保持不变。

$$E = I_S \times R_0$$

$$R_0 = R_0 \tag{2.26}$$

例 2.6　电路如图 2.25 所示,直流发电机,$E=230\text{V}$,内阻 $R_0=1\Omega$,若负载电阻 $R_L=22\Omega$,用电源的两种模型分别求电压 U 和 I,并计算电源内部的功率损耗和内阻压降是否相等?

本例知识目标:掌握两种电源转换过程的计算。

解:在图 2.25(a)中,电流的大小应该等于电源电压除以负载电阻与内阻的串联值,即:

$$I = \frac{E}{R_0 + R_L} = \frac{230}{1 + 22} = 10(\text{A})$$

图 2.25(a)中负载上的电压为:

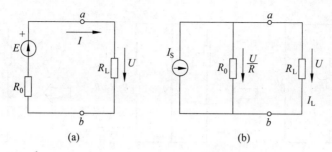

图 2.25 例 2.6 电路图

$$U = R_{\mathrm{L}} I = 22 \times 10 = 220(\mathrm{V})$$

在转换成图 2.25(b)后,电激流为:

$$I_{\mathrm{S}} = \frac{E}{R_0} = \frac{230}{1} = 230(\mathrm{A})$$

流经负载 R_{L} 的电流为分电流,它应该等于总电流乘以分流系数:

$$I_{\mathrm{L}} = \frac{R_0}{R_{\mathrm{L}} + R_0} \times I_{\mathrm{S}} = \frac{1}{22 + 1} \times 230 = 10(\mathrm{A})$$

在电流源负载上的电压为:

$$U_{\mathrm{L}} = R_{\mathrm{L}} I = 22 \times 10 = 220(\mathrm{V})$$

图 2.25(a)中内阻上的压降为:

$$U_{R_0} = IR_0 = 10 \times 1 = 10(\mathrm{V})$$

图 2.25(a)内阻上的功率损耗为:

$$P_0 = I^2 R_0 = 100 \times 1 = 100(\mathrm{W})$$

图 2.25(b)中电源输出端电压就等于负载上的电压,因为是并联,所以图 2.25(b)中电源的输出电压仍为:

$$E_0 = U_{\mathrm{L}} = 220(\mathrm{V})$$

图 2.25(b)中内阻上的损耗功率为:

$$P_0 = \left(\frac{U}{R_0}\right)^2 R_0 = \frac{U^2}{R_0} = \frac{220^2}{1} = 48.4(\mathrm{kW})$$

通过这两组数据分析可知,电压源和电流源的等效是对负载而言的,在电源内部是不等效的。

例 2.7 电路如图 2.26 所示,已知 $E_1 = 20\mathrm{V}$,$E_2 = 12\mathrm{V}$,$R_1 = \frac{1}{3}\Omega$,$R_2 = 2\Omega$,$R_3 = 10\Omega$。

求 E_1 中的电流。

本例知识目标:两种电源转换的灵活应用。

解:本例的解题思路是化简由 E_2 和 R_3 组成的有源网络,合并 R_2 和 R_3 后,再转换为电压源,转换过程如图 2.27 所示。

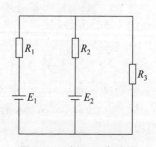

图 2.26 例 2.7 电路图

转换过程中,各参数分别为:

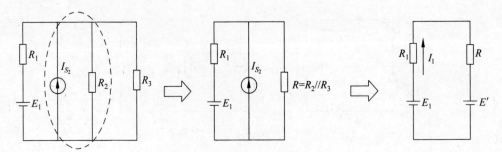

图 2.27　例 2.7 电源转换过程

$$I_{S_2} = \frac{E_2}{R_2} = \frac{12}{2} = 6(\mathrm{A})$$

$$R = \frac{R_2 R_3}{R_2 + R_3} = \frac{5}{3}(\Omega)$$

$$E' = I_{S_2} R = 6 \times \frac{5}{3} = 10(\mathrm{V})$$

$$I_1 = \frac{E_1 - E'}{R_1 + R} = \frac{10}{2} = 5(\mathrm{A})$$

例 2.8　电路如图 2.28 所示,图中各元件参数已标出,电阻的单位为 Ω,用电压源和电流源等效变换方法计算图 2.28(a)中 1Ω 电阻上的电流 I。

本例知识目标:利用两种电源的等效转换对电路进行化简,化简过程采用图示完成。

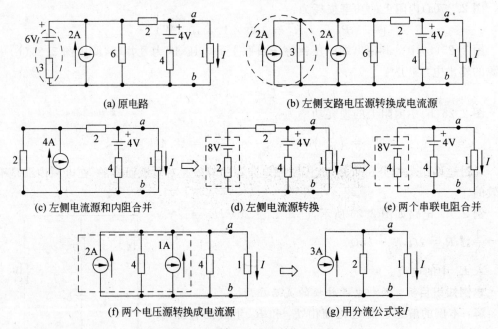

图 2.28　例 2.8 电路的化简过程

2.4 支路电流法

本节知识重点 掌握利用 KCL 和 KVL 列写电路的电压方程和电流方程。

随着电路复杂性的增加,仅靠电阻的串、并联已无法满足复杂电路的计算要求,必须寻找求解电路的新方法,支路电流法就是其中之一。支路电流法是以支路电流作为列写电路方程的未知量,在列写出电路的方程后,通过解电路方程的形式来求解各支电流。它依据的理论依据仍是 KCL 和 KVL。列写电路方程时要注意选定好电压、电动势和支路电流的参考方向。下面以图 2.29 的电路为例来说明电路方程的列写过程,电流和电压的参考方向和绕行方向如图中的箭头所示。

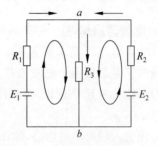

图 2.29 用支路电流法分析电路

技巧:列写电路方程时要注意回路的绕行方向,尽量与电动势正方向一致。

在图 2.29 所示的电路中,根据 KVL 和 KCL 就可以得到两个回路的电压方程和电流方程。

左回路的电压方程为:

$$E_1 = U_{R_1} + U_{R_3} \tag{2.27}$$

右回路的电压方程为:

$$E_2 = U_{R_2} + U_{R_3} \tag{2.28}$$

在节点 a 处,电流方程为:

$$I_1 + I_2 = I_3 \quad 或 \quad I_1 + I_2 - I_3 = 0 \tag{2.29}$$

显然,联立方程为三元一次方程,只要电路参数已知,通过求解方程就可以得到电路中各支路的电流。

例 2.9 电路如图 2.29 所示,图中 $E_1 = 140\text{V}$,$E_2 = 90\text{V}$,$R_1 = 20\Omega$,$R_2 = 5\Omega$,$R_3 = 6\Omega$,求各支路电流 I_1、I_2 和 I_3 各为多少。

电路的电压方程和电流方程为:

$$E_1 = U_{R_1} + U_{R_3}$$
$$E_2 = U_{R_2} + U_{R_3}$$
$$I_1 + I_2 - I_3 = 0$$

代入电路各参数后得:

$$140 = 20I_1 + 6I_3$$
$$90 = 5I_2 + 6I_3$$
$$I_1 + I_2 - I_3 = 0$$

这样,对电路中电流的求解就变成了对三元一次方程的求解,求解后各电流分别为:

$$I_1 = 4(\text{A}), \quad I_2 = 6(\text{A}), \quad I_3 = 10(\text{A})$$

从上面的求解过程不难看出,电路有多少条支路,就得列写多少个电路方程,这样,当电路有 3 个或 3 个以上的支路时,将会出现四元一次或多元一次方程,例如对图 2.18 有 6 条支路的电路,就得列写六元一次方程,对于六元一次方程的求解是较为困难的。因此,对于超出 3 条支路以上的电路,必须寻找更好的求解方法。

2.5　节点电压法

本节知识重点　参考点的选定;掌握节点为未知量的电位方程的建立。

节点电压法是求解复杂电路的另一种方法,它是以节点电压作为未知量来列写电路方程的。其思路是:先求出节点对参考点的电压,然后根据电压就是电路中任何两点之间的电位之差这个理论,再用欧姆定律求支路电流。该方法使用的理论依据仍是 KCL 和 KVL。

先引入较简单的电路,如图 2.30 所示。根据电压源和电流源的等效原理,将图 2.30(a) 等效为图 2.30(b)。

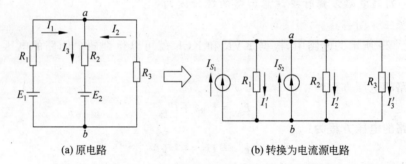

(a) 原电路　　　　　　　　　　(b) 转换为电流源电路

图 2.30　用节点电压法引入电路

根据电压源和电流源的转换原理和计算关系,在图 2.30(b)中的电流源分别是:

$$I_{S_1} = \frac{E_1}{R_1}$$

$$I_1' = \frac{V_a}{R_1}$$

$$I_{S_2} = \frac{E_2}{R_2} \tag{2.30}$$

$$I_2' = \frac{V_a}{R_2}$$

$$I_3 = \frac{V_a}{R_3}$$

对于 a 点而言,根据 KCL,流入的电流等于流出的电流,所以有:

$$I_{S_1} + I_{S_2} = I_1' + I_2' + I_3 \tag{2.31}$$

将式(2.29)代入式(2.30)后就得到:

$$\frac{E_1}{R_1} + \frac{E_2}{R_2} = \frac{V_a}{R_1} + \frac{V_a}{R_2} + \frac{V_a}{R_3} = V_a\left(\frac{1}{R_1} + \frac{1}{R_2} + \frac{1}{R_3}\right) \tag{2.32}$$

可见,等式的左边是电压源除以电阻,它是电激流,右边则是负载电流。将电位 V_a

从等式的右边移至等式的左边并整理后,可得节点电压的求解表达式:

$$V_a = \frac{\dfrac{E_1}{R_1} + \dfrac{E_2}{R_2}}{\dfrac{1}{R_1} + \dfrac{1}{R_2} + \dfrac{1}{R_3}} = \frac{I_{S_1} + I_{S_2}}{\dfrac{1}{R_1} + \dfrac{1}{R_2} + \dfrac{1}{R_3}} \qquad (2.33)$$

例2.10 用节点电压法计算图2.31中的各电流。电路的参数为:$E_1 = 140\mathrm{V}$,$E_2 = 90\mathrm{V}$,$R_1 = 20\Omega$,$R_2 = 5\Omega$,$R_3 = 6\Omega$,求各支路电流 I_1、I_2 和 I_3 各为多少。

本例知识目标:巩固节点电压方程的列写建立。

分析:本题在选取 b 点作为参考点后,就只有 a 点。将 a 点的电压求出后,各电流就可用全电路的欧姆定律求解。根据节点电压法的原则,求解表达式中的分子是与 a 点相连的电流之和,本题只有两个电流;而分母则是与 a 点相连的电阻倒数之和,本例有 3 个电阻。所以有:

$$V_a = \frac{\sum I_S}{\sum \dfrac{1}{R}} = \frac{\dfrac{E_1}{R_1} + \dfrac{E_2}{R_2}}{\dfrac{1}{R_1} + \dfrac{1}{R_2} + \dfrac{1}{R_3}} = \frac{\dfrac{140}{20} + \dfrac{90}{5}}{\dfrac{1}{20} + \dfrac{1}{5} + \dfrac{1}{6}} = 60(\mathrm{V})$$

接下来就是用全电路的欧姆定律或中学物理知识求解各支路的分电流了:

$$I_1 = \frac{E_1 - V_a}{R_1} = \frac{140 - 60}{20} = 4(\mathrm{A})$$

$$I_2 = \frac{E_2 - V_a}{R_2} = \frac{90 - 60}{5} = 6(\mathrm{A})$$

$$I_3 = I_1 + I_2 \quad 或 \quad I_3 = \frac{V_a}{R_3} = 10(\mathrm{A})$$

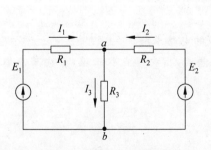

图2.31 例2.10电路图

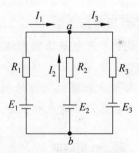

图2.32 例2.11电路图

例2.11 电路如图2.32所示,图中 $E_1 = 5\mathrm{V}$,$E_2 = 4\mathrm{V}$,$E_3 = 8\mathrm{V}$,$R_2 = R_3 = 10\Omega$,$R_1 = 2\Omega$,求各电流 I_1、I_2 和 I_3 各为多少。

本例知识目标:节点电压方程中负向电源的处理。

分析:a、b 两点间的电压为 U_{ab},即 $U_a - U_b$,当选择 b 点作为参考点后,U_{ab} 就是 V_a,所以直接引用节点电压法求解 V_a,但 I_{S_3} 是背向节点 a 的,应该取负值,故有:

$$V_a = \frac{\dfrac{E_1}{R_1} + \dfrac{E_2}{R_2} - \dfrac{E_3}{R_3}}{\dfrac{1}{R_1} + \dfrac{1}{R_2} + \dfrac{1}{R_3}} = \frac{\dfrac{5}{2} + \dfrac{4}{10} - \dfrac{8}{10}}{\dfrac{1}{2} + \dfrac{1}{10} + \dfrac{1}{10}} = \frac{2.5 + 0.4 - 0.8}{0.5 + 0.1 + 0.1} = \frac{2.1}{0.7} = 3(\mathrm{V})$$

各支路电流在图 2.31 中所示的参考方向下等于：

$$I_1 = \frac{E_1 - V_a}{R_1} = \frac{5-3}{2} = 1(\text{A})$$

同理

$$I_2 = \frac{E_2 - V_a}{R_2} = \frac{4-3}{10} = 0.1(\text{A})$$

而 E_3 的极性相反,所以以电流的表达式为：

$$I_3 = \frac{E_3 + V_a}{R_3} = \frac{8+3}{10} = 1.1(\text{A})$$

例 2.12 电路如图 2.33 所示,图中 $E_1 = -4\text{V}, E_2 = 6\text{V}, E_3 = -4\text{V}$,电阻 $R_1 = 2\Omega$, $R_2 = 3\Omega, R_3 = 2\Omega, R_4 = 2\Omega$,求电路中的电压 U_{ao} 和电路中的电流 I_{ao}。

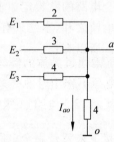

本例知识点：节点电压法与欧姆定律配合计算电路。

分析：电路中 ao 间的电压,就是 a 点对地的电位,因此,求 ao 间的电压实质就是求 a 点对地(参考点)的电位。在 a 点电位求出来后,电流 I_{ao} 就可以用欧姆定律求出,根据节点电压法,a 点的电位由分子和分母组成,分子是与 a 点相连的电流之和,而分母是与 a 点相连的电阻的倒数之和,所以有：

图 2.33 例 2.12 电路图

$$V_a = V_{ao} = \frac{\dfrac{E_1}{R_1} + \dfrac{E_2}{R_2} + \dfrac{E_3}{R_3}}{\dfrac{1}{R_1} + \dfrac{1}{R_2} + \dfrac{1}{R_3} + \dfrac{1}{R_4}} = \frac{-\dfrac{4}{2} + \dfrac{6}{3} - \dfrac{4}{2}}{\dfrac{1}{2} + \dfrac{1}{3} + \dfrac{1}{2} + \dfrac{1}{2}} = \frac{-2}{\dfrac{11}{6}} = -\frac{12}{11} = -1.09(\text{V})$$

$$I_{ao} = \frac{V_{ao}}{R_4} = \frac{-1.09}{2} \approx 0.5(\text{A})$$

节点电压法小结

用途：节点电压法特别适合节点少、支路多的电路求解。

要领：节点电压方程的分子是流向节点的电流,指向节点取正值,背向节点取负值；分母是与节点相连的电阻的倒数之和。

技巧：选好参考电位点。

2.6 叠加原理

本节知识重点 理解并掌握电源独立工作原理。

叠加原理的内容如下：在线性电路中,当有两个以上电源共同工作时,各支路中的电压或电流等于各个电源单独作用时在该支路产生的电压或电流的代数和。它的理论依据仍是 KCL 和 KVL。电路如图 2.34 所示。

很明显,经分解之后的电路完全可以应用全电路的欧姆定律来分析计算各个电流。

根据图中电流的正方向,两个电源单独工作时,各个电流之间的关系应该满足 KCL的规定,即两个分电路中的电流应该等于原电路中的电流,所以有下面的关系：

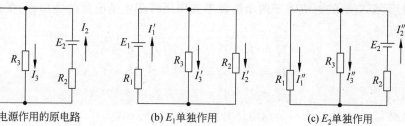

(a) 两个电源作用的原电路　　　　(b) E_1单独作用　　　　(c) E_2单独作用

图2.34　叠加原理分解图

$$I_1 = I_1' - I_1''$$
$$I_2 = I_2'' - I_2'$$
$$I_3 = I_3' + I_3'' \qquad (2.34)$$

下面通过具体的例题来说明叠加原理的应用,从中体会叠加过程中电流方向的要点以及电源不作用时的处理方法。

例2.13　电路如图2.34所示,如果图中的电路参数分别为:$E_1 = 140V$,$E_2 = 90V$,$R_1 = 20\Omega$,$R_2 = 5\Omega$,$R_3 = 6\Omega$,求各支路电流 I_1、I_2 和 I_3 各为多少,并比较节点电压法计算的结果。

本例知识目标:叠加原理的应用。注意理解在两个电源分别作用时,最后叠加的结果就是所求值。

解:首先按叠加原理的方法将原电路分解为两个电源单独作用时的单元电路,如图2.34中的(b)和(c)所示,在图2.34(b)中,当电压源 E_1 单独作用于电路时,另一电压源 E_2 的端电压为零,作短路处理,保留内阻 R_1。在图2.34(c)中,当电压源 E_2 单独作用时,电压源 E_1 的端电压为零,作短路处理,保留内阻 R_2。

在图2.34(b)中,各电流分别为:

$$I_1' = \frac{E_1}{R_1 + \dfrac{R_2 R_3}{R_2 + R_3}} = \frac{140}{20 + \dfrac{5 \times 6}{5 + 6}} = \frac{140}{20 + 2.7} = 6.17(A)$$

分电流等于总电流乘以分流系数:

$$I_2' = I_1' \times \frac{R_3}{R_2 + R_3} = 6.17 \times \frac{6}{5 + 6} = 3.37(A)$$

$$I_3' = I_1' \times \frac{R_2}{R_2 + R_3} = 6.17 \times \frac{5}{5 + 6} = 2.8(A)$$

在图2.34(c)中,各电流分别为:

$$I_2'' = \frac{E_2}{R_2 + \dfrac{R_1 R_3}{R_1 + R_3}} = \frac{90}{5 + \dfrac{20 \times 6}{20 + 6}} = \frac{90}{5 + 4.62} = 9.38(A)$$

分电流等于总电流乘以分流系数:

$$I_1'' = I_2'' \times \frac{R_3}{R_1 + R_3} = 9.38 \times \frac{6}{26} = 2.16(A)$$

$$I_3'' = I_2'' \times \frac{R_1}{R_1 + R_3} = 9.38 \times \frac{20}{26} = 7.2(A)$$

最后,原支路的电流等于两个电源单独作用时产生的电流的叠加,但在叠加时应注意电流的流向:

$$I_1 = I_1' - I_1'' = 6.17 - 2.16 \approx 4(\text{A})$$
$$I_2 = I_2'' - I_2' = 9.38 - 3.37 \approx 6(\text{A})$$
$$I_3 = I_3' + I_3'' = 2.8 + 7.2 = 10(\text{A})$$

显然,3个支路电流与节点电压计算值完全相同。

例2.14　电路如图2.35所示,各电路参数为:$I_{S_1} = 7\text{A}, E_2 = 90\text{V}, R_1 = 20\Omega, R_2 = 5\Omega, R_3 = 6\Omega$,求图中的电流 I_3。

本例知识目标:电流源不作用时作开路处理。

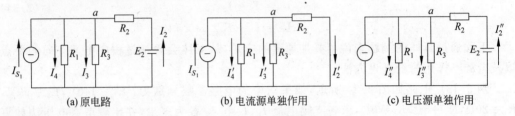

图 2.35　例 2.14 电路图

解:当电流源单独作用于电路时,电压源为零,此时的电路如图2.35(b)所示,这时电路中 R_3 支路的电流取决于电阻 R_2 和 R_1 对电流源的分流。当电压源单独作用时,电路如图2.35(c)所示,R_3 支路中的电流大小同样取决于旁边电阻的分流。

在图2.35(b)中,电流 I_3' 为:

$$I_3' = \frac{\dfrac{R_1 \times R_2}{R_1 + R_2}}{\dfrac{R_1 \times R_2}{R_1 + R_2} + R_3} \times I_S = \frac{4}{4 + 6} \times 7 = 2.8(\text{A})$$

在图2.35(c)中,是电压源单独作用,此时电流源作开路处理,电流 I_3'' 为:

$$I_3'' = \frac{R_1}{R_1 + R_3} \times \frac{E_2}{R_2 + \dfrac{R_1 R_3}{R_1 + R_3}} = \frac{20}{20 + 6} \times \frac{90}{5 + \dfrac{60}{13}} = 7.2(\text{A})$$

最后,原电路中的支路电流 I_3 为两个电源单独作用时各自所产生电流的叠加

$$I_3 = I_3' + I_3'' = 2.8 + 7.2 = 10(\text{A})$$

例2.15　电路如图2.36所示,电路采用正、负电源供电方式,各电压和电阻值已在图中标出,用叠加原理计算图中 a 点的电位 V_a。

分析:a 点的电位实质就是 R_3 上的电压,所以只要求出 I_3,就能得到 V_a,按叠加原理分解后,两个电源单独作用时的电路如图2.36(b)和图2.36(c)所示。

在分解的图2.36(b)中,正电源单独作用时,I_3'等于 R_2 对总电流的分流,所以有:

$$I_3' = \frac{50}{R_1 + \dfrac{R_2 R_3}{R_2 + R_3}} \times \frac{R_2}{R_2 + R_3} = \frac{50}{10 + \dfrac{50 \times 20}{50 + 20}} \times \frac{5}{5 + 20} = 0.714(\text{A})$$

在分解的图2.36(c)中,负电源单独作用时,I_3''同样是 R_2 对总电流的分流,仍有:

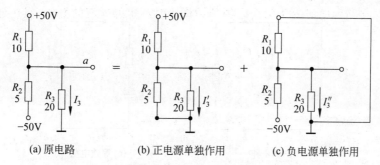

(a)原电路　　　(b)正电源单独作用　　　(c)负电源单独作用

图2.36　例2.15电路图

$$I''_3 = \frac{-50}{R_2 + \frac{R_1 \times R_3}{R_1 + R_3}} \times \frac{R_1}{R_1 + R_3} = \frac{-50}{5 + \frac{10 \times 20}{10 + 20}} \times \frac{10}{10 + 20} = -1.43(\text{A})$$

最后，两个电源共同作用的电流为：

$$I_3 = I'_3 + I''_3 = 0.714 - 1.43 = -0.716(\text{A})$$

所以a点的电位为：

$$V_a = R_3 \times I_3 = -20 \times 0.716 = -14.3(\text{V})$$

叠加原理小结

(1) 电压源单独作用时，电流源作开路处理，内阻保留。

(2) 电流源单独作用时，电压源作短路处理，内阻保留。

(3) 原电路中的电流一定是等于两个分解电路中的电流之和。

2.7　代维南定理和诺顿定理

本节知识重点　理解有源二端网络和代维南定理的应用；理解开口电压、内阻。

2.7.1　代维南定理及应用

内容：任何一个有源二端网络，都可以用一个电压源和一个电阻串联来等效代替。电压源的值等于二端网络的开口电压，电阻等于网络内电源不作用时的内阻。

用途：求复杂电路中某一支路的电流。

原理：从负载的两个端点来看，电路的其他部分是一个含源网络，并且是具有两个端点的网络，所以叫做有源二端网络，如图2.37(a)所示。根据等效原理，在图2.37(a)和图2.37(b)两个电路中，只要负载上的电流I_3相等，就可以用图2.37(b)这样的一个电压源E_0串联一个内阻R_0代替，经代替后，负载中的电流就很容易由全电路的欧姆定律求出。

重要提示：代维南定理中所指的开口电压是图2.38(a)中R_3处于开路状态下的U_{ab}，即R_0为负载R_3开路后，原电路中电源不作用时的等效电阻。原电路中电源的不作用是指电压源短路，电流源作开路处理。

从这个电路的演变等效原理可以得到提示，只要求出原电路的E_0和R_0的值，就可

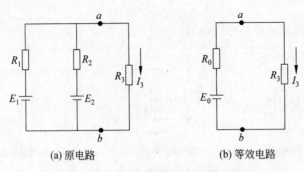

(a) 原电路　　　　　　　　　　　(b) 等效电路

图 2.37　有源二端网络及等效电路

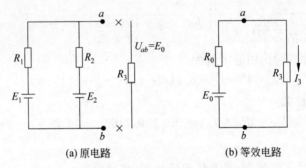

(a) 原电路　　　　　　　　　　　(b) 等效电路

图 2.38　代维南定理中所指的开口电压电路

以用简单电路的计算方法来计算复杂电路。下面首先利用叠加原理来推导这种等效的关系,推导电路如图 2.39 所示。等效的原理是,在图 2.39(a)所示的原有源二端网络中,引入两个大小相等、极性相反的附加电压源,如图 2.39(b)所示,这并不改变原有电路的属性。再利用叠加原理分解为图 2.39(c)和图 2.39(d)两个电源单独作用的电路。

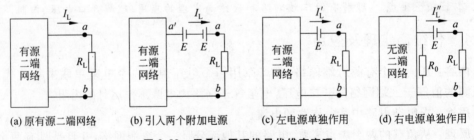

(a) 原有源二端网络　　(b) 引入两个附加电源　　(c) 左电源单独作用　　(d) 右电源单独作用

图 2.39　用叠加原理推导代维南定理

在图 2.39(c)网络中,包括了附加的电源和网络内的电源,它们产生的电流为 I_L',而在图 2.39(d)中只有附加电源,产生的电流为 I_L'',总的电流为 $I_L = I_L' + I_L''$。

由于引入的电压大小是任意的,那么只要选择附加电源的值,能使 $I_L' = 0$,电路中就只有:

$$I_L = I_L''$$

显然,经这样的等效后,就能用图 2.39(d)的电路求解负载支路中的电流。现在问题的关键是选择多大的附加电源才能使 $I_L' = 0$,根据代维南的实验,使 $I_L' = 0$,必须满足:

$$E = E_0 = U_{ab}$$

式中，U_{ab} 就是有源二端网络的开口电压。

例 2.16 用代维南定理计算图 2.40 中的电流 I_3，图中电阻 $R_1 = 20\Omega$，$R_2 = 5\Omega$，$R_3 = 6\Omega$。

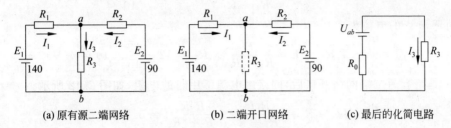

(a) 原有源二端网络　　　　(b) 二端开口网络　　　　(c) 最后的化简电路

图 2.40　例 2.16 电路图

解：首先按代维南定理的要求，将 R_3 从原电路中断开，得到图 2.40(b) 所示的有源二端开口网络。所求支路 R_3 断开后，选定 b 点作为参考点，开口处的电压 U_{ab} 在数值上就是 V_a，按顺时针绕行的回路电流为：

$$I = \frac{E_1 - E_2}{R_1 + R_2} = \frac{140 - 90}{20 + 5} = 2(A)$$

a 点的电压就是 a、b 间的电位差，即开口电压：

$$U_{ab} = U_0 = E_1 - R_1 I = 140 - 20 \times 2 = 100(V)$$

有源二端网络的等效电阻为：

$$R_0 = \frac{R_1 \times R_2}{R_1 + R_2} = \frac{20 \times 5}{20 + 5} = 4(\Omega)$$

最后，用代维南定理化简后的电路如图 2.40(c) 所示，对于这个电路，用全电路的欧姆定律就可以轻松求解了，所以有：

$$I_3 = \frac{U_0}{R_0 + R_3} = \frac{100}{4 + 6} = 10(A)$$

例 2.17 图 2.41 为电桥检流计电路，图中 $E = 12V$，$R_1 = R_2 = 5\Omega$，$R_3 = 10\Omega$，$R_4 = 5\Omega$，$R_G = 10\Omega$。(1) 用代维南定理计算电路中的电流 I_G；(2) 求电桥的平衡条件。

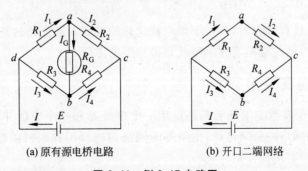

(a) 原有源电桥电路　　　　(b) 开口二端网络

图 2.41　例 2.17 电路图

解：(1) 要求出电流 I_G，必须先求出 a、b 两点间的电压，而 a、b 两点间的电压在断开中间支路后很容易求出,用代维南定理断开中间支路后的电路如图 2.41(b)所示。根据电路的结构特点,选择 c 点作为计算电位的参考点,所以 a 点的电位应该等于电源电压减去 R_1 上的压降:

$$V_a = E - I_1 R_1 = E - \frac{E}{R_1 + R_2} \times R_1 = 12 - \frac{12}{10} \times 5 = 6(\text{V})$$

同理,b 点的电位为:

$$V_b = E - I_3 R_3 = E - \frac{E}{R_3 + R_4} \times R_3 = 12 - \frac{12}{15} \times 10 = 4(\text{V})$$

R_0 是指有源二端网络开口后,网络内电源不用时的电阻,如图 2.42 所示。

$$R_{ab} = R_0 = \frac{R_1 R_2}{R_1 + R_2} + \frac{R_3 R_4}{R_3 + R_4} = 5.8(\Omega)$$

原电路用代维南定理化简后变得非常简单,如图 2.43 所示,所以中间支路的电流为:

$$I_G = \frac{U_{ab}}{R_{ab} + R_G} = \frac{V_a - V_b}{R_0 + R_G} = \frac{6 - 4}{5.8 + 10} \approx 0.13(\text{A})$$

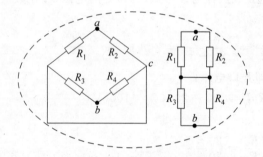

图 2.42　求有源二端网络的内阻

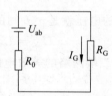

图 2.43　最后化简电路

(2) 电桥的平衡条件是 $I_G = 0$,而 I_G 的表达式为:

$$I_G = \frac{V_a - V_b}{R_{ab} + R_G} = E \times \frac{(R_3 R_2 - R_1 R_4)}{R_G(R_3 + R_4)(R_1 + R_2) + R_3 R_4(R_1 + R_2) + R_1 R_2(R_3 + R_4)}$$

在等式中,要使 $I_G = 0$,必须是分子为零,因此有电桥的平衡是:

$$R_3 R_2 = R_1 R_4 \quad \text{或} \quad \frac{R_1}{R_2} = \frac{R_3}{R_4}$$

通过上述求解过程可以看出,对于像电桥这样的具有 6 条支路的复杂电路,当只要求某一支路的电流时,用代维南定理求解就显得特别的方便。

2.7.2　诺顿定理及应用

内容:任何一个有源二端网络都可以用一个电流源和一个电阻并联来等效代替,电流源的值等于二端网络的短路电流,电阻等于网络内电源不作用时的总电阻。下面通过例 2.18 来说明诺顿定理的应用。

例 2.18　用诺顿定理计算图 2.43 中的电流 I_3,图中电阻 $R_1 = 20\Omega$,$R_2 = 5\Omega$,$R_3 = 6\Omega$。

解:用诺顿定理将图 2.44(a)中 a、b 两点间短路,最后的等效电路如图 2.44(b)所示。

在图 2.43(a)中,a、b 两点处用诺顿定理短路后的短路电流和最后图 2.44(b)中的电流

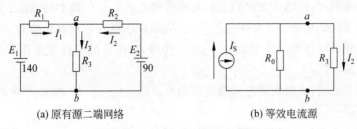

(a) 原有源二端网络   (b) 等效电流源

图 2.44   例 2.18 电路图

分别为：

$$I_3 = \frac{R_0}{R_0 + R_3} \times I_S = \frac{4}{4+6} \times 25 = 10(\text{A})$$

$$I_S = \frac{E_1}{R_1} + \frac{E_2}{R_2} = \frac{140}{20} + \frac{90}{5} = 25(\text{A})$$

2.8   本章小结

本章讨论和介绍的基本知识如下。

(1) 电阻元件的特性。

(2) 串联电阻在电路中的分压作用。

(3) 并联电阻在电路中的分流作用。

本章学习的求解电路的新方法如下。

(1) 支路电流法：以支路电流作为列写电路方程的未知量，用求解电路方程的形式来求解电路中的电流。缺点是有多少支路就得列写多少电路方程。

(2) 节点电压法：以节点电压为未知量列写电路方程。适用于节点少、支路多的复杂电路。

(3) 叠加原理：将多电源同时作用的复杂电路分解为单电源独立工作的电路，最后将各个电源独立作用时产生的电流进行叠加。

(4) 代维南定理：对有源二端网络的等效化简最重要的方法之一，关键知识点是开口电压和内阻的计算。与之相对，用电流源方式等效的有源二端网络则是诺顿定理，当求解复杂电路中某一支路的电流时最为方便。

习   题

一、填空题

1.1 当电路中电压一定时，若电阻减少，流过电阻的电流将_____。

1.2 当电路中电阻一定时，若电源电压上升，流过电阻的电流将_____。

1.3 普通电阻元件的伏/安特性是一条_____。

1.4 在有两个电阻串联的电路中，要求输出电压是所加电压的二分之一时，两个电阻的阻值之比为_____。

1.5 两个电阻串联时,阻值大的电阻上的电压降要_____阻值小的电阻上的电压降。

1.6 电阻上所消耗的功率等于电阻_____,它是以热能的形式散发掉的一种功率。

1.7 电阻的并联可以在电路中起到_____作用,电流表的扩程就是用改变并联分流电阻的方法实现的。

1.8 并联电阻分流时,支路电流与旁边并联的电阻成_____比,旁边并联的电阻越小,分走的电流就_____。

1.9 电压源和电流源是可以相互转换等效的,这种等效只是对_____而言,在电源内部是不能等效的。

1.10 将电压源转换成电流源时,电流源等于_____除以内阻,而内阻_____。

1.11 将电流源转换成电压源时,电压源等于_____乘以内阻,而内阻_____。

1.12 节点电压法是以_____为未知量列写电路方程,它适用于_____、支路多的复杂电路计算。

1.13 节点电压方程的分子是_____该节点的电流,指向节点时为正,背向节点时为_____。

1.14 叠加原理只适用于_____,非线性电路和功率_____这一原理。

1.15 用叠加原理进行电路分解时,某个电源单独工作时,其他的电源不作用是指电压源作_____处理,电流源作_____处理,保留内阻。

1.16 代维南定理特别适合复杂电路中对_____的求解,对多支路的求解反而不是很方便。

1.17 用代维南定理求有源二端网络的开口电压,是指待求支路处于_____的电压,内阻是指网络内电源_____的内阻。

1.18 代维南定理的主要内容是_____
_____
_____。

1.19 诺顿定理是以_____的形式等效有源二端网络的。

二、问答题

2.1 用电压表测量电压时,当转换电压表的档位量程时,实质是改变电压表内部的哪些元件? 这些元件在电压表内部的连接方式是串联还是并联?

2.2 用电流表测量电流时,当转换电流表的档位量程时,实质是改变电流表内部的哪些电阻元件? 利用的是什么原理?

2.3 为什么说节点电压法在求解节点少、支路多的复杂电路时显得方便?

2.4 使用叠加原理求解多电源供电的复杂电路时,功率也能叠加吗?

2.5 在如图 2.45 所示的电路中,用什么方法求解支路电流 I_G 最为方便?

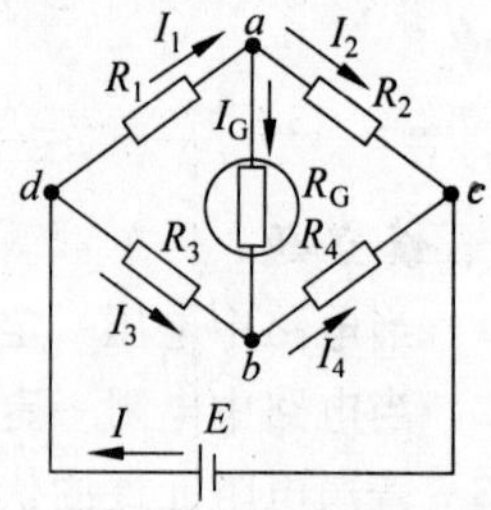

图 2.45 2.5 题电路图

三、计算题

3.1　电路如图 2.46 所示，图中 $E_1=E_2=50\text{V}$，$E_3=10\text{V}$，$R_1=20\Omega$，$R_2=10\Omega$，$R_3=5\Omega$，$R_4=10\Omega$，$R_5=40\Omega$，$R_6=50\Omega$。求各支路电流。

3.2　电路如图 2.47 所示，求图中开关 K 合上后流经开关的电流。

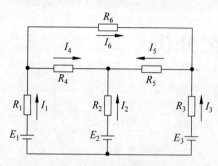

图 2.46　3.1 题电路图

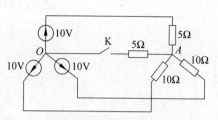

图 2.47　3.2 题电路图

3.3　电路如图 2.48 所示，图中 $E=12.5\text{V}$，$R_1=10\Omega$，$R_2=2.5\Omega$，$R_3=5\Omega$，$R_4=20\Omega$，$R=14\Omega$。求流经电阻 R 中的电流。

3.4　用节点电压法计算 3.2 题图 2.47 中开关 K 闭合后流经开关的电流。

3.5　电路如图 2.49 所示，图中 $E_1=125\text{V}$，$E_2=60\text{V}$，$R_1=40\Omega$，$R_2=120\Omega$，$R_3=30\Omega$，$R_4=60\Omega$。用节点电压法计算各支路电流。

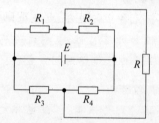

图 2.48　3.3 题电路图

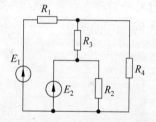

图 2.49　3.5 题电路图

3.6　电路如图 2.50 所示，图中 $E_1=E_2=100\text{V}$，$R_1=R_2=50\Omega$，$R_3=100\Omega$。用叠加原理计算 R_3 中的电流。

3.7　电路如图 2.51 所示，图中 U 为常数，$R_1=9\Omega$，$R_2=6\Omega$，$R_3=2\Omega$，$R_4=3\Omega$，$R_5=13.2\Omega$，要使流经 R_5 的电流大 3 倍，求 R_5 的阻值。

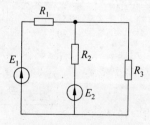

图 2.50　3.6 题电路图

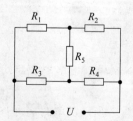

图 2.51　3.7 题电路图

第3章

电路的暂态分析

本章重点

　　电容元件上电压不能突变,要滞后于电流 90°;电感元件中电流不能突变,要滞后于电压 90°;微分电路与积电路的结构;微分波形与积分波形的产生原理以及用途。

本章重要概念

　　换路前元件上的电压、电流值,电容元件的短路特性和开路特性,电感元件感应电势与频率的关系以及电路时间常数。

本章学习思路

　　以换路定则为依据,抓住电容元件的短路和开路特性,理解电容元件在充、放电过程中的 3 种状态,然后去分析微分电路和积分电路的工作原理。

本章的创新拓展点

　　电感元件上感生电势与频率的关系在现代新型电源中的应用;微分电路和积分电路波形的输出方式与用途。

前两章在讨论电路时,认为电路中各处的电压和电流都不随时间的改变而变化。这种电路的工作状态叫电路的稳定状态,也称稳态。当时没有讨论在不同时刻电路中电压和电流的变化情况,因为电路中的元件只有电阻和电源两种,各种参数和电量都是作为衡定值来讨论的。然而,实际的电路元件除了电阻和电源外,也包括电容或电感等其他元件,这些元件组成电路后,当突然与电源接通或突然断开电源时,电路中就会出现另一种状态,这就是本章要研究的电路中的过渡状态,即电路从一种状态切换到另一种状态之间的变化过程,简称暂态,或称电路的过渡过程。

3.1 电阻元件、电感元件与电容元件

3.1.1 纯电阻元件

知识点:理解电阻元件始终是一个耗能元件。

纯电阻元件的电路如图 3.1 所示,这个电路中只有电阻元件,而且是线性的电阻元件。

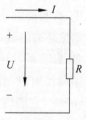

图 3.1 纯电阻元件电路

在图 3.1 所示的电路中,由于是纯电阻元件,所以根据欧姆定律,电阻两端的电压为:

$$U = RI \tag{3.1}$$

将式(3.1)两边都乘以 I 得:

$$UI = RI^2$$

从等式两端的表述内容来看,无论是左边或右边,它们都是电路元件上所消耗的功率。对功率在 $0 \sim t$ 时间内取它的定积分就得到能量关系。

$$W_R = \int_0^t UI \, dt = \int_0^t RI^2 \, dt \tag{3.2}$$

从式(3.2)可以得出这样一个结论:电阻元件无论在什么情况下都是耗能元件。它向人们揭示了一个应用问题,即在进行电路设计时,在保证电路指标的情况下,应该考虑电阻对整机功耗指标的影响。

讨论与思考

(1) 电阻在电路中的作用是什么?使用中要注意电阻的哪些关键参数?

(2) 常用的家用电器中,哪些用电设备属于纯电阻负载?

3.1.2 电感元件

知识点:理解电源频率与感生电势成正比的理论关系。

电感是各种电子、电器设备中广泛使用的一种元件,特别是在高频电路中大量地使用。电感元件由于其使用的导磁材料和耦合方式的不同,分为铁芯电感元件和磁芯电感元件以及空芯电感元件,它在电路中的常用符号如图 3.2 所示。

1. 电感元件的自感系数 L(电感量)

电感元件的自感系数 L 在数值上等于单位电流产生的全磁通,它反映了线圈产生磁通

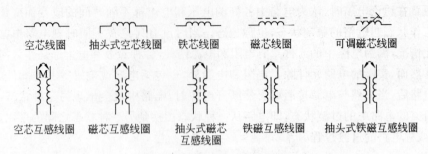

| 空芯线圈 | 抽头式空芯线圈 | 铁芯线圈 | 磁芯线圈 | 可调磁芯线圈 |

| 空芯互感线圈 | 磁芯互感线圈 | 抽头式磁芯互感线圈 | 铁磁互感线圈 | 抽头式铁磁互感线圈 |

图 3.2　电感元件的常用符号

的能力。

$$L = N \times \frac{\Phi}{I} \tag{3.3}$$

自感系数的演示电路如图 3.3 所示。

式中，Φ 叫通匝，或称磁链或全磁通，当电流的单是安，磁通的单位是韦伯时，L 的单位是亨。从式中可知，线圈的圈数越多，自感系数越大，即线圈的电感量越大。

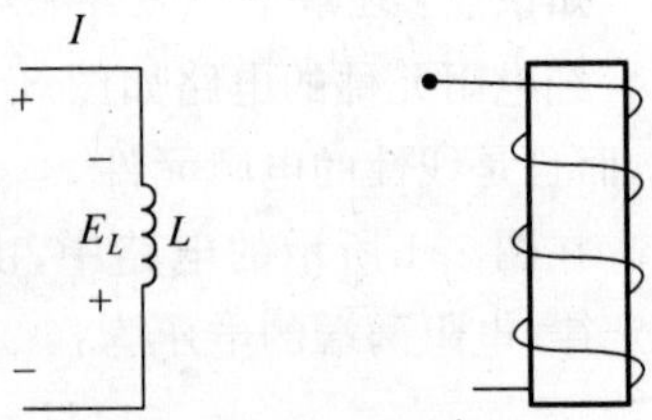

在实际使用中，由于单位亨（H）太大，常用毫亨（mH）和微亨（μH），它们的单位进位是 10^3。即：

$$1H = 10^3 mH = 10^6 \mu H$$

电感的大小与线圈的匝数、形状及周围的媒质有关。

图 3.3　电感元件与自感系数

2. 感应电动势与磁通的关系

由物理学的知识可知，当线圈中有电流流通，并且这个电流是变化的时候，则在线圈上就必然产生磁通，并且这个磁通也是随时间而变化的，变化的磁通才能产生电动势，这种现象称为电磁感应现象。由线圈产生的电动势叫自感电动势，用 E_L 表示。

既然磁通是由线圈中的电流产生的，所以，自感电动势的大小与电流变化率成正比。由楞次定律和电磁感应定律描述的感生电动势为：

$$E_L = -N \frac{\mathrm{d}\Phi}{\mathrm{d}t} = -L \frac{\mathrm{d}I}{\mathrm{d}t} \tag{3.4}$$

公式所提示和引申的重要物理意义在于，一个电感元件，当元件的匝数为常数时，提高磁通的变化率（实质是提高电源的频率），将会产生更大的感生电动势。或者当 E_L 一定时，如果提高电源的频率，将使线圈的匝数减少。电源的频率越高，磁通变化得越快，或者说电流变化得越快，产生的感应电动势就越大。在相同条件下，线圈所需的匝数越少，线圈的体积和重量也随之减少。这一理论目前在各种电子设备的开关电源中被广泛采用。

式（3.4）还揭示了另一个物理事实：直流电流流过线圈时，因为它的变化率为零，所以它在线圈上不产生感应电动势，因此，线圈对直流电而言，它是一条短路线，呈现的是短路特性。

式（3.4）还揭示了另一个问题：自感电动势总是企图阻止磁通的变化。

3. 电感元件端电压与电流的关系式

讨论分析的原理电路如图 3.4 所示。如果图中的元件是理想元件,根据基尔霍夫定律,在理想的电感元件下,由于感生电势 E 是指电位升,而外加电压 U 是指电位降,所以有:

$$U = -E$$

它们的含义不同,所以有:

$$U = L\frac{\mathrm{d}I}{\mathrm{d}t} = -e \qquad (3.5)$$

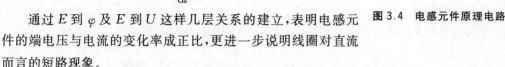

图 3.4 电感元件原理电路

通过 E 到 φ 及 E 到 U 这样几层关系的建立,表明电感元件的端电压与电流的变化率成正比,更进一步说明线圈对直流而言的短路现象。

现在如果用电感元件端电压来表示电流,则对式(3.5)两边积分,积分的下限为 0,上限为 t(因为磁场是 $t=0$ 开始的,所以积分的上限为 t,下限为 0)。

$$\int_0^t U\mathrm{d}t = \int_0^t L\frac{\mathrm{d}I}{\mathrm{d}t}$$

而电流的表达式为:

$$I = \frac{1}{L}\int_0^t U\mathrm{d}t \qquad (3.6)$$

式(3.6)表明,电感线圈是一个储能元件,电流进入线圈是线圈储能的过程。下面从功率和磁能的角度对电感元件进行详细的讨论。

4. 电感元件中的磁场能量

在任何瞬间,输入电感元件的功率应该等于线圈中的电流与线圈两端的电压的乘积,所以线圈中的功率为:

$$P = ui = Li\frac{\mathrm{d}i}{\mathrm{d}t}$$

当电流为常数时,其导数为零,不再向电感元件送能量;当电流增大时,其导数为正,$P>0$,能量进入元件,此时磁场能量增加,这样电感元件在任意时刻存储的磁场能量等于功率的积分。当电流从 0 开始时,积分的下限为 0,上限为 t,其数学表达式为:

$$W_L = \int_0^t P\mathrm{d}t = \int_0^t Li\frac{\mathrm{d}i}{\mathrm{d}t}\mathrm{d}t = \frac{1}{2}Li^2 \qquad (3.7)$$

式(3.7)表明,磁场能量仅与电流的瞬时值有关,与电流的建立无关,并且磁场能量是电流的函数,其至端电压为零时也存在。

思考与讨论

(1) 找出你身边的电子、电器产品中哪些使用了电感线圈,分析它们在产品中的作用。

(2) 为什么手机充电器的线圈圈数很少,而室内使用的日光灯的镇流器线圈圈数较多?如果少几圈行吗?

(3) 为什么手机不像对讲机或电视机那样接收信号时要明显地使用天线才能正常接收信号?

3.1.3 电容元件

通过物理课程的学习已经知道,在两块金属板间隔以绝缘材料,如空气、纸、云母等,两块金属板间就形成了一只电容。电容根据用途的不同分为电力电容、电解电容和小型的普通电容,根据所用的材料不同又可分为云母电容、涤纶电容、磁介电容、钽电容和电解电容。电容在电路中通常用字母 C 表示。现在由于制造工艺的先进性,对小容量的普通电容大量使用的是贴片式结构。

1. 电容的符号

电容在电路中使用的符号通常是以它的容量和用途来区分的,如图 3.5 所示。

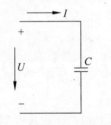

(a) 普通电容   (b) 电解电容   (c) 可变电容   (d) 可调电容

图 3.5　电容符号

2. 电容的容量及使用单位

电容的容量反映的是电容存储电荷的能力,用 $C = \dfrac{Q}{U}$ 表示,在国际标准单位制中,如果 Q 的单位用库仑,U 的单位用伏特,则电容的单位用法(F)。一般情况下,F 的单位较大,通常又用微法(μF)和皮法(pF),它们的换算关系为:

$$1F = 10^6\,\mu F = 10^{12}\,pF$$

3. 电容元件的电压和电流的关系

下面讨论的纯电容元件电路如图 3.6 所示。

在图 3.6 所示的纯电容元件电路中,流过电容中的电流为:

$$I = \frac{\mathrm{d}Q}{\mathrm{d}t} = C\frac{\mathrm{d}U_c}{\mathrm{d}t} \tag{3.8}$$

式(3.8)说明,对一个确定的电容元件,C 是一个常数,因此电容中的电流的大小就只是与电容两端的电压对时间的变化率成正比。也就是说,电容两端的电压变化越快,电容中的电流就越大;反之,电压不变化时,电流为零,也就是说,直流电加在电容两端时,电容呈现的是开路特性。

图 3.6　纯电容元件电路

讨论

(1) 用式(3.8)作为理论指导,如何用万用表判断容量大的电容的好坏?

(2) 为什么当使用指针式万用表的电阻档接在电解电容的两端时,看见指针摆动一下又回到原位?

4. 电容元件中的电场能量

对式(3.8)中的电压进行求导,将得到电容电压为:

$$U_C = \frac{1}{C}\int_0^t I\mathrm{d}t \qquad\qquad (3.9)$$

而电容中的瞬时功率应该等于电容两端的电压乘以流过电容中的电流:

$$P = u_C i = C u_C \frac{\mathrm{d}u_C}{\mathrm{d}t} \qquad\qquad (3.10)$$

电容中的电场能量就应该是瞬时功率在时间$(0\sim t)$的定积分:

$$W_C = \int_0^t P\mathrm{d}t = \int_0^t u_C i\,\mathrm{d}t = \int_0^t C u_C \frac{\mathrm{d}u_C}{\mathrm{d}t}\mathrm{d}t = \frac{1}{2}C u_C^2 \qquad\qquad (3.11)$$

式(3.11)说明,电容元件和电感一样都是储能元件,在电路中都具有储能的作用,如采用显像管的电视机和示波器等在关机后仍有高压存在,它们就是利用电容元件的储能原理来保持高压的。

3.2 储能元件与换路定则

本节知识重点 电压和电流初始值的确定。

3.2.1 换路与过渡过程

以电风扇启动或停止为例。电风扇在未通电前,电机的转速为0,这种状态称为初始状态;当电风扇通电后,电机从启动到加速到稳速,产生了一段小的时间,这段时间称为过渡过程;最后电机达到稳定转速后,称为终值。

在电路中,将电源突然接通或断开时,对电容而言,它两端的电压不能立即变为稳态值。对电感而言,当电源突然接通时,感生电动势总是阻止电流的增加;当电源突然切断时,反电动势总是阻止电流的减小。因此,这两种储能元件在电路接通或断开的瞬间也必然产生过渡过程。根据前面的知识,在电容中所储存的电场能量为:

$$W_L = \int_0^t P\mathrm{d}t = \int_0^t Li\frac{\mathrm{d}i}{\mathrm{d}t}\mathrm{d}t = \frac{1}{2}Li^2$$

电容中所储存的磁场能量为:

$$W_C = \int_0^t P\mathrm{d}t = \int_0^t u_C i\,\mathrm{d}t = \int_0^t C u_C \frac{\mathrm{d}u_C}{\mathrm{d}t}\mathrm{d}t = \frac{1}{2}C u_C^2$$

由于能量是不能跃变的,它必然有一个过渡时间才能达到稳定值,这就是产生过渡过程的原因,把这种换路前后电能不能跃变的规律称为换路定律,即:换路前电容电压的瞬时值等于换路后的瞬时值,换路前电感元件中电流的瞬时值等于换路后的瞬时值。换路定律主要体现在电流的连续性上。

讨论 在图3.7所示的电路中,下面的答案哪个是正确的?

A. 6/10（A）　　　　B. 10/6（A）

C. 6（A）　　　　　D. 0（A）

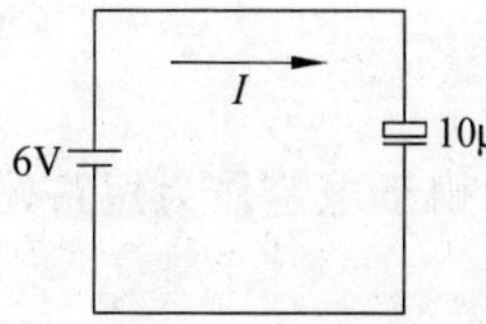

图 3.7 示例电路图

3.2.2　初始值的确定

为了更详细地讨论初始值的概念,定义 3 个时段,0^- 表示换路前的瞬时值,0^+ 表示换路后的瞬时值,0^∞ 表示终值(即稳态值)。这样,依据换路定则有:

$$U_{C(0^-)} = U_{C(0^+)} \tag{3.12}$$

$$I_{L(0^-)} = I_{L(0^+)} \tag{3.13}$$

下面通过具体的例子来说明如何应用换路定则确定电路中电容元件的电压和电感元件的电流的初始值。

例 3.1　电路如图 3.8 所示,图中 $R_1 = 2\Omega$,$R_2 = 4\Omega$,$R_3 = 4\Omega$,电源电压为 6V,开关闭合前电容和电感元件上均没有储能,开关 K 在 $t=0$ 时闭合,求:

(1) 电容元件上电压的初始值。

(2) 电感元件中电流的初始值。

本例知识目标:学习换路定则的应用。

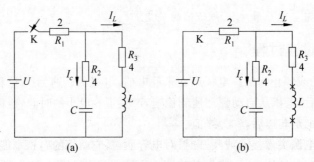

图 3.8　例 3.1 电路图

分析:$t=0$ 之前,电容上没有储能,电容两端的电压为零,电容元件呈短路特性,作短路处理,所以有:

$$U_{C(0^-)} = U_{C(0^+)} = 0$$

同理,电感也没有储能,即电感中的电流为零,电感元件呈开路特性,作开路处理,其电流为:

$$I_{L(0^-)} = I_{L(0^+)} = 0$$

当 $t=0^+$ 时,由于开关突然接通,电容上的电压和电感中的电流都与 $t=0^-$ 时相同,所以仍有:

$$U_{C(0^-)} = U_{C(0^+)} = 0$$

$$I_{L(0^-)} = I_{L(0^+)} = 0$$

这时由于电容作为短路处理,所以电容支路中的电流为:

$$I_{C(0^+)} = I_{C(0^-)} = \frac{U}{R_1 + R_2} = \frac{6}{2+4} = 1(\text{A})$$

由于开关突然接通,在这一时刻,由于电感呈开路特性,而电容呈短路特性,所以电感两端的电压就是 R_2 两端的电压:

$$U_{L(0^-)} = U_{L(0^+)} = R_2 I_{C(0^+)} = 4 \times 1 = 4(\text{V})$$

通过上述计算可以看出，电路中电容元件上的电压初始值和电感元件中的电流初始值完全由电路的原始状态决定，它们其实也是一种稳态状态下的计算值。

3.3　RC 电路的响应

本节知识重点　电容元件的充电过程和电压上升。

所谓电路的响应，就是指电路与电源接通或断开时，电路中储能元件上电压或电流随时间的变化规律。通过对这种规律的研究，最终达到控制和使用这种现象的目的。

3.3.1　RC 电路的零状态响应

所谓零状态响应，实质是指电容原来没有储能，从零状态的充电过程。分析讨论的电路如图 3.9 所示。

条件：开关 K 切换前，电容上没有电荷，开关 K 连接在"2"的位置，即电容上的电压 $U_{C(0^-)}=0$。在时间 $t=0$ 时，开关 K 转接至"1"的位置，此时的电路为充电电路，电源电压经电阻 R 向电容充电。

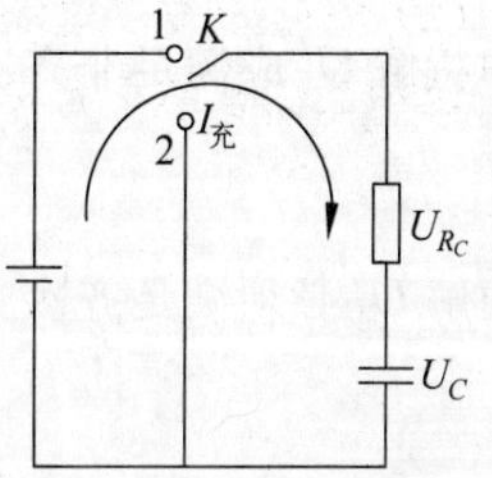

图 3.9　电容元件的零响应电路

1. 定性分析

设换路前电容上没有充电，即 $U_{C(0^-)}=0$，当 $t=0$ 时，电路接至"1"位置，正电压加在电路上。这个电压相当于变化极快的阶跃电压，由于电容上原来没有电压，根据换路定则，换路前后电容上的电压是相等的，即 $U_{C(0^-)}=U_{C(0^+)}$，由于电容上没有电荷存在，所以电容相当于一个短路元件。此后随着时间的增加，电容上的电压开始上升，最后电容上的电荷充满，此时，加在电容两端的电压的变化率为 0（直流），电容中的电流为 0，因为电容中的电流为：

$$I_C = C \times \frac{\mathrm{d}U_C}{\mathrm{d}t}$$

此时电容呈现开路状态，很显然，电容中的电流从最大降为 0 的过程就是电容电压的上升过程，或者叫电容的充电过程，如图 3.10(a) 所示。而与此同时，在电容处于短路的时间内，电源电压是加在电阻上的，所以随电容元件上电压的上升，电阻电压则是一个下降过程。电容上的充电曲线和电阻上的放电曲线如图 3.10(b) 所示。

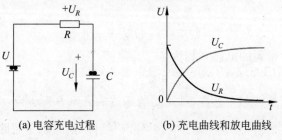

(a) 电容充电过程　　　　(b) 充电曲线和放电曲线

图 3.10　电容充电与电容电压上升、电阻电压下降曲线

2. 定量分析

电路开关接通的瞬间，根据 KCL，电路的电压方程为：

$$U = U_R + U_c \tag{3.14}$$

式中 $U_R = IR$，代入式(3.14)后得：

$$U = RI + U_c = RC \frac{\mathrm{d}U_c}{\mathrm{d}t} + U_c \tag{3.15}$$

从高等数学知识可知，这是一个线性常系数的非齐次微分方程，它的通解由一个特解 U'_c 和相对应的齐次微分方程的通解 U''_c 所组成。

即

$$U_c = U'_c + U''_c \tag{3.16}$$

所以电路的方程为：

$$RC \frac{\mathrm{d}(U'_c + U''_c)}{\mathrm{d}t} + (U'_c + U''_c) = U \tag{3.17}$$

式中特解 U'_c 应满足非齐次方程：

$$RC \frac{\mathrm{d}U'_c}{\mathrm{d}t} + U'_c = U \tag{3.18}$$

而通解 U''_c 必须满足齐次方程：

$$RC \frac{\mathrm{d}U''_c}{\mathrm{d}t} + U''_c = 0 \tag{3.19}$$

由数学知识可知，凡是适合非齐次微分方程的任何一个解都可以充当特解。在电路中，由于过渡过程最终要消失，进入稳定状态，所以选用电路达到稳定状态的解作为该方程的特解，故又把特解称为电路的稳态解或稳态分量。这样，就可以用以前的稳态分析方法求出方程的特解。在这个电路中，充电结束，电路达到稳定状态，电容相当于开路，电流为零，因此电容电压的稳态解(值)为：

$$U'_c = U = U_{C(\infty)} \tag{3.20}$$

式(3.20)就是满足电路方程的特解。

而电路方程的通解为：

$$U''_c = A e^{-\frac{t}{RC}} \tag{3.21}$$

这样，电路的方程就可以改写为由两部分组成的方程：

$$U_c = U'_c + U''_c = U + A e^{-\frac{t}{RC}} \tag{3.22}$$

式中，待定系数 A 是由初始条件来决定的，开关未接通时，电容没有充电，根据换路定则，它的初值为：

$$U_{C(0^+)} = U_{C(0^-)} = 0$$

代入初始条件($t=0$)得到的电路方程为：

$$0 = U + A e^{-\frac{0}{RC}}$$

所以得待定系数为：$A = -U$，这样，满足初始条件的电路方程解为：

$$U_c = U - U e^{-\frac{t}{RC}} = U(1 - e^{-\frac{t}{RC}}) \tag{3.23}$$

这样，只要电路参数(电阻和电容的值)确定后，电容电压的变化规律就容易求出了。

现在来分析公式所揭示的物理意义及在工程上的应用意义。

公式中,$e^{-\frac{t}{RC}}$是一个衰减函数,随时间的增加,它趋近于零,这样最终电容上的电压U_C就随着充电时间的增加最后趋近于电源电压U。在工程上,就可以选择不同的电路参数和时间来达到所需的波形电压数值。

接下来分析电阻上电压变化(衰减)的规律。因为电路接通后,电路中的充电电流为:

$$I_C = C\frac{\mathrm{d}U_c}{\mathrm{d}t} = C\frac{\mathrm{d}(U - U_C{}^{-\frac{t}{RC}})}{\mathrm{d}t} = \frac{U}{R}e^{\frac{t}{RC}} \tag{3.24}$$

在充电过程中,因为充电电流在发生变化,所以电阻上的电压也应该是变化的,并且为:

$$U_R = IR = Ue^{-\frac{t}{RC}} \tag{3.25}$$

把这些变化的规律用曲线形式表示,如图3.11所示。

在电容电压和电阻电压的表达式中,当令电路参数RC的乘积为时间量纲,并用τ表示时,τ叫做电路的时间常数,这样,就可以根据电容电压上升的数值,选择不同的时间常数。工程上一般认为在2.3τ时间就认为达到了稳态值,包括上升或下降所需要的时间。

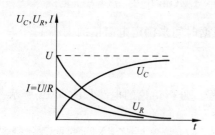

图3.11 电容电压、电阻电压和充电电流的变化规律　　图3.12 例3.2电路图

例3.2 电路如图3.12所示,图中$E=100\text{V}$,$R_1=1000\Omega$,$C=2\mu\text{F}$,求:

(1) 开关闭合后电容电压U_c、充电电流I_c;

(2) 电容电压上升到80V需要的时间。

本例知识目标:电压变化规律的求解;输出电压与时间(电路参数)的计算,为工程设计奠定基础。

解:(1) 根据KVL,电路换路后的微分方程为:

$$RC\frac{\mathrm{d}U_c}{\mathrm{d}t} + U_c = E$$

电路到达稳定状态后,电容呈开路特性,表现为开路状态,故电容电压的稳态解为:

$$U_{C(\infty)} = U'_c = 100(\text{V})$$

而电容电压的暂态解是初始条件在齐次方程$U_c = E + Ae^{-\frac{t}{RC}}$中的解,电路的初始条件是$t=0$、$U_{C(0^-)}=0$时所产生的,代入电路的初始条件得:

$$0 = E + Ae^{-\frac{0}{RC}}$$

所以方程的待定系数为:

$$A = -E = -100(\text{V})$$

因此,电路微分方程的解为:

$$U_C = 100(1 - e^{-\frac{t}{10^4 \times 2 \times 10^6}}) = 100(1 - e^{-500t})(\text{V})$$

故电路中的充电电流为：

$$I = C\frac{dU_C}{dt} = 0.1e^{-500t}(\text{A})$$

（2）电压上升到 80V 需要的时间为 t，此时实质是电容电压为 80V，所以电路方程为：

$$80 = 100(1 - e^{-500t})$$

整理后得到：

$$100e^{-500t} = 20$$

方程两边同时除以 100 得：

$$e^{-500t} = 0.2$$

取对数得：

$$-500t = \ln 0.2$$

故电压为 80V 的时间是：

$$t = \frac{1.61}{500} = 3.2(\text{ms})$$

这样，当电路中的电容元件选定后，就可以根据时间来确定电阻值的大小了。

3.3.2 RC 电路的零输入响应

所谓零输入响应，指的是电容的放电过程。分析讨论的电路如图 3.13 所示。

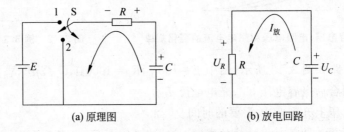

(a) 原理图   (b) 放电回路

图 3.13 电容的放电原理图

在图 3.13 中，设 $t=0$ 时，开关 S 从"1"转向"2"时，此时的电路如图 3.13(b)所示，在之前电容上充满的电荷经 R 放电，在电阻上以热能的形式消耗。在放电回路中，根据 KVL，电路的电压方程为：

$$U_R + U_C = 0 \tag{3.26}$$

式中 $U_R = IR$，所以式(3.26)改写为：

$$IR + U_C = 0$$

而在电容电路中，电流的表达式为：$I = C\dfrac{dU_C}{dt}$，而 I 就是电容中的放电电流，所以式(3.26)再改写为：

$$RC\frac{dU_C}{dt} + U_C = 0 \tag{3.27}$$

这是一个线性常系数的齐次微分方程，由数学知识可知，它的解由两部分组成，一个是满足电路初始条件的特解,另一个是电路的通解。这里先不用 U_C' 和 U_C'',而直接用电容电压描述。

当先不考虑电路条件时,它的通解为:

$$U_C = Ae^{Pt} \tag{3.28}$$

式中,P 为特征根解,A 为方程的待定系数。将通解代入微分方程后得:

$$RC\frac{\mathrm{d}Ae^{Pt}}{\mathrm{d}t} + Ae^{Pt} = 0 \tag{3.29}$$

再对式(3.28)求导后得到:

$$RCPAe^{Pt} + Ae^{Pt} = 0 \tag{3.30}$$

在式(3.29)中,两边同时除以公因子 Ae^{Pt} 后得到特征方程:

$$RCP + 1 = 0 \tag{3.31}$$

式(3.30)称为特征方程,移项处理后得:

$$P = -\frac{1}{RC} \tag{3.32}$$

式中,P 称为特征方程的特征根。它是电路参数乘积的倒数。接下来只要求出待定系数 A,微分方程的解就出来了。待定系数由微分方程的初始条件所决定,当 $t=0$ 时,根据换路定则有:

$$U_{C(0^+)} = U_{C(0^-)} = U_0 = U_0 \tag{3.33}$$

式中,U_0 是电容上之前所充的电压,所以将式(3.33)和电路的初始条件代入通解表达式(3.28)后得:

$$U_0 = Ae^{Pt} = Ae^{-\frac{t}{RC}}$$

$$U_0 = A$$

$$U_C = Ae^{-\frac{t}{RC}} = U_0 e^{-\frac{t}{RC}} \tag{3.34}$$

显然,电容电压的放电过程也是一个衰减过程,电路的参数 RC 仍是电路的时间常数,电路的时间常数越大,放电衰减得越慢,放电的电压值从充电时的最大电压 U_0 开始下降,最后趋近于零。电路的放电曲线特性如图 3.14 所示。

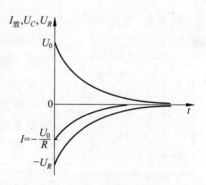

图 3.14 电容放电电压、电阻电压和放电电流曲线

讨论

(1) 用指针式万用表的电阻档按如图 3.15 所示跨接在 $10\mu F$ 的电容两端,两个表使用的电阻档分别是 1000Ω 和 100Ω。请观察后说明为什么仅仅用不同的电阻档,表针的偏转差别会那样大。

(2) 如果两块万用表的电阻档位均保持在 1000Ω 不变,将电容分别改为 $47\mu F$ 和 $200\mu F$ 来测量,表针的摆动又会如何?

接下来分析电阻上电压的变化规律和放电电流的变化规律。

放电时电阻上的电压极性与充电时相反,所以电阻上的电压为:

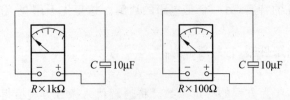

图 3.15 检验电路参数 RC 大小对充放电时间的影响

$$U_R = -U_C = -U_0 e^{-\frac{t}{RC}} \qquad (3.35)$$

上式表明电阻上的电压是从负的最大值开始衰减的,最后趋近于零。与此同时,放电电流也是从负的最大值开始衰减,最后趋近于零。曲线如图3.14所示。

回路中放电电流的表达式为:

$$I_{放} = C\frac{dU_C}{dt} = -\frac{U_0}{R} e^{-\frac{t}{RC}} \qquad (3.36)$$

式中 U_0 实质就是电容之前所充的电压。

从电容电压 U_C 和电阻电压 U_R 及放电电流 $I_放$ 的表达式都可以看到,它们的变化规律都是按指数规律变化。理论上,只能是当 $t=\infty$ 时才认为衰减完毕,电路才达到稳定状态;而在实际工程中,充电的时间为 $2.3RC$ 就达到了 90%,放电时认为函数衰减到 5% 以下就算稳定了,这是在设计计算电路时的一个重要技术指标。表 3.1 说明了 t 在不同时间的衰减值,表中电路参数 $RC=\tau$ 称为时间常数。

表 3.1 不同衰减时间的电压值

电路参数	τ	2τ	3τ	4τ
函数 $e^{-\frac{t}{RC}}$	e^{-1}	e^{-2}	e^{-3}	e^{-4}
电压值/V	0.368	0.135	0.05	0.018

例 3.3 电路如图 3.16 所示,电路在 $t=0$ 时,开关 K 打向"1"的位置对电容进行充电,充电结束后,即经过了 t_1 后,开关 K 打向"2"的位置进行放电。研究分析一充一放的过程中 U_C、U_R 和电流 I 的变化规律,并将这种变化规律绘制成曲线。

本例知识目标:掌握电容电压的变化规律,为微分电路和积分电路的输出波形奠定基础。

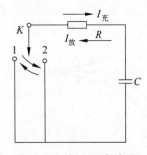

图 3.16 例 3.3 电路图

解:(1)由于电路在 $t=0$ 之前处于稳态,此时电容没有充电,对突然接通的电源相当于短路,所以,在 $0 \leqslant t \leqslant t_1$ 时间段,电容被充电,电路的微分方程为:

$$RC\frac{dU_C}{dt} + U_C = E$$

电路中,U_C 的稳态解为:

$$U_{C(\infty)} = U'_C = E$$

而电路中 U_C 的暂态解为:

$$U_\alpha = U''_C = Ae^{-\frac{t}{RC}} = Ae^{-\frac{t}{\tau}} \qquad 式中 \quad \tau = RC$$

所以电路中电容电压为：

$$U_C = U'_C + U''_C = E + A\mathrm{e}^{-\frac{t}{\tau}}$$

代入电路的初始条件 $t=0$，$U_{C(0^-)}=0$，得到：

$$0 = E + A$$

所以待定系数为：

$$A = -E$$

这样，电容电压的方程将改写为：

$$U_C = E(1 - \mathrm{e}^{-\frac{t}{\tau}})$$

充电电流的表达式为：

$$I_{充} = C\frac{\mathrm{d}U_C}{\mathrm{d}t} = \frac{E}{R}\mathrm{e}^{-\frac{t}{\tau}}$$

充电时电阻上的电压为：

$$U_R = IR = E\mathrm{e}^{-\frac{t}{\tau}}$$

(2) 当时间 $t \geqslant t_{1s}$ 时，开关打向"2"的位置，RC 电路被短接，电容放电，电路的微分方程为：

$$RC\frac{\mathrm{d}U_C}{\mathrm{d}t} + U_C = 0$$

放电时电容电压的稳态解为：

$$U_{C(\infty)} = U'_C = 0$$

放电时电路中 U_C 的暂态解为：

$$U_\alpha = U''_C = A\mathrm{e}^{-\frac{t}{RC}} = A\mathrm{e}^{-\frac{t}{\tau}}$$

而此时电路的初始条件发生在 $t=t_{1s}$ 时，所以这时的初值为：

$$U_{\alpha_{1s(+)}} = U_{\alpha_{1s(-)}} = E(1 - \mathrm{e}^{-\frac{t}{\tau}})$$

代入这种情况下的初始条件，得：

$$E(1 - \mathrm{e}^{-\frac{t_{1s}}{\tau}}) = A\mathrm{e}^{\frac{t_{1s}}{\tau}}$$

$$A = E(1 - \mathrm{e}^{-\frac{t_{1s}}{\tau}})\mathrm{e}^{\frac{t_{1s}}{\tau}}$$

所以电容电压的表达式为：

$$U_C = E(1 - \mathrm{e}^{-\frac{t_{1s}}{\tau}})\mathrm{e}^{\frac{t_{1s}}{\tau}}\mathrm{e}^{-\frac{t}{\Phi}} = E(1 - \mathrm{e}^{-\frac{t_{1s}}{\tau}})\mathrm{e}^{-\frac{1}{\tau}(t-t_{1s})}$$

放电时电流的表达式为：

$$I_{放} = C\frac{\mathrm{d}U_C}{\mathrm{d}t} = -\frac{E}{R}(1 - \mathrm{e}^{-\frac{t_{1s}}{\tau}})\mathrm{e}^{-\frac{1}{\tau}(t-t_{1s})}$$

放电时电阻上电压的规律为：

$$U_R = IR = -E(1 - \mathrm{e}^{-\frac{t_{1s}}{\tau}})\mathrm{e}^{-\frac{1}{\tau}(t-t_{1s})}$$

上述充电过程和放电过程中电容电压、电阻电压以及电流的变化规律曲线如图 3.17 所示。

从曲线的变化规律可以看出，电容电压的上升和下降呈现锯齿状态。如果选择很小

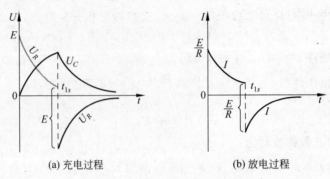

(a) 充电过程   (b) 放电过程

图 3.17   电容充电和放电规律图

的时间常数(电路参数),将会产生尖脉冲状态;如果选择较大的时间常数,将会得到上升较慢的锯齿波电压。关于波形将在 3.5 节中详细讨论。

例 3.4   电路如图 3.18 所示,图中,$C=1000\text{pF}$,电阻 $R_1=10\text{k}\Omega$,$R_2=20\text{k}\Omega$,求时间 $t\geqslant0$ 时电容上的电压 U_C 和输出电压 U_0。

本例知识目标:确定输出电压的大小。

解:(1) 初始值的确定。

在 $t=0$ 时,电容是不带电的,相当于短路元件。根据换路定则,电容元件上的电压在开关接通前后是相等的,所以有:

$$U_{C(0^+)}=U_{C(0^-)}=0$$

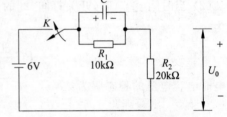

图 3.18   例 3.4 电路图

由于电容呈现的是短路特性,所以电阻 R_1 上是没有电压降产生的,此时全部电压加在电阻 R_2 上,所以输出电压就等于 R_2 上的电压:

$$U_{(0^+)}=U_{R_2}=6(\text{V})$$

(2) 稳态值的确定。

当时间处于无穷大后,元件上的电压(电流)为稳态值,此时,电容呈现开路特性。这种情况下,输出电压由两个电阻对电源电压的分压大小决定。即电容上的电压就是电阻 R_1 上的电压,电压的大小为:

$$U_{C(\infty)}=U_{R_1}=E\frac{R_1}{R_1+R_2}=6\times\frac{10}{10+20}=2(\text{V})$$

而输出电压等于电阻 R_2 上的电压,电压的大小为:

$$U_0=U_{R_2}=E-U_C=6-2=4(\text{V})$$

3.4   一阶线性电路暂态分析的三要素法

在前面的一阶电路求解中,暂态解总是以 $Ae^{-\frac{t}{RC}}$ 的形式出现,式中 A 为积分常数或叫待定系数,由初始条件决定;RC 为时间常数,它实质是电路参数的乘积。所以,在一阶线性电路求解过程中,只要抓住稳态解、初始值和时间常数这 3 个要素,就能很快写出一阶电路过渡过程的解答。如果待求量(电压或电流)的初始值用函数 $f(0^+)$ 表示,它的稳态

解用 $f(\infty)$ 表示,电路的时间常数仍用 τ 表示,就能确定积分常数 A,因为一阶电路的通解为:

$$f(t) = f(\infty) + A\mathrm{e}^{-\frac{t}{\tau}} \tag{3.37}$$

如果将电路的初始条件($t=0^+$)代入式(3.37),则式(3.37)改写为:

$$f(0^+) = f(\infty) + A\mathrm{e}^{-\frac{0}{\tau}}$$

经移项后得到:

$$A = f(0^+) - f(\infty) \tag{3.38}$$

有了电路的待定系数(也叫积分常数)A 和电路的时间常数 τ,一阶电路过渡过程的解完全可以由稳态解和暂态解确定,这叫一阶电路的三要素求解方法,它的数学表达方式为:

$$f(t) = f(\infty) + [f(0^+) - f(\infty)]\mathrm{e}^{-\frac{t}{\tau}} \tag{3.39}$$

式(3.39)称为一阶电路的快速求解公式。

如果电路的初始值为零,即 $f(0^+)=0$,则式(3.39)改写为:

$$f(t) = f(\infty)(1 - \mathrm{e}^{-\frac{t}{\tau}}) \tag{3.40}$$

如果电路的稳态值为零,即 $f(\infty)=0$,则式(3.39)改写为:

$$f(t) = f(0^+)\mathrm{e}^{-\frac{t}{\tau}} \tag{3.41}$$

这里要特别指出,快速公式只适合一阶电路的求解,对于二阶电路或高阶电路则不适用。

例3.5 电路如图3.19所示。求图中开关 K 闭合后的电容电压 U_C。

本例知识点:掌握三要素的确定;快速公式的应用。

解:先确定电路的三要素。

(1)电容电压的初始值为:

$$U_{C(0^+)} = U_{C(0^-)} = 0$$

(2)电容电压的稳态值为:

$$U_{C(\infty)} = E\frac{R_2}{R_1 + R_2}$$

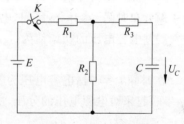

图 3.19 例 3.5 电路图

(3)电路的时间常数等于电容与电阻的并联值,电源不作用,所以电路的时间常数为:

$$\tau = RC = \left(R_3 + \frac{R_1 R_2}{R_1 + R_2}\right)C$$

将上述3个值代入快速公式,得:

$$U_C = \frac{R_2}{R_1 + R_2}E(1 - \mathrm{e}^{-\frac{t}{\tau}})$$

例3.6 电路如图3.20所示,原来电路处于稳态,求开关接通后电路的电容电压。

本例知识点:掌握三要素的确定;快速公式的应用。

解:先确定电路的三要素。

(1)电容电压的初始值为:

$$U_{C(0^+)} = U_{C(0^-)} = E$$

（2）电容电压的稳态值则是电路达到稳态后，电容呈现开路特性时的值，所以有：

$$U_{C(\infty)} = E\frac{R_2}{R_1 + R_2}$$

（3）电路的时间常数等于电容与电阻的并联值，电源不作用，所以电路的时间常数为：

$$\tau = RC = \left(R_3 + \frac{R_1 R_2}{R_1 + R_2}\right)C$$

将上述 3 个值代入快速公式，得：

$$U_C = \frac{R_2}{R_1 + R_2}E + \left(E - \frac{R_2}{R_1 + R_2}E\right)e^{-\frac{t}{\tau}} = \frac{E}{R_1 + R_2}\left[R_2 + R_1 e^{-\frac{t}{\tau}}\right]$$

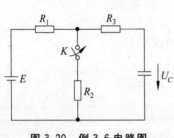

图 3.20　例 3.6 电路图

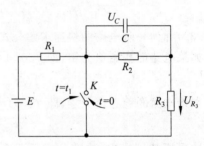

图 3.21　例 3.7 电路图

例 3.7　电路如图 3.21 所示，图中 $E=12\text{V}$，$R_1=R_2=R_3=3\text{k}\Omega$，$C=1000\text{pF}$，开关 K 在 $t=0$ 时断开，再经过了 $t_1=2\mu\text{s}$ 后又合上，求 U_{R_3}。

解： 在时间 $0 \leqslant t \leqslant t_1$ 区间，电路的三要素如下。

（1）电容电压的初始值为：

$$U_{C(0^+)} = U_{C(0^-)} = 0$$

在时间 $t=0$ 时，电容电压为零，电容呈现短路特性，这时 U_{R_3} 的初始值应该为 R_1 和 R_3 串联起来对电源电压的分压，所以 U_{R_3} 的初始值为：

$$U_{R_3} = E\frac{R_3}{R_1 + R_3} = 12 \times \frac{3}{6} = 6(\text{V})$$

（2）由于电容在稳态后呈现开路特性，所以 U_{R_3} 的稳态值应该是 3 个电阻串联起来对电源电压的分压，所以 U_{R_3} 的稳态值为：

$$U_{R_3(\infty)} = \frac{R_3}{R_1 + R_2 + R_3}E = \frac{3}{9} \times 12 = 4(\text{V})$$

（3）电路的时间常数等于电容与电阻的并联值，电源不作用，所以电路的时间常数为：

$$\tau_1 = RC = \frac{(R_1 + R_3)R_2}{R_1 + R_2 + R_3}C = 2(\mu\text{s})$$

将上述 3 项代入快速公式得到：

$$U_{R_3} = 4 + (6-4)e^{-\frac{t}{\tau_1}} = 4 + 2e^{-\frac{t}{\tau_1}}(\text{V})$$

在时间 $t \geqslant t_1$ 后，开关 K 又合上的三要素如下。

（1）初始值。由于开关突然接通，相当于将充满的电容电压短接在 R_3 两端，而之前电容上的电压为：

$$U_C = 4(1 - e^{-\frac{t}{\tau_1}})(V)$$

$$U_C(t_1^+) = U_C(t_1^-) = 4(1 - e^{-\frac{t_1}{\tau_1}}) = 2.528(V)$$

则

$$U_{R_3}(t_1^+) = -U_C(t_1^+) = -2.528(V)$$

（2）稳态值。开关合上后，E_1 和 R_1 支路被短接，电容放电；当达到稳态后，电容上的电压放为零，此时，电阻上的电压当然为零，所以有：

$$U_{R_3(\infty)} = 0$$

（3）时间常数为：

$$\tau_2 = \frac{R_2 R_3}{R_2 + R_3} C = 1.5(\mu s)$$

再令 $t' = t - t_1$，当 $t = t_1$ 时，$t' = 0$，代入式（3.38）得：

$$U_{R_3} = -2.528 e^{-\frac{t'}{\tau_2}} = -2.528 e^{-\frac{1}{\tau_2}(t - t_1)}$$

通过上面的分析可知，当电源突然接通或断开时，电路中的电容上的电压是不能跟着突然变化的，它将产生上升或下降的过程，这种过程从电压变化的波形看，正好形成了工程上所需的微分引导脉冲或锯齿波积分波形。接下来将通过具体的微分电路和积分电路说明这种暂态过程在电路产生波形的过程。

3.5 微分电路与积分电路

> **本节知识重点** 理解电容的充、放电。

3.5.1 微分电路

所谓微分电路，是指电路的输出电压近似地等于输入电压的微分，电路如图 3.22 所示。在电路结构上，输出电压取至电阻两端，电容作为耦合元件，利用电容中电压不能突变的特点，产生微分电压尖脉冲，在电子技术中将其称为触发脉冲或门脉冲。下面对电路的工作过程作分析。

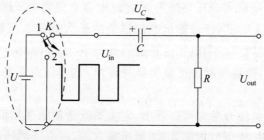

图 3.22 微分电路

设输入端有一个电子开关在不停地切换，当开关 K 打向"1"时，接通直流电源，此时相当于突然接通，形成输入电压突然上升；当开关打向"2"时，突然断开直流电源，输入电

压从原有的 U 突然下跳为 0,并且将电容电压短接到地。这样形成连续的开关矩形脉冲。

1. 定性分析

由于输入端信号电压为矩形方脉冲,实质相当于直流电压在不停地接通和断开。为了更清楚地分析其工作过程,将微分电路部分重新提取出来,如图 3.23(a)所示。图 3.23(b)为电路的输入、输出电压波形。下面分几个时间段来讨论在不同时间点上产生这些波形的过程以及电路产生这些波形所需要的必要条件。

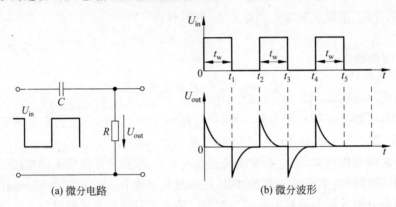

(a) 微分电路　　　　　　　　　　(b) 微分波形

图 3.23　在不同时间点上输入、输出电压波形

(1) 在 $t=0$ 时,电容上没有电压,电容相当于短路。输入电压突然接通,由于电容呈现的是短路特性,输入电压全部加在电阻上,所以此时的输出电压等于输入电压,对应的波形是坐标轴的高电平处。

(2) 当时间在 $0 \leqslant t \leqslant t_1$ 之间时,输入电压保持不变,而原来由于电容上没有电荷存在,所以相当于之前讨论的直流电压向电容充电,电容电压的极性为左"＋"右"－"。随着时间的增加,电容很快被充满电,此时电容呈现开路特性,相当于开路元件。根据 KVL,输入电压应该等于电容电压加上电阻上的输出电压,即:

$$U_{in} = U_C + U_{out}$$

电容电压在上升的过程中,电阻上的电压在下降;当电容快速充电结束时,电阻上的电压(输出)也快速下降为 0,于是得到第一个尖脉冲输出。

(3) 在 t_1 时刻,由于输入电压突然为 0,此时电容上充的电压刚好被短接加载于电阻上,其极性变成下"＋"上"－",所以输出电压是负的最大电容电压值,电容上的电压经 R 快速放电,与此同时,电阻上的负电压也快速趋近于零,于是得到一个负的尖脉冲输出。

(4) 在 $t=t_2$ 以后,便是周期的正负尖脉冲输出,这些正负尖脉冲是矩形脉冲微分的结果,所以叫微分电路。

从电路输出的正、负微分脉冲可以看出,它实质就是正电平和负电平。当在工程上需要对电路进行正触发时,就可以按图 3.24 所示的方法,在电路的输出端上接入二极管,利用二极管的单向导电特性取出正向的触发开关脉冲。

如果被触发的电路为负触发,则二极管的极性反接,这样电路输出的电压将是负极性的微分尖脉冲。

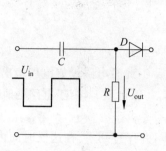
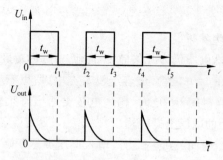

图 3.24　输出正向尖脉冲

2. 微分电路的条件

从微分尖脉冲形成的过程可以看出,尖脉冲的产生实质是电容快速充电和放电的结果,也就是说,电路必须要在输入的矩形脉冲(直流电压)没有切换之前,完成充电或放电过程,才能形成正、负尖脉冲输出。通过之前电路中的过渡过程分析可知,决定电容电压暂态部分结束的时间由电路参数 RC 的乘积决定:电路的时间常数越大,过渡过程越长;电路的时间常数越小,电路的过渡过程越短。因此,微分电路的条件应该是电路的时间常数应该远远小于输入矩形脉冲的宽度,即:

$$\tau \ll t_w$$

只要适当地设计电路参数,就能满足电容元件的快速充电和放电条件,从而在电阻上得到正负微分尖脉冲输出的要求,在电路结构上输出电压取至电阻两端。

3. 理论计算

在电路工作中,当 $t=0^+$ 时,由于电容上没有电荷,电容为短路元件,此时输入电压就等于输出电压。当电容被充满电后,电容上的电压 $U_C(t) \approx U_{in}(t)$,电容被短接时,这个电压是输出电压负的最大值。因此,无论是接通或断开的瞬间,电阻上的输出电压都近似地等于输入电压,随时间的增加,电阻上的电压才快速降为零,所以称输出电压是输入电压的微分,即:

$$U_R = IR = RC \frac{\mathrm{d}U_C}{\mathrm{d}t} \approx RC \frac{\mathrm{d}U_{in}}{\mathrm{d}t}$$

如果电路的时间常数 $t \approx t_w$,不能满足 $\tau \ll t_w$ 的要求,也就是说电容的充电和放电都很慢时,则微分电路就成为耦合电路,得到的波形可能就是如图 3.25 所示的波形。

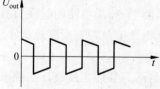

图 3.25　微分条件不满足时的输出波形

3.5.2　积分电路

所谓积分电路,就是电路的输出电压是输入信号电压的积分。与微分电路相比,积分电路在结构上改为在电容两端输出,而且要求输入电压的脉冲宽度要远远小于电路的时间常数($t_w \ll \tau$),讨论分析的积分电路如图 3.26 所示。

下面针对电路作定性的工作过程进行分析。为了便于理解,仍然分为几个时间段来讨论。

1. 定性分析

设输入电压仍为开关脉冲，t_w 仍为脉冲宽度。

(1) 在 $t=0$ 之前，电容上没有充电，所以 $U_{C(0^-)}=0$，此时电路没有电压输出。

(2) 当时间 $t=0^+$ 时，输入电压突然接通并为正，并保持至 t_1，由于电路的时间常数很大，电容上的电压上升较慢。

(3) 当时间 t 到达 t_1 时，输入电压突然下降为零，并保持到 t_2，在这段时间内，同样由于电路的时间常数大，电容上的电压放电也慢。时间 t 到 t_3 以后，重复上述动作。输入电压和输出电压的波形如图 3.27 所示。

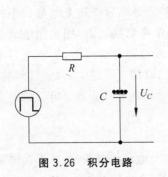

图 3.26　积分电路

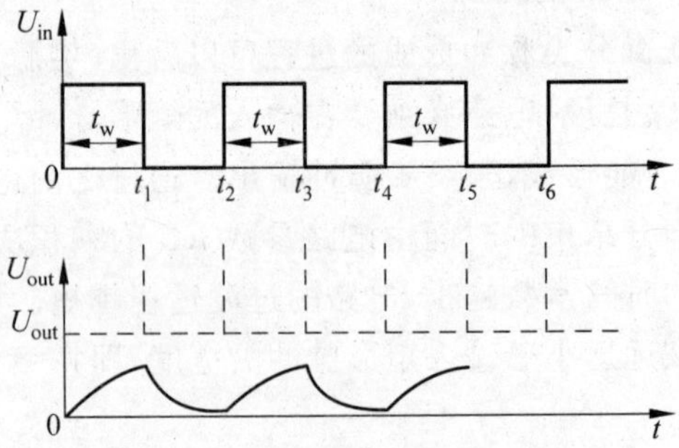

图 3.27　积分电路及输出波形

从输出电压的波形可以看出，输出的锯齿波电压是输入电压积分。

2. 积分电路的条件

从积分锯齿波形成的过程可以看出，积分锯齿波的产生实质是电容缓慢充电和缓慢放电的结果，也就是说，只有在输入的矩形脉冲(直流电压)切换时刻，电路还远没有完成充电或放电过程，才能形成积分锯齿波电压输出。而决定电容电压暂态部分结束的时间由电路参数 RC 的乘积决定：电路的时间常数越大，过渡过程越长，积分锯齿波电压上升的时间越慢；如果电路的时间常数小，电路的过渡过程就短。因此，积分电路的条件应该是输入电压的脉冲宽度要远远小于电路的时间常数，即：

$$t_w \ll \tau$$

同样，只要适当地设计电路参数，就能满足电容元件的缓慢充电和放电条件，从而在电容上得到锯齿波电压输出的要求。工程上，绝大部分扫描电压都是这种锯齿波电压提供的。另一方面，由于电路中电容电压的缓慢上升或下降需要较长的时间，因此，这项技术也被广泛用于各种定时电路，如常见的声、光控开关就是利用大电阻与大电容的乘积来实现定时的。

3. 理论计算

从锯齿波电压的形成条件和形成的过程可以知道，当 $\tau=RC\gg t_w$ 时，电容的充电和放电都很缓慢，输入电压绝大部分都加在电阻上，故有：

$$U_R(t) \approx U_{in}(t)$$

所以电容上的输出电压为：

$$U_C = \frac{1}{C}\int I\mathrm{d}t = \frac{1}{RC}\int U_R(t)\mathrm{d}t \approx \frac{1}{RC}\int U_C(t)\mathrm{d}t$$

同样，如果电路的时间常数 $\tau \approx t_w$，不能满足 $t_w \ll \tau$ 的要求，也就是说电容的充电和放电都较快时，则积分电路也会成为耦合电路，得到的波形可能就是如图 3.25 所示的波形。

整机电路分析实训

（1）图 3.28 是由集成电路 555 组成的定时关开电路，按钮 AN 按下后，要经过一段延时时间，电路才能接通负载。集成电路 555 的引脚 6 和 7 并联，当引脚 6 和 7 处于低电压时，电路不能打开，无输出信号电压去推动负载；当引脚 6 和 7 处于高电平时，电路将打开翻转，输出信号电压去推动负载。用积分电路的相关理论分析如下两个问题。

① 试找出电路的延时（定时）元件。

② 如果要改变延时时间的长短，可以调整图中哪个元件？

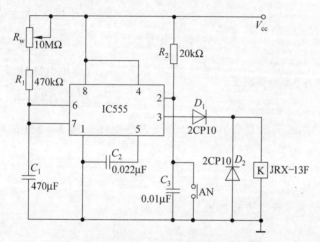

图 3.28　由 IC555 组成的定时开关电路

（2）图 3.29 是由分离元件组成的声、光控电路，电路的作用过程是：白天时，由于电

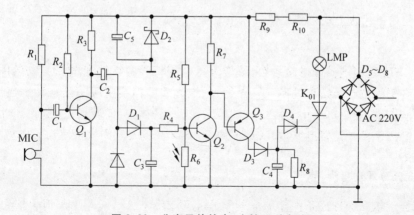

图 3.29　分离元件的声、光控延时电路

路中有光敏电阻 R_6 的嵌位作用,电路始终处于关闭状态;在夜晚,光敏电阻 R_6 的阻值发生变化,失去嵌位作用,一旦有一定的响声,电灯将点亮,响声消失后,经过一段(延时)时间,电灯泡自动熄灭。仍用积分电路的相关理论分析以下两个问题。

① 试找出延时元件,并试着分析电路的简单工作过程。

② 如果要改变延时时间,可以调整图中哪个元件?

*3.6 RL 电路的响应

分析的电路如图 3.30 所示,开关接通前,电路中的电流为零。

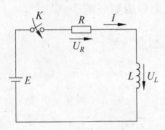

图 3.30 RL 电路与直流电源接通

在 $t=0$ 时,开关接通,电感元件呈现开路特性,由于电路中电流不能突变,故电流仍为零,即:

$$I_{L(0^+)} = 0$$

在 $t>0$ 后,电流逐步增大,最后达到稳态值,电感元件呈现短路特性,电流的稳态值为 $I_{L(\infty)}=\dfrac{E}{R}$。但在换路后,根据 KVL,电路中电压的微分方程为:

$$L\frac{\mathrm{d}I}{\mathrm{d}t} + RI = E \tag{3.42}$$

对于式(3.42)这样的非齐次微分方程,它的解仍是由稳态解 I'_L 和暂态解 I''_L 组成,电路的稳态解为:

$$I'_L = I_{L(\infty)} = \frac{E}{R} \tag{3.43}$$

而电流的暂态解应满足齐次方程的通解,所以为:

$$I''_L = Ae^{pt} = Ae^{-\frac{R}{L}t} \tag{3.44}$$

因此,电流方程的表达式为:

$$I_L = I'_L + I''_L = \frac{E}{R} + Ae^{-\frac{R}{L}t} \tag{3.45}$$

将电路的初始值代入上式得到电路的积分常数 A,因为初始值为:

$$I_{L(0^+)} = I_{L(0^-)} = 0$$

所以

$$0 = \frac{E}{R} + A$$

所以积分常数为:

$$A = -\frac{E}{R} \tag{3.46}$$

这样,式(3.45)可改写为:

$$I_L = I'_L + I''_L = \frac{E}{R} - \frac{E}{R}e^{-\frac{R}{L}t} = \frac{E}{R}(1 - e^{-\frac{R}{L}t}) = \frac{E}{R}(1 - e^{-\frac{t}{\tau}}) \tag{3.47}$$

式中 $\tau = \dfrac{L}{R}$ 为该电路的时间常数。

电感元件上的电压为：

$$U_L = L \frac{\mathrm{d}I}{\mathrm{d}t} = E\mathrm{e}^{-\frac{R}{L}t} = E\mathrm{e}^{-\frac{t}{\tau}} \tag{3.48}$$

电阻元件上的电压为：

$$U_R = IR = E(1 - \mathrm{e}^{-\frac{t}{\tau}}) \tag{3.49}$$

电感电压、电阻电压及电感电流的变化规律曲线如图 3.31 所示。

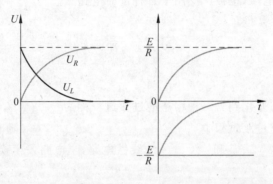

图 3.31 电感电压、电阻电压和电感电流的变化规律

可见，电流 I_L 从零开始按指数规律增长，最后趋近于稳态值 $\frac{E}{R}$；电感电压 U_L 则由零跃变为 E 后，立即按同一指数规律衰减，最后趋近于零。也就是说，电感元件由开始时呈现开路特性演变为呈现短路特性。

这里需要说明的是，如果电路被短接，则电感中的电流是衰减过程，电路的微分方程是一个齐次微分方程，齐次方程的解法与 RC 电路短接时相似。RL 电路主要是产生锯齿波电流，它广泛用于大功率场合，电路工作在高电压、大电流状态，如电视机的扫描输出电路。而 RC 电路产生的是锯齿波电压，主要用于小功率场合，如示波器以及部分医疗设备的扫描电路等。在部分高端电子产品中，为了得到良好的线性锯齿波电压，往往还采用合成补偿综合技术，这里就不再细述。

3.7 本章小结

由于能量不能突变，只能作连续变化，所以含有储能元件的电路在进行切换时一般都要产生过渡过程。过渡过程的实质就是电路从原来的状态过渡到稳定状态的能量转换过程。

换路定则：设 $t = t_0$ 时换路，对于电容有：

$$\begin{cases} W_{C(0^+)} = W_{C(0^-)} \\ U_{C(0^+)} = U_{C(0^-)} \end{cases}$$

对于电感元件，同样是换路前的值等于换路后的值，即：

$$\begin{cases} W_{L(0^+)} = W_{L(0^-)} \\ I_{L(0^+)} = I_{L(0^-)} \end{cases}$$

对于一阶线性电路过渡过程的计算,可应用快速计算公式求解,其一般形式为:

$$f(t) = f(\infty) + \left[f(0^+) - f(\infty)\right]e^{-\frac{t}{\tau}}$$

微分电路利用电容的快速充电和放电形成微分正、负脉冲。通常将微分脉冲作为触发脉冲。

积分电路利用电容的缓慢充电和缓慢放电形成上升或下降的锯齿波。锯齿波常用来作为电子设备的扫描电压,也被广泛用于各种定时电路中。

习 题

一、填空题

1.1 电路从一种稳态变化到另一种稳态的过渡过程称为_____。

1.2 暂态分析是研究过渡过程中_____或_____随时间的变化规律。

1.3 含有储能元件_____和_____的线性电路,当电路发生换路时,储能元件上的能量不能发生_____。

1.4 一般暂态过程是从稳态开始,又结束于另一个稳态,_____是暂态过程的最终状态。

1.5 换路是指把含有_____或_____元件的电路突然与电源接通或断开。

1.6 电阻是_____元件,其上电流和电压可以_____。

1.7 有电容或电感的电路存在_____。

1.8 过渡过程产生的原因是电路中含有_____并且电路发生了_____。

1.9 在电路发生换路前后的瞬间,电感元件的_____和电容元件的_____不会发生突变。

1.10 换路定律仅用于换路瞬间来确定暂态过程中_____和_____的初始值。

1.11 在 $t=0$ 时刻的等效电路是换路前的稳态电路,其中电容视为_____。

1.12 _____和_____元件都是储能元件。

1.13 RC 一阶电路的时间常数 τ 越大,U_C 衰减就_____。

1.14 一阶线性电路暂态分析的三要素为_____、_____和_____。

1.15 无电源激励,输入信号为零,仅由电容元件的初始储能所产生的电路的响应为_____。

1.16 储能元件的初始能量为零,仅由电源激励所产生的电路的响应为_____。

1.17 τ 的物理意义是决定电路_____变化的快慢。

1.18 仅含_____储能元件或可等效为一个储能元件,且由_____方程描述的线性电路称为一阶线性电路。

1.19 利用求三要素的方法求解暂态过程称为_____。

1.20 用万用表的 $R \times 1k\Omega$ 档测量一个电容量较大的电容器,指针满偏转,说明电容器是_____状态,若指针很快偏转后又返回原刻度(∞)处,说明电容器是_____状态。

二、选择题

2.1 电路的过渡过程经过一段时间就可以认为达到稳定状态,这段时间大致为( )。

    A. τ B. 10τ C. $3\tau \sim 5\tau$ D. 8τ

2.2 换路定则是指从 0_- 到 0_+ 时( )。

    A. 电容电压不能突变   B. 电容电流不能突变

    C. 电感电压不能突变

2.3 换路时电流不能突变的元件是( )。

    A. 电容元件   B. 电感元件   C. 电阻元件

2.4 换路时电压不能突变的元件是( )。

    A. 电容元件   B. 电感元件   C. 电阻元件

2.5 可能产生零输入响应的电路是( )。

    A. 初始储能为零的动态电路   B. 电阻性电路

    C. 初始储能不为零的动态电路

2.6 不产生零输入响应的电路是( )。

    A. 所有动态元件的初始储能为零   B. 所有动态元件的初始储能不为零

    C. 部分动态元件的初始储能不为零

2.7 动态电路零输入响应是由( )引起的。

    A. 外施激励   B. 动态元件的初始储能

    C. 外施激励与初始储能共同作用

2.8 动态电路零状态响应是由( )引起的。

    A. 外施激励   B. 动态元件的初始储能

    C. 外施激励与初始储能共同作用

2.9 关于时间常数 τ 的说法中正确的是( )。

    A. 时间常数 τ 越大,过渡过程进行得越快

    B. 时间常数 τ 越大,自由分量(暂态分量)衰减得越慢

    C. 过渡过程的快慢与时间常数 τ 无关

2.10 在下列( )情况下,可将电容元件代之以短路。

    A. 计算动态电路全响应初始值,并且已知 $U_{C(0_-)}=0$

    B. 计算动态电路全响应初始值,并且已知 $U_{C(0_-)}\neq 0$

    C. 计算直流激励下的稳态响应

三、计算题

3.1 图 3.32 中储能电路原已处于稳定状态,求:

    (1) 开关闭合瞬间的各支路电流和各元件上电压的表达式;

    (2) 开关闭合,电路达到稳定状态后,各支路电流和元件上电压的表达式。

3.2 图 3.33 中原电路已稳定,已知 $E=10\text{V}$,$R=10\Omega$,$C_1=3\mu\text{F}$,$C_2=2\mu\text{F}$,求:

    (1) 开关换接瞬间电路的电流和两个电容的电压;

    (2) 开关换接,电路达到新的稳态后,电路的电流和两个电容的电压。

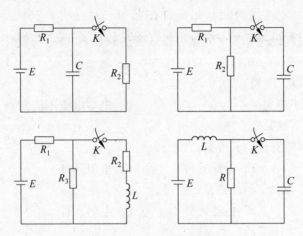

图 3.32　3.1 题电路图

3.3　$100\mu F$ 的电容器连接电阻 R 放电,电阻所消耗总的能量为 2J,电容放电 0.06s 时,电容电压还有 10V,求电容电压的初始值 $U_{C(0)}$ 和电阻 R。

3.4　图 3.34 中原电路已稳定,已知 $E=100V,R=10k\Omega,C=4\mu F$,求开关换接 100ms 时电容电压和放电电流。

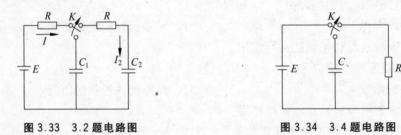

图 3.33　3.2 题电路图　　　　　　　图 3.34　3.4 题电路图

3.5　图 3.35 中已知 $E=100V,R=10^6\Omega,C=10\mu F$,电容原来没有电荷,求开关闭合 5s、10s、15s、20s 和 30s 时的电容电压,并作电容电压 U_C 的变化曲线。

3.6　电路如图 3.36 所示,已知输入电压为如图 3.36(a)所示的方波,正脉冲的脉冲宽度为 $t_{w1}=0.2s$,负脉冲的宽度 $t_{w2}=0.4s$,电路的时间常数 $RC=0.2s$,求输出电压 U_C 和电阻电压 U_R。

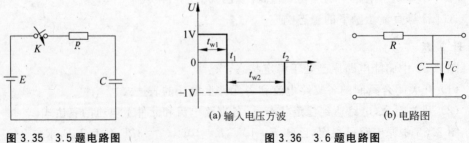

图 3.35　3.5 题电路图　　　　　　图 3.36　3.6 题电路图

3.7　图 3.37 中的电机激磁绕组的参数为 $R=30\Omega,L=2H$,接于 220V 的直流电源上,D

为理想二极管。要求断电时绕组电压不超过正常工作电压的 3 倍,并且电流在 0.1s 内要衰减到初值的 5%,计算并联在绕组上的放电电阻 R_f。

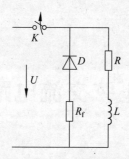

图 3.37　3.7 题电路图

第 4 章

正弦交流电路

本章重点

交流电的复数计算方法;电压三角形、电流三角形、阻抗三角形和功率三角形的产生原因;电路中的谐振及无功功率补偿措施。

本章重要概念

电容上电压滞后于电流 $90°$、电感元件中电流滞后于电压 $90°$、矢量与复数、复角与电路参数、电路的谐振、无功功率。

本章学习思路

根据第 1 章和第 2 章的基本定律及方法,借用数学中的"相量"工具,结合第 3 章中的电路元件特点来分析和计算交流电路。

本章的创新拓展点

谐振在通信系统中的应用原理;而在电力系统中进行无功功率补偿时必须避免谐振。

在第1章和第2章中所分析和计算的电路都是直流电路,所谓直流电路,是指电路中的电压或电流在大小和方向上都不随时间的改变而发生变化。直流电源的理想特性曲线如图4.1所示。

而正弦交流电路是指电路中的电压和电流都随时间的改变而在大小和方向上发生改变,并且是按正弦规律变化。其变化曲线如图4.2所示。

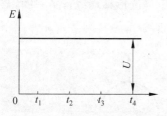

图 4.1　直流电源的理想特性

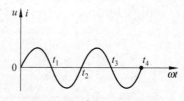

图 4.2　交流电的波形图

从这个曲线可以看出,这种变化只能反映交流电变化的规律,而对交流电的大小、变化的快慢并没有描述,必须找出能够全面定性描述交流电的数学关系。

4.1　正弦电压和电流

本节知识重点　交流电压的 3 个基本参数,即大小、频率和相位。

为了更有效地描述交流电的基本参数,下面先引入与图4.2的波形对应的正弦交流电的数学表达式:

$$i = I_m \sin\omega t$$
$$u = U_m \sin\omega t \tag{4.1}$$

式中,I_m 表示电流的最大值,U_m 表示电压的最大值,ω 是角频率,它反映的是交流电变化的快慢。下面对交流电的表达式作详细的说明。

4.1.1　周期与频率

1. 周期

交流电重复变化一次所需要的时间叫周期,用 T 表示,如图4.3所示,动画参见本节课件。

从图中的曲线可知,周期越短,说明交流电变化得越快,所以,周期是反映交流电变化快慢的参数之一。

2. 频率

交流电在 1s 内所变化的次数叫频率,用 f 表示。如果频率越高,说明交流电变化得越快;频率越低,则说明交流电变化得越慢。所以,频率同样是描述交流电快慢的指标之一,频率和周期互为倒数:

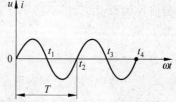

图 4.3　交流电的周期

$$f = \frac{1}{T} \tag{4.2}$$

通常情况下,世界各国工业用电的频率为 $50\text{Hz} \sim 60\text{Hz}$,无线电波的频率往往从几千 Hz 到几百 GHz。

在分析计算交流电时,除了周期和频率外,有时也引入角频率(ω)这个概念来反映交流电变化的快慢。因为交流电变化一个周期时,相当于将波形移动绕行了一圈,与之相对应的波形如图 4.4 所示。

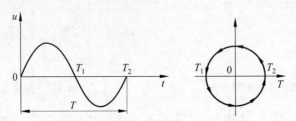

图 4.4　正弦波形与旋转量的对应图

显然,角频率 $\omega = 2\pi f$。关于如何用旋转量来表述、分析和计算正弦交流电,将在后面的内容中详细介绍。

例 4.1　已知电压的频率 $f = 50\text{Hz}$,求这个电压的周期 T 和角频率 ω。

解:该交流电的周期为:$T = \dfrac{1}{f} = \dfrac{1}{50} = 0.2(\text{s})$

该交流电的角频率为:$\omega = 2\pi f = 2 \times 3.14 \times 50 = 314(\text{rad/s})$

4.1.2　交流电的最大值、有效值与平均值

1. 交流电的最大值

交流电的最大值也称振幅,是指交流电从 0 开始到最高处的值。用大写字母加下标表示(如 I_m 或 U_m),波形上相对应的数值如图 4.5 所示。

如果在讨论交流电的幅度时,指的是从正的最大值到负的最大值,则称为交流电的峰-峰值,峰-峰值的表述方式是大写字母加下标 p-p 表示,如电压的峰-峰值用 U_{p-p} 表示,电流的峰-峰值用 I_{p-p} 表示。而在任意时刻的值称为瞬时值,用小写字母表示,如电压 u、电流 i、功率 p 等。

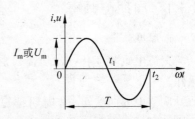

图 4.5　交流电的最大值示意图

2. 交流电的有效值

由于交流电的大小和方向都在随时间的变化而改变,为了能给出一个明确的定值,引入交流电的有效值概念,根据物理学中有关热功的定律,一个直流电在某个时间内做功所产生的热量为:

$$Q_{直} = 0.239 I^2 R (t_2 - t_1)(\text{cal}) \tag{4.3}$$

而交流电在相同时间内所产生的热量应该是在该时间段的定积分,所以有:

$$Q_{交} = \int_{t_2}^{t_1} 0.239 R i^2 \, dt \, (\text{cal}) \tag{4.4}$$

当交流电在相同时间内产生的热量与直流电相等时,这个直流电的数值就是交流电的有效值。根据等效的概念,如果时间是从 0 开始,两个电量在相同时间内所产生的热量之间应该具有下列关系:

$$Q_{直} = Q_{交} \quad \text{或} \quad I^2 R t = \int_0^t R i \, dt \tag{4.5}$$

当交流电流的表达式为 $i = I_m \sin\omega t$ 时,在式(4.5)中解出电流 I,即得到交流电流的有效值表达式。

$$I = \sqrt{\frac{1}{T} \int_0^t i^2 \, dt} = \sqrt{\frac{1}{T} \int_0^t I_m^2 \sin^2(\omega t)}$$

$$= \sqrt{\frac{I_m^2}{2}} = \frac{I_m}{\sqrt{2}} = 0.707 I_m \tag{4.6}$$

式(4.6)说明,交流电流的有效值等于最大值除以 $\sqrt{2}$。同理,交流电压的有效值为:

$$U = \frac{U_m}{\sqrt{2}} = 0.707 U_m \tag{4.7}$$

所以,当我们经常说交流电的电压为 220V 时,其实它的最大值已经是 314V 了。这样,交流电压的瞬时值就可以写成:

$$u = U_m \sin\omega t \, (\text{V})$$

例 4.2 已知交流电压的表达式为 $u = U_m \sin\omega t$,$U_m = 310\text{V}$,$f = 50\text{Hz}$,求该电压的有效值 U 和时间 $t = 0.1\text{s}$ 时的瞬时值。

解:有效值为:

$$U = \frac{U_m}{\sqrt{2}} = \frac{310}{1.414} = 220 \, (\text{V})$$

时间等于 0.1s 时的瞬时值为:

$$u = U_m \sin\omega t = 310 \sin\frac{100}{10}\pi = 0 \, (\text{V})$$

讨论

(1) 为什么电工钳子的外套上有 500V 的标记,而电源闸刀上有 380V 和 500V 两种标记?

(2) 家用插座上经常看到 250V/10A 的字样,它要向用户说明的物理意义是什么?

3. 交流电的平均值

在电子技术或电力技术中,研究将交流电变为直流电时经常用到平均值。从交流电的波形上看,交流电的正、负半周相等,按数学意义讲,它在一个周期内的平均值为 0,所以交流电的平均值只能在半个周期内计算:

$$I_{av} = \frac{1}{T} \int_0^{\frac{t}{2}} I_m \sin\omega t \, dt = \frac{2}{\pi} I_m = 0.637 I_m \tag{4.8}$$

再由式(4.6)可得平均值和有效值的关系:

$$I_{av} = \frac{2}{\pi}I_m = \frac{2}{\pi}\sqrt{2}I = 0.9I \tag{4.9}$$

如果整流电路是半波整流,在没有滤波电容的情况下,用万用表测量的电压值只是半个周期的平均值,所以是上述值的一半:

$$U_{av(半波)} = 0.45U \quad 或 \quad I_{av(半波)} = 0.45I \tag{4.10}$$

如果整流电路接有滤波电容,且电容的容量足够大,则测出的电压值将是交流电压的最大值。

4.1.3 初相与相位差

1. 初相

交流电的初始值到 Y 轴的距离称为初相位(简称为初相或相位),用 φ 表示,随交流电经过 Y 轴的时间不同,它的初相有 3 种情况:

(1) 当初状态在 Y 轴的左边经过时,初相为正($\varphi > 0$);

(2) 当初状态在 0 点经过 Y 轴时,它的初相 $\varphi = 0$;

(3) 当初状态在 Y 轴的右边经过时,它的初相为负($\varphi < 0$),如图 4.6 所示。

有了交流电的 3 个参数后,对于交流电的表达就是有意义的确定值了。如上面的 3 个交流电,它们的幅度、相位和规律(频率)都是特定的了,对于不同初相位的交流电压表达式分别为:

$$\begin{aligned} u_1 &= U_m\sin(\omega t + \varphi) \\ u_2 &= U_m\sin\omega t \\ u_3 &= U_m\sin(\omega t - \varphi) \end{aligned} \tag{4.11}$$

2. 相位差

相位差是指两个同频率正弦量之间的初相之差,如图 4.7 所示。

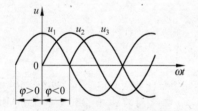

图 4.6 交流电的 3 种初相

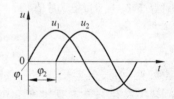

图 4.7 同频率正弦量之间的相位差

图中 u_1 的初相为 $\varphi_1 = 0$,u_2 的初相为 $\varphi_2 < 0$,称 u_2 的相位滞后于 u_1 一个角度,或者称 u_1 在相位上超前于 u_2 一个角度。两个电压的相位差为:$\varphi = \varphi_1 - \varphi_2$,两个电压的数学表达式分别为:

$$\begin{aligned} u_1 &= U_m\sin\omega t \\ u_2 &= U_m\sin(\omega t - \varphi) \end{aligned} \tag{4.12}$$

讨论与思考

现在再来分析两个交流电量如何实现运算。在第 1 章和第 2 章中,电压或电流在进行加减时都是直接完成加或减,而对式(4.12)所示的两个正弦交流电压,如何实现它们的加减运算呢?

从电压表达式看,要将这两个电压相加或相减,必须得寻找新的数学工具,这就是下一节将要介绍的用相量表示正弦量的方法。

4.2 正弦量的相量表示方法

本节知识重点 用复数计算交流电。

交流电路中的电压和电流不仅大小不等,而且还有各电量间相位上的差异,这就不能像计算直流电路那样方便地计算交流电路。引用复数后,就完全可以使用计算直流电路的方法和定律来计算交流电路。

4.2.1 旋转矢量与正弦量

由数学知识可知,旋转矢量在 Y 轴上的投影是时间的正弦函数,在复平面上任意时刻都有以下形式,相应的图形如图4.8(a)所示。

$$A\sin(\omega t + \varphi) \tag{4.13}$$

这个旋转矢量沿时间展开,就得到如图4.8(b)所示的正弦曲线。

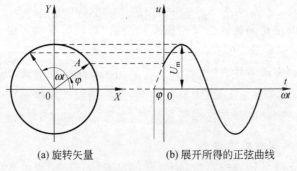

(a) 旋转矢量　　　　　　(b) 展开所得的正弦曲线

图4.8 用相量表示正弦量的示意图

由此可见,如果仅为了反映正弦电流或正弦电压的变化规律,完全可以用相应的旋转矢量来表示正弦电压和电流,它们对应的关系如表4.1所示。

表4.1 旋转矢量与正弦量的对应关系

正弦量	最大值	初相位	频率
旋转矢量	长度	起始方位角	转速

用旋转矢量表示正弦电压和电流后,分别称为矢量电压和矢量电流,用 $\vec{U}_m$、$\vec{I}_m$ 或 $\dot{U}$、$\dot{I}$ 表示。

4.2.2 复数与正弦交流电

1. 复数和平面矢量的坐标关系

首先复习复数及复平面,当复平面上有一个复数 A 时,它在实轴和虚轴的投影分别是 a 和 b,如图 4.9 所示。

此时复数记作:

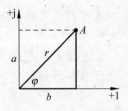

图 4.9 复平面及投影

$$A = a + jb \qquad (4.14)$$

式(4.14)称为复数的直角坐标式,式中,a 叫做复数的实部,jb 叫做复数的虚部,φ 称为复数的复角。实部和虚部间组成三角形,在三角形中,r 叫做复数的模。根据勾股定理,模 r 的大小应该是实部 a 的平方加虚部 b 的平方再开方,即:

$$r = \sqrt{a^2 + b^2} \qquad (4.15)$$

复数的复角、实部、虚部与模之间的相互关系为:

$$\begin{cases} a = r\cos\varphi \\ b = r\sin\varphi \\ \varphi = \arctan \dfrac{a}{b} \end{cases} \qquad (4.16)$$

这样,将式(4.16)中的关系代入式(4.14)便得到复数的另外一种形式,即:

$$A = a + jb = r\cos\varphi + jr\sin\varphi \qquad (4.17)$$

式(4.17)称为复数的三角函数式。又根据欧拉公式,可以将复数写成另一种极坐标形式:

$$A = re^{j\varphi} = r\angle\varphi \qquad (4.18)$$

有了复数的 3 种表示方式,就按复数运算的相关规则完成运算,即复数的加减法用直角坐标式进行,复数的实部±实部,虚部±虚部;复数的乘法用极坐标式进行,复数的模相乘,复角相加;复数的除法同样用极坐标式进行,复数的模相除,复角相减。

2. 正弦交流电的相量表示法

具体方法是将正弦量转换成复数,用复数的模表示正弦交流电量的最大值,用复数的复角表示正弦交流电的初相位。下面通过一个交流电流的表达式来详细说明怎样用复数来代替正弦交流电中的各个量。

例 4.3 有一个交流电流为 $i = 5\sin(\omega t + 30°)$,要求用复数表示这个交流电流。

解:当用复数表示这个交流电流时,可以得到两种表达式。

三角函数式如下:

$$i = 5\cos 60° + j5\sin 60°$$

极坐标式如下:

$$i = 5\angle 60° \quad \text{或} \quad i = 5e^{j60°}$$

显然,当有两个交流电相加或相减时,就转换成了复数的相加或相减;当需要两个交流电进行乘除运算时,用复数的极坐标式进行。

例 4.4 电路如图 4.10 所示,已知电流 $i_1 = 100\sin(\omega t + 45°)$,$i_2 = 60\sin(\omega t + 30°)$,求电路中的总电流,并作电流的相量图。

本例知识目标:学习用复数完成交流电的计算过程;学习绘制电流矢量图。

分析:本题的两个知识目标,一是学习复数的运算规则,二是学习根据电流的相位绘制矢量图形。根据 KCL,总电流应该等于两个电流之和,所以应该采用复数的三角函数式相加。

解:总的复电流为:

$$\dot{I} = \dot{I}_1 + \dot{I}_2 = (100\cos45° + j100\sin45°) + 60\cos(-30°) + j60\sin(-30°)$$
$$= (70.7 + j70.7) + (52 - j30)$$
$$= (122.7 + j40)$$
$$= 129\angle 18.2°$$

真正的总电流表达式为:

$$i = 129\sin(\omega t + 18.2°)$$

电流矢量图的绘制方法是,先绘制参考线,如图 4.11 中虚线所示,再以 0 点作为起点,以两个分电流的初相位作为矢量电流的起始角,按比例分别绘制两个分矢量电流,最后用两个分电流按平行四边形相加的原则,得出总电流的矢量图。

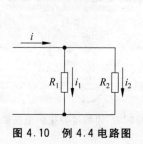

图 4.10 例 4.4 电路图

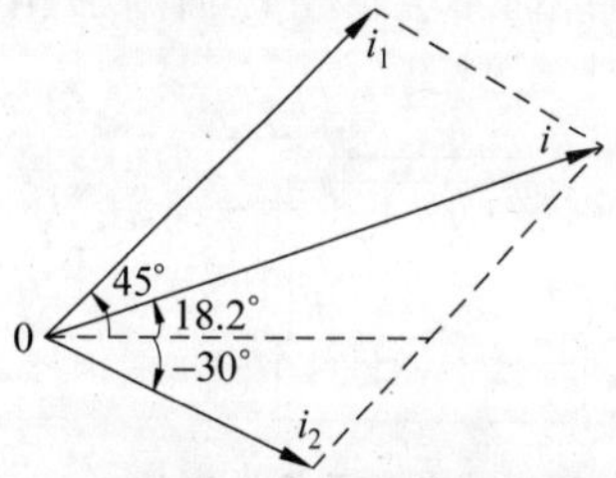

图 4.11 电流的矢量图

例 4.5 已知两个电流分别为:$i_1 = 3\sin(314t + 60°)$,$i_2 = 3\sin(314t - 60°)$,求 $i = i_1 - i_2$。

解:矢量电流为:

$$\dot{I} = \dot{I}_1 - \dot{I}_2 = [3\cos60° + j3\sin60°] - [3\cos(-60°) + j3\sin(-60°)]$$
$$= 5.2\sin90°$$

根据矢量与正弦量的关系,正弦电流为:

$$i = 5.2\sin(314t + 90°)$$

本节小结

(1) 正弦电压和正弦电流本质上不是矢量,矢量只是计算交流电时借用的数学工具。

(2) 复数加减运算规则:实部±实部,虚部±虚部。

(3) 复数乘除运算规则:用极坐标式,模相乘除,复角相加减。

(4) 复电流不等于真正的电流,只有模才是真正的电流的大小,并且只有同频率的正弦量才能用复数计算。

4.3 单一参数的交流电路

本节知识重点 电阻元件是耗能元件,不受电压频率的影响,不产生相移。电感元件和电容元件不是耗能元件,受电源频率的影响大,在电路中要产生相移,并产生无功功率。

4.3.1 电阻元件的交流电路

纯电阻元件的交流电路是常用的一种交流电路,它是指电路的负载呈纯电阻性,如图4.12所示。

1. 元件中电流与电压的相位关系

设在电阻两端所加的电压为正弦交流电压:

$$u = U_m \sin\omega t$$

根据欧姆定律,则电路中的电流应该为:

$$i = \frac{u}{R} = \frac{U_m}{R}\sin\omega t = I_m \sin\omega t \qquad (4.19)$$

从式(4.19)可以看出,在纯电阻电路中,电压和电流是同相位变化的,交流电在经过纯电阻负载时不会产生任何附加相移,电流和电压随时间的变化波形如图4.13所示。

图 4.12 纯电阻元件的电路

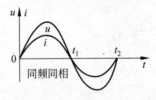

图 4.13 电阻元件中同频率、同相位变化的电压和电流波形

2. 功率关系

纯电阻电路的功率包括瞬时功率和平均有功功率。下面先讨论瞬时功率。

1) 瞬时功率

瞬时功率等于瞬时电压与瞬时电流的乘积,为了分析计算方便,仍设电压的初相为零,因此,瞬时功率表示为:

$$p = ui = U_m \sin\omega t \times I_m \sin\omega t$$
$$= U_m I_m (1 - \cos 2\omega t) \qquad (4.20)$$

瞬时功率的频率增加了一倍,波形如图4.14所示。

从波形上也可以看出,当时间在 $0 \sim t_1$ 之间时,电压和电流都是正的,功率自然为正;而当时间在 $t_1 \sim t_2$ 之间时,电压和电流都为负,所以功率也自然为正。

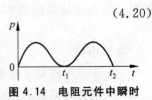

图 4.14 电阻元件中瞬时功率的波形图

2) 平均功率

平均功率也叫有功功率,是瞬时功率在一个周期内的定积分,用大写字母 P 表示。

$$P = \frac{1}{T}\int_0^T p\,\mathrm{d}t = \frac{1}{T}\int_0^T UI(1-\cos 2\omega t)\mathrm{d}t = UI \tag{4.21}$$

或者直接写为：

$$P = UI = I^2 R = \frac{U^2}{R} \tag{4.22}$$

式(4.22)表明,纯电阻元件无论在直流或交流电路中都是一个耗能元件,如果电阻元件作为负载使用,它的电能转换效率最高,如灯泡、电炉、电热开水机等纯阻电器。这个概念还可以引申到一个系统,例如在工程中,对电源而言,同样希望整个系统呈现纯电阻性,这是一个非常重要的概念。

例4.6 已知电压的有效值为10V,$R=100\Omega$,问频率 $f=50\mathrm{Hz}$ 和 $f=5000\mathrm{Hz}$ 时的电流各为多少。

本例知识目标:理解电阻无论在什么电源频率下其性质都不会发生变化。非线性电阻例外。

解:当 $f=50\mathrm{Hz}$ 时流过电阻的电流为：

$$i = \frac{10\times\sqrt{2}\sin 314t}{100} = 100\times\sqrt{2}\sin 314t(\mathrm{mA})$$

当 $f=5000\mathrm{Hz}$ 时,流过电阻的电流为：

$$i = \frac{10\times\sqrt{2}\sin 31400t}{100} = 100\times\sqrt{2}\sin 31400t(\mathrm{mA})$$

从上面的两个解答结果可以看出,当电源的频率发生变化时,电流的有效值没有发生改变,电阻元件仍服从于欧姆定律。

例4.7 有一个钨丝灯泡的规格是220V/100W,设电源电压的有效值220V,频率为50Hz,初相 $\varphi=-60°$,求灯泡中电流瞬时值的表达式。

本例知识目标:懂得纯电阻元件直接引用欧姆定律计算。

解:因为钨丝灯泡为纯电阻,所以计算时不用考虑相位,它的电阻为：

$$R = \frac{U^2}{P} = \frac{220^2}{100} = 484(\Omega)$$

灯泡中电流的最大值应该等于灯泡上电压的最大值除以灯泡电阻,所以最大电流为：

$$I_{\mathrm{m}} = \frac{U_{\mathrm{m}}}{R} = \frac{\sqrt{2}\times 220}{484} = 0.645(\mathrm{A})$$

灯泡中瞬时电流表达式为：

$$i = 0.654\sin(314t-60°)(\mathrm{A})$$

4.3.2 纯电感元件的交流电路

本节知识重点 掌握在电感元件中电流滞后于电压90°;掌握有功功率与无功功率的概念。

1. 相位关系

分析的电路如图4.15所示。

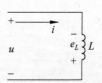

图4.15 纯电感元件的交流电路

为了分析方便,设加入线圈电流的初相为零,即 $i=I_m\sin\omega t$,则线圈的端电压为:

$$u=-e_L=L\frac{\mathrm{d}i}{\mathrm{d}t}=L\frac{\mathrm{d}(I_m\sin\omega t)}{\mathrm{d}t}=L\omega I_m\cos\omega t$$

$$=L\omega I_m\sin(\omega t+90°)=U_m\sin(\omega t+90°) \tag{4.23}$$

式(4.23)说明,在纯电感元件上,电压在相位上超前于电流 90°,或者说,电流在相位上要滞后于电压 90°,式中,$U_m=L\omega I_m$,如果将等式右边的电流移到等式的左边,得:

$$\frac{U_m}{I_m}=L\omega=2\pi fL=X_L \tag{4.24}$$

X_L 称为电感元件的感抗,单位仍为 Ω。显然,电感元件的感抗还可用电压的有效值除以电流的有效值:

$$X_L=\frac{U}{I}$$

由于电源的角频率为 $\omega=2\pi f$,显然感抗是一个跟电源频率成正比的阻抗元件,频率越高,它的感抗越大;频率越低,它的感抗越小。在直流状态,电感元件相当于一条短路线。电压和电流的波形图、矢量图和感抗频率特性如图 4.16 所示。

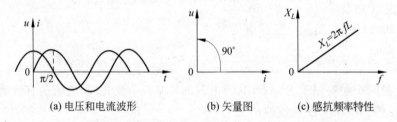

(a) 电压和电流波形　　(b) 矢量图　　(c) 感抗频率特性

图 4.16　纯电感元件中电压和电流波形、矢量图及感抗频率特性

讨论　根据已学习的知识,分析用于照明的日光灯的电路,如图 4.17 所示。在该电路中,表面上电路中只有一个电流,请分析电路中的电流在各元件上是否有相移产生。

2. 瞬时功率

电感元件中的瞬时功率仍然等于瞬时电压与瞬时电流的乘积:

$$p=ui=U_mI_m\sin\omega t\cos\omega t$$

$$=UI\sin2\omega t \tag{4.25}$$

从式(4.25)可以看出,瞬时功率的频率增加了一倍,与电压和电流对应的波形如图 4.18 所示。

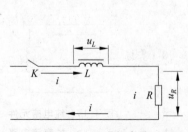

图 4.17　日光灯电路

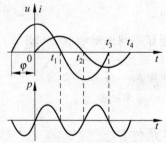

图 4.18　电感元件中瞬时功率与对应的电压和电流波形

显然,当时间在 $0 \sim t_1$ 之间时,电压和电流都为正,所以瞬时功率为正;当时间在 $t_1 \sim t_2$ 之间时,电流为正,而电压为负,所以瞬时功率为负,负功率说明电感元件是在与电源进行能量的交换。

3. 有功功率

电感元件中的有功功率是瞬时功率在一个周期内的定积分,即:

$$P = \frac{1}{T}\int_0^T p\,\mathrm{d}t = \frac{1}{T}\int_0^T UI\sin2\omega t = 0 \qquad (4.26)$$

式(4.26)说明纯电感元件是不消耗电能的,它在不停地与电源进行能量的交换,这体现在瞬时功率的负功部分。在电力系统中,这部分交换的能量实质就是被浪费的电能,因为它没有在负载上转换成其他有用的能量。

4. 无功功率

虽然电感不消耗能量,但电感线圈上两端的电压和流过电感线圈中的电流确实存在。上面谈到它在不停地与电源进行能量的交换,是被浪费的电能,为了描述这种电流与电源进行能量交换时所产生的电量,把电感线圈两端的电压与流过线圈中的电流的乘积称为电感元件中的无功功率,用 Q_L 表示:

$$Q_L = UI = X_L I^2 = \frac{U^2}{X_L} \qquad (4.27)$$

无功功率的单位不能为 W,而称为"乏"(var)。如果是一个系统,则系统总的无功功率用 Q 表示,Q 等于各支路的无功功率之和。

例 4.8 已知 $L=0.1\mathrm{H}$,电压的有效值为 $10\mathrm{V}$,求电源频率为 $50\mathrm{Hz}$ 和 $5000\mathrm{Hz}$ 时的电流各为多少?

本例知识目标:充分理解电感元件的感抗随频率的增加而增加。

解:当 $f=50\mathrm{Hz}$ 时,电感线圈的感抗为:

$$X_L = \omega L = 314 \times 0.1 = 31.4(\Omega)$$

此时线圈中的电流的有效值为:

$$I = \frac{10}{31.4} = 0.318(\mathrm{A})$$

当 $f=5000\mathrm{Hz}$ 时,电感线圈的感抗为:

$$X_L = \omega L = 31400 \times 0.1 = 3140(\Omega)$$

此时线圈中的电流有效值为:

$$I = \frac{10}{3140} = 0.00318(\mathrm{A})$$

可见,当加在线圈上的电压的频率不同时,线圈呈现的感抗差异是很大的,频率越高,电感元件的感抗越大。

知识扩展讨论 请观察为什么手机没有外拉天线,而对讲机有天线?收音机的天线为什么更长?

4.3.3 电容元件的交流电路

本节知识重点 理解和掌握电容两端的电压要滞后于电流90°及电容中的无功功率。

1. 相位关系

分析讨论的电路如图 4.19 所示。

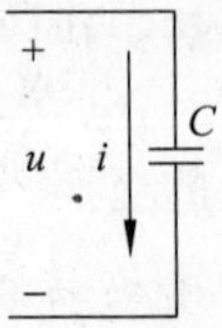

在图 4.19 所示的电路中,流过电容中的电流为:

$$i = C \frac{\mathrm{d}u_C}{\mathrm{d}t} \tag{4.28}$$

图 4.19 纯电容元件的交流电路

现在仍设加在电容两端电压的初相位为零,即电压的表达式为:

$$u = U_\mathrm{m} \sin\omega t$$

此时流过电容的电流必然为:

$$
\begin{aligned}
i &= C \frac{\mathrm{d}(U_\mathrm{m} \sin\omega t)}{\mathrm{d}t} = \omega C U_\mathrm{m} \cos\omega t \\
&= \omega C U_\mathrm{m} \sin(\omega t + 90°) \\
&= I_\mathrm{m} \sin(\omega t + 90°)
\end{aligned}
\tag{4.29}
$$

此式说明,在纯电容电路中,电流在相位上要超前于电压 90°,或者叫电压要滞后于电流 90°,式中,$I_\mathrm{m} = \omega C U_\mathrm{m}$,如果将左侧的电流移至右侧,与电压之比为:

$$\frac{U_\mathrm{m}}{I_\mathrm{m}} = \frac{1}{\omega C} = \frac{1}{2\pi f C} = X_C \tag{4.30}$$

当电压和电流都使用有效值时,上式可改写为:

$$X_C = \frac{1}{\omega C} = \frac{1}{2\pi f C} = \frac{U}{I} \tag{4.31}$$

X_C 叫电容的容抗,它和电源的频率成反比,电源的频率越高,电容的容抗越小;反之,电源的频率越低,电容的容抗就越大,特别是电源的频率为零(直流)时,电容的容抗为无穷大,所以在直流状态下,电容元件呈现开路状态。电容元件中电流和电容元件两端的电压波形、矢量图和容抗频率特性如图 4.20 所示。

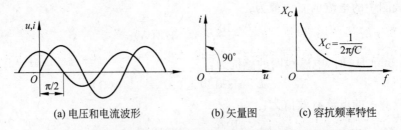

(a) 电压和电流波形   (b) 矢量图   (c) 容抗频率特性

图 4.20 电容元件中电压和电流波形、矢量图与容抗频率特性

2. 瞬时功率

瞬时功率应该等于瞬时电压与瞬时电流的乘积:

$$p = ui = U_\mathrm{m} \sin\omega t \times I_\mathrm{m} \cos\omega t = UI \sin 2\omega t \tag{4.32}$$

说明瞬时功率的频率增加了一倍,由原来的 ω 增加到 2ω。

3. 有功功率

有功功率是瞬时功率在一个周期内的定积分:

$$P = \frac{1}{T}\int_0^T p\,\mathrm{d}t = \frac{1}{T}\int_0^T UI\sin2\omega t = 0 \tag{4.33}$$

式(4.33)说明,纯电容元件在电路中是不耗电能的。

4. 无功功率

虽然电容在电路中同样不消耗能量,但电容中的电流也确实存在,电容元件两端的电压与电容中流过的电流的乘积称为电容元件的无功功率,用 Q_C 表示,所以电容元件中的无功功率为:

$$Q_C = -UI = -X_C I^2 = \frac{U^2}{X_C} \tag{4.34}$$

电容元件中的无功功率也是在和电源进行能量交换的一种功率,它的单位仍用"乏"(var)。

例 4.9 已知电容为 $25\mu\mathrm{F}$,电压的有效值为 $U = 10\mathrm{V}$,求 $f = 50\mathrm{Hz}$ 和 $f = 5000\mathrm{Hz}$ 时的电流为多少?

本例知识目标:理解电容容抗随频率的增加而下降的这一特性,以便为后续课程对电容的使用奠定良好基础。

解:(1) 当 $f = 50\mathrm{Hz}$ 时,电容的容抗为:

$$X_C = \frac{1}{2\pi fC} = \frac{1}{2 \times 3.14 \times 50 \times 25 \times 10^{-6}} = 127(\Omega)$$

此时流过电容的电流的有效值为:

$$I = \frac{U}{X_C} = \frac{10}{127} = 78(\mathrm{mA})$$

(2) 当电源的频率为 $5000\mathrm{Hz}$ 时,电容的容抗为:

$$X_C = \frac{1}{2 \times 3.14 \times 5000 \times 25 \times 10^{-6}} = 1.27(\Omega)$$

可见电容的容抗随频率的增加下降很快,当然电流会加大,而此时电容中的电流为:

$$I = \frac{U}{X_C} = \frac{10}{1.27} = 7.8(\mathrm{A})$$

显然,在电容容量相同的情况下,电压的频率对电容容抗的影响很大。在低频电子线路中,常常用电容来为交流信号提供交流通路,并同时阻断直流,所以在实际的电子线路中,电容的容量都是根据电路工作的信号频率来决定的。

4.4 RLC 串联的交流电路

本节知识重点 掌握两个无功功率的抵消补偿原理。

RLC 串联电路就是将电阻、电感和电容 3 个元件串联起来,接入电路,有时电阻是电感元件本身的线绕电阻,这样的电路除了广泛应用于电力系统,在高频电路中更是基本电路之一。

4.4.1 RLC 串联电路中电压、电流与阻抗的关系

分析讨论的电路如图 4.21 所示。

在这个电路中,令输入电路中电流的初相为零,即电流表达式为:

$$i = I_{\mathrm{m}}\sin\omega t$$

根据 KVL,电路的总电压 U 应该等于 3 个元件的电压之和。

$$u = u_R + u_L + u_C$$

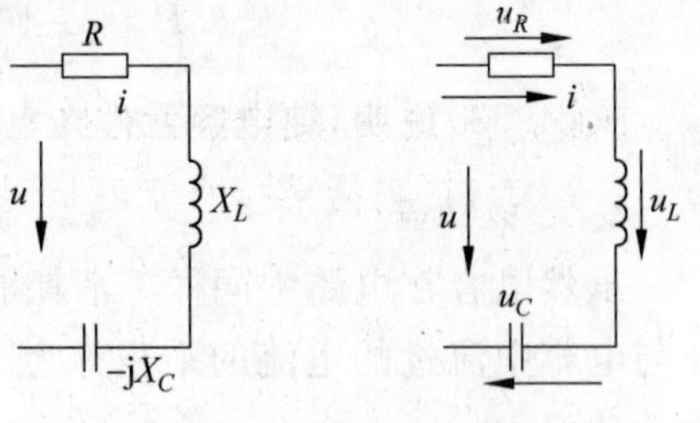

这 3 个电压的复数形式为:

$$\dot{U} = \dot{U}_R + \dot{U}_L + \dot{U}_C \qquad (4.35)$$

而电路中 3 个元件上的电压瞬时值分别为:

$$u_R = iR = RI_{\mathrm{m}}\sin\omega t = U_{\mathrm{m}}\sin\omega t$$

$$u_L = X_L I_{\mathrm{m}}\sin\omega t = U_{L_{\mathrm{m}}}\sin(\omega t + 90°)$$

$$u_C = X_C I_{\mathrm{m}}\sin\omega t = U_{C_{\mathrm{m}}}\sin(\omega t - 90°)$$

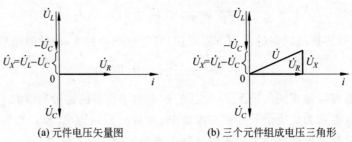

图 4.21　RLC 串联电路

3 个元件的电压表达式中,除了电阻元件上电压和电流同相位外,电感元件上的电压与电容元件上的电压方向相反。现设电感元件上的电压 U_L 大于电容元件上的电压 U_C(也可以反之),由于方向相反,它们必然相互抵消一部分,抵消后的电压为:

$$\dot{U}_X = \dot{U}_L - \dot{U}_C \qquad (4.36)$$

电压的矢量图如图 4.22(a)所示,在电路中,由于 3 个元件为串联,3 个元件上的电压必然是首尾相连,所以应该将 U_X 平行移动,使 U_X 与总电压 U 和电阻电压 U_R 组成闭合的电压三角形,如图 4.22(b)所示,闭合电压三角形的角度的大小由高的电压或阻抗决定。

(a) 元件电压矢量图　　　　(b) 三个元件组成电压三角形

图 4.22　由三个复电压组成的电压三角形

从闭合矢量图中可知,总电压的大小为:

$$U = \sqrt{U_R^2 + (U_L - U_C)^2} = \sqrt{U_R^2 + U_X^2} = I\sqrt{R^2 + (X_L - X_C)^2} \qquad (4.37)$$

如果在式(4.37)中将电流移至等式的左边,则式(4.37)改写为:

$$\frac{U}{I} = \sqrt{R^2 + (X_L - X_C)^2} = z \qquad (4.38)$$

式(4.38)说明了总电压与总电流的比值应该具有电阻的量纲,但由于电路是 RLC 串联电路,所以它只能是阻抗的量纲,用 z 表示,z 称为电路总的阻抗的模。

从式(4.38)可以发现,阻抗 z 反映的是阻抗的大小,并没有反映电路的复角(相位)关系,从图 4.23 中闭合的电压三角形可以知道,电路的复角大小为:

$$\varphi = \text{arctg}\frac{U_X}{U_R} \qquad (4.39)$$

从电压的关系可推出,当感抗大于容抗时,电压 $U_X > U_R$,这种情况下电路呈感性,复角大于 0,为正值;当感抗小于容抗时,$U_X < U_R$,电路呈容性,此时复角小于 0,为负。

下面根据电压三角形来扩展相关的知识。当用每边的相应电压除以相应的阻抗时,就得到电流三角形;同理,当用每边相应的电压除以阻抗时得到阻抗三角形;而用每边的电压乘以电流就得功率三角形,如图 4.23 所示。

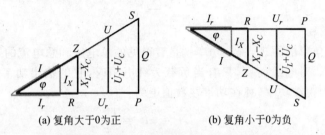

(a) 复角大于0为正   (b) 复角小于0为负

图 4.23 阻抗、电压、功率、电流三角形

从组合的三角形可知,一旦 RLC 电路参数确定,它的复角就是唯一的。这将为混联交流电路的计算提供很大的方便。

讨论与思考 当感抗和容抗相等时,电路中的复角 $\varphi = 0$,此时电路总的阻抗 $z = R$,此时电路中的电流如何? 电路的性质又是怎样的?

4.4.2 RLC 串联电路中功率关系

1. 瞬时功率 p

瞬时功率等于瞬时电压与瞬时电流的积:

$$\begin{aligned} p &= ui = U_m\sin(\omega t + \varphi) \times I_m\sin\omega t \\ &= UI\cos\omega t - UI\cos(2\omega t + \varphi) \end{aligned} \qquad (4.40)$$

由式(4.40)可知,RLC 串联电路的瞬时功率由两项组成,其中一项的频率增加了两倍。

2. 平均有功功率 P

这是一个被转换成其他形式能量的功率,或叫被消耗掉的功率,它是瞬时功率在一个周期内的定积分:

$$\begin{aligned} P &= \frac{1}{T}\int_0^T p\text{d}t = \frac{1}{T}\int_0^T [UI\cos\omega t - UI\cos(2\omega t + \varphi)]\text{d}t \\ &= UI\cos\omega t \end{aligned} \qquad (4.41)$$

根据图 4.23 所示的组合三角形,式中 $\cos\varphi$ 必定在 0~1 之间变化,其值越大,功率也就越大,所以称 $\cos\varphi$ 为电路的功率因数,显然,只有当电路的电抗部分为 0 时,复角 $\varphi = 0$,$\cos\varphi$ 才等于 1,此时电路的功率才处于最大,这就是人们要想办法提高功率因数的原因。对于任何一个交流电路,它总的有功功率等于各支路有功功率之和:

$$P = \sum P_K \qquad (4.42)$$

3. 无功功率 Q

无功功率是电容元件或电感元件储存的能量被以磁场能量或电场能量的形式和电源进行交换的功率,如果没有进行可逆时,是一种被浪费的功率,也就是说它没有在负载上消耗。从组合的功率三角形可以得到:

$$Q = (U_L - U_C)I = I^2(X_L - X_C) = UI\sin\varphi \tag{4.43}$$

同样,对于任何一个交流电路,总的无功功率等于各支路无功功率之和。

$$Q = \sum Q_K \tag{4.44}$$

4. 视在功率 S

根据电压三角形的原理,视在功率就是看得见的总电压和总电流的乘积,所以视在功率也是标牌功率。对电源而言,只有当负载为纯电阻时,它的输出功率才全部是有功功率,否则只能称为视在功率,视在功率在数值上为:

$$S = UI = zI^2 = \frac{U^2}{z} \tag{4.45}$$

根据前述的矢量关系,3 个功率之间必然组成功率三角形关系:

$$S = \sqrt{P^2 + Q^2} \tag{4.46}$$

例 4.10　在图 4.24 所示的电阻、电容和电感串联电路中,$R = 30\Omega$,$L = 127\text{mL}$,$C = 40\mu\text{F}$,电源电压 $u = 220 \times \sqrt{2} \times \sin(314t + 20°)\text{V}$,求电路中的电流 i 及电路中各元件上的电压、电路的有功功率 P、无功功率 Q,并作电流的矢量图。

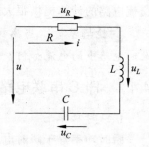

本例知识目标:学习电流矢量图的绘制、理解元件电压可能大于总电压。

解:要求得电流和各元件上的电压,得先求出总的阻抗,总阻抗等于各阻抗的相量和。

图 4.24　例 4.10 电路图

各复阻抗分别为:

$$X_L = 2\pi fL = 314 \times 127 \times 10^{-3} = 40(\Omega)$$

$$X_C = \frac{1}{2\pi fC} = \frac{1}{314 \times 40 \times 10^{-6}} = 80(\Omega)$$

$$Z = R + J(X_L - X_C) = 30 + J(40 - 80) = 5\angle-53°$$

电路中的复电流等于复电压除以复阻抗:

$$\dot{I} = \frac{\dot{U}}{Z} = \frac{220\angle20°}{50\angle-53°} = 4.4\angle73°(\text{A})$$

而电流的真正表达式为:

$$i = 4.4 \times \sqrt{2}\sin(314t + 73°)(\text{A})$$

电路中 3 个元件上的复电压分别为:

$$\dot{U}_R = \dot{I}R = 30 \times 4.4\angle73° = 132\angle73°(\text{V})$$

$$\dot{U}_L = jX_L\dot{I} = j40 \times 4.4\angle73° = 176\angle163°(\text{V})$$

$$\dot{U}_C = -jX_C\dot{I} = -j80 \times 4.4\angle73° = 352\angle-17°(\text{V})$$

3个元件上电压的表达式为:

$$u_R = \sqrt{2} \times 132\sin(314t + 73°)(\text{V})$$

$$u_L = \sqrt{2} \times 176\sin(314 + 163°)(\text{V})$$

$$u_C = \sqrt{2} \times 352\sin(314t - 17°)(\text{V})$$

电路的有功功率为:

$$P = UI\cos\varphi = 220 \times 4.4 \times \cos(-53°) = 580.8(\text{W})$$

电路的无功功率为:

$$Q = UI\sin\varphi = 220 \times 4.4 \times \sin(-53°) = -770(\text{var})$$

说明整个电路呈容性,整个电路的无功功率大于有功功率。从本例的另一个现象看,元件上的电压大于总的电源电压,在 RLC 的混联电路中,有时元件上的局部电压还会大于总电压很多倍。

矢量图的绘制过程如下。

(1) 绘制一条参考线段,如图 4.25 中虚线所示。

(2) 以零点作为起点,向逆时针方向旋转 73°,按电阻电压、电流的比例大小绘制电阻电压和电流矢量图。

(3) 以电阻电压的末端作为电感电压的起点,旋转 163°,按电感电压的比例大小向上延伸得到电感元件上的复电压矢量图。

(4) 以电感电压的末端作为电容电压的起点,旋转 −17°,按电容电压的比例大小向电感元件电压的相反方向延伸绘制电容元件上的复电压矢量图。

(5) 以原点为起点,连接至电容电压的末端,即得到总电压的矢量图。

电路总的电压的矢量图如图 4.25 所示。

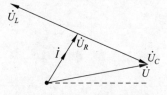

图 4.25 例 4.10 电压矢量图

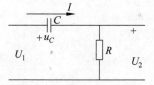

图 4.26 例 4.11 电路图

例 4.11 图 4.26 为低频放大器的前、后级耦合等效电路,由于放大器是工作在低频段,当信号频率发生变化时,类似于电路参数发生改变,如果 $R = 2\text{k}\Omega$,$C = 0.1\mu\text{F}$,输入为正弦信号,$U_1 = 1\text{V}$,$f = 500\text{Hz}$,求下列各项。

(1) 求输出电压 U_2,并讨论输入电压与输出电压的大小关系与相位关系。

(2) 将电路参数电容改为 $20\mu\text{F}$ 时,求(1)中的各项。

(3) 当信号频率改变为 $f = 4000\text{Hz}$ 时,再求(1)中的各项。

本例知识目标: 学习电容的容抗与电源的频率成反比,电源频率与容抗和相位之间的变化趋势。

解: 欲求得输出电压,并清楚输入电压和输出电压大小及它们间的相位关系,必须先求出频率不同时电容的容抗。

(1) 当频率为 500Hz,电容 $C=0.1\mu F$ 时,电路中的容抗为:

$$X_C - \frac{1}{2\pi fC} = \frac{1}{2\times 3.14\times 500\times 0.1\times 10^{-6}} = 3.2(k\Omega)$$

此时电路呈现的总阻抗的模应该是两个元件阻抗的平方之和再开方:

$$Z = \sqrt{R^2 + X_C^2} = \sqrt{(2^2 + 3.2^2)} = 3.77(k\Omega)$$

这时电路中的电流的有效值应该等于总电压除以总阻抗,即:

$$I = \frac{U_1}{Z} = \frac{1}{3.77\times 10^3} = 0.27\times 10^{-3} = 0.57(mA)$$

根据分压关系,输出电压 U_2 的大小应该是总电流在 R_2 上的压降:

$$U_2 = IR = (0.27\times 10^{-3})\times (2\times 10^3) = 0.54(V)$$

当频率为 500Hz 时,输入电压 U_1 与 U_2 之间的相位差为:

$$\varphi = artan\frac{-x}{R} = \arctan\left(-\frac{3.2}{2}\right)$$
$$= \arctan(-1.6) = -58°$$

也就是说,输出电压 U_2 在相位上要滞后于输入电压 $58°$。

输出电压与输入电压的比值为:

$$\frac{U_2}{U_1} = \frac{0.54}{1} = 54\%$$

(2) 当频率仍为 500Hz,电容 $C=20\mu F$ 时,电路中的容抗为:

$$X_C = \frac{1}{2\pi fC} = \frac{1}{2\times 3.14\times 500\times 20\times 10^{-6}}$$
$$= 16(\Omega) \ll R$$

这种情况下,电路中的各项为:

$$z \approx 2(k\Omega)$$
$$U_2 \approx U_1$$
$$\varphi = 0°$$
$$U_2 = U_C \approx 0$$

(3) 当电容为 $0.1\mu F$,频率为 4000Hz 时,电路中的各项为:

电容的容抗

$$X_C = \frac{1}{2\pi fC} = \frac{1}{2\times 3.14\times 4000\times 10^3\times 0.1\times 10^{-6}} = 0.4(k\Omega)$$

电路总的阻抗

$$Z = \sqrt{R^2 + X^2} = \sqrt{(2^2 + 0.4^2)} = 2.04(k\Omega)$$

电路中的电流为

$$I = \frac{U}{R} = \frac{1}{2.04\times 10^3} = 0.49(mA)$$

输出电压的大小为

$$U_2 = RI = (2\times 10^3)\times (0.49\times 10^{-3}) = 0.98(V)$$

此时电路的阻抗角

$$\varphi = \arctan \frac{-X_c}{R} = \arctan \frac{-0.4}{2} = -11.3°$$

通过本例的计算不难看出,当电容作为耦合元件使用时,若电容的容量加大或电源的频率提高,电容的容抗都将减小,不仅输出电压增加,相移也在减小,这个特性在设计电子线路时对电路的频率特性影响大。

4.5 阻抗的串联与并联

本节知识重点 复数应用于交流电路中阻抗的串、并联计算。

阻抗的串、并联与电阻的串、并联相似。多个阻抗串联时,总的阻抗等于各个阻抗的代数和;并联时,总的阻抗的倒数也等于各个阻抗的倒数之和。但在运算过程中,完全用复数进行计算:当复数进行相加时,按实部加实部,虚部加虚部;相减时,实部减实部,虚部减虚部;相乘时,模相乘,复角相加;相除时,模相除,复角相减。

4.5.1 阻抗的串联

多个阻抗串联后,对电源而言,仍然可以用一个等值的阻抗去代替,电路如图 4.27 所示。

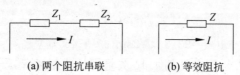

(a) 两个阻抗串联   (b) 等效阻抗

图 4.27 阻抗串联及等效

等效后,电路中总的阻抗为:

$$z = z_1 + z_2 \tag{4.47}$$

根据欧姆定律的复数形式,电路两端的复电压为:

$$\dot{U} = Z\dot{I} \tag{4.48}$$

电路中的复角为:

$$\varphi = \text{arctg} \frac{\sum X}{\sum R} \tag{4.49}$$

下面通过具体的例子来说明复数在阻抗中的计算应用。

例 4.12 电路如图 4.28 所示,图中 $Z_1 = (3.16 + j6)$ $\Omega, Z_2 = (2.5 - j4)\Omega, Z_3 = (3 + j3)\Omega$,电源电压 $u = \sqrt{2} \times 220\sin(\omega t + 30°)$V,计算电流 I 和阻抗上的电压,并做阻抗上电压的相量图。

本例知识目标:学习阻抗串联的计算,理解总电压与元件电压的关系。

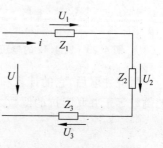

图 4.28 例 4.12 电路图

解：欲求电流的大小，必先求出电路总的复数阻抗，再由电流求得各元件上的电压。

电路总的复阻抗为：

$$\dot{Z} = \dot{Z}_1 + \dot{Z}_2 + \dot{Z}_3 = (3.16 + 2.5 + 3) + j(6 - 4 + 3)$$
$$= 8.66 + j5 = 10\angle 30°(\Omega)$$

总的复电流等于总的复电压除以总的复阻抗：

$$\dot{I} = \frac{\dot{U}}{\dot{Z}} = \frac{220\angle 30°}{10\angle 30°} = 22\angle 0°(A)$$

电流的表达式为：

$$i = 22 \times \sqrt{2}\sin\omega t \ (A)$$

各元件上的复数电压为：

$$\dot{U}_1 = \dot{I}Z_1 = 22\angle 0° \times 6.78\angle 62.3° = 149\angle 62.3°(V)$$

$$\dot{U}_2 = \dot{I}Z_2 = 22\angle 0° \times 4.71\angle -58° = 104\angle -58°(V)$$

$$\dot{U}_3 = \dot{I}Z_3 = 22\angle 0° \times 4.24\angle 45° = 93.3\angle 45°(V)$$

各元件上电压的瞬时值表达式为：

$$u_1 = 149 \times \sqrt{2}\sin(\omega t + 62.3°)(V)$$

$$u_2 = 104 \times \sqrt{2}\sin(\omega t - 58°)(V)$$

$$u_3 = 93.3 \times \sqrt{2}\sin(\omega t + 45°)(V)$$

电压矢量图的绘制方法请参见例 4.10 矢量图的绘制过程，绘制完毕后的电压矢量图如图 4.29 所示。

4.5.2　阻抗的并联

阻抗的并联与电阻的并联相似，多个阻抗并联后，对电源而言，同样可以用一个等值的阻抗去代替，如图 4.30 所示。

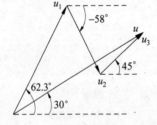

图 4.29　例 4.12 的电压矢量图

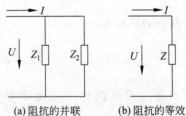

(a)阻抗的并联　　(b)阻抗的等效

图 4.30　阻抗的并联及等效

阻抗并联后，它的计算和电阻的并联相似，但同样是借用复数形式完成，即等效阻抗的倒数等于并联阻抗的倒数之和：

$$\frac{1}{z} = \frac{1}{\sum z} \tag{4.50}$$

下面通过例题来说明阻抗的计算过程。

例 4.13 电路如图 4.31 所示,图中 $R_1 = 100\Omega$, $R_2 = 20\Omega$, $L_2 = 0.1H$, $C_3 = 10\mu F$,电源电压的有效值为 10V,初相位 $\varphi = 0$,角频率 $\omega = 500rad/s$。求各支路电流,并作电流的矢量图。

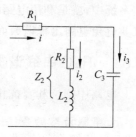

本例知识目标:学习阻抗并联的计算和电流矢量图的绘制。

解:欲求电流的大小,必先求出电路总的复阻抗及各复阻抗,再求总电流,最后由分流关系再求分电流。

图 4.31 例 4.13 电路图

各阻抗分别为:

$$Z_1 = R_1 = 100(\Omega)$$

$$Z_2 = R_2 + j\omega L_2 = 20 + j50 = 54\angle 68.3°(\Omega)$$

$$Z_3 = -j\frac{1}{\omega c_3} = -j200 = 200\angle -90°(\Omega)$$

Z_2 和 Z_3 的并联阻抗为:

$$Z_P = \frac{Z_2 Z_3}{Z_2 + Z_3} = \frac{54\angle 68.3° \times 200\angle -90°}{20 + j50 - j200}$$

$$= 71.5\angle 60.7° = 35 + j62.4(\Omega)$$

电路总的复阻抗为:

$$Z = Z_1 + Z_p = 100 + 35 + j62.4 = 135 + j62.4 = 149\angle 24.8°(\Omega)$$

总电流用总电压除以总阻抗:

$$\dot{I} = \frac{\dot{U}}{Z} = \frac{10\angle 0°}{149\angle 24.8°} = 0.067\angle -24.8°(A)$$

分电流用总电流乘以分流系数:

$$\dot{I}_2 = \dot{I} \times \frac{Z_3}{Z_2 + Z_3} = 0.0885\angle -32.4°(A)$$

$$I_3 = \dot{I} \times \frac{Z_2}{Z_2 + Z_3} = 0.024\angle 125.9°(A)$$

3 个电流的瞬时表达式分别为:

$$i = 0.067\sqrt{2}\sin(500t - 24.8°)(A)$$

$$i_2 = 0.0885\sqrt{2}\sin(500t - 32.4°)(A)$$

$$i_3 = 0.024\sqrt{2}\sin(500t + 125.9°)(A)$$

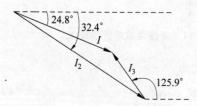

图 4.32 例 4.13 电流矢量图

矢量图的绘制是先绘制参考线,再绘制 3 个电流,它们组成闭合图形,3 个电流的矢量如图 4.32 所示。

4.6 电路的谐振

本节知识重点 掌握电路谐振时局部电压和电流可能远远大于总电压和总电流的规律。

谐振电路是研究电路中局部电压、局部电流与总电压、总电流的一种特殊关系,在通信系统中,就是利用电路的谐振才能取出微弱的电磁波信号。在电力无功功率的补偿中,又要避免电路出现谐振而损坏设备。

4.6.1 RLC 串联谐振电路

电路中感抗和容抗相等时称为谐振电路。研究的电路如图 4.33 所示。

1. 串联谐振的条件

电路要达到谐振的条件是电路中感抗等于容抗:$X_L = X_C$,电路在这种情况下呈现纯阻性,而纯电阻电路上是没有相移的,因此,电路的总电压和电流是同相位。所以电路发生谐振的条件是:

$$X_L = X_C \tag{4.51}$$

2. 谐振频率 f_0

当感抗等于容抗时,必然是:

$$2\pi f L = \frac{1}{2\pi f C} \tag{4.52}$$

从式(4.52)求出的频率就是电路的谐振频率,用 f_0 表示,所以电路的谐振频率为:

$$f_0 = \frac{1}{2\pi \sqrt{LC}} \tag{4.53}$$

3. 谐振阻抗 Z

电路谐振后,对信号源一端呈现的阻抗称为谐振阻抗,原理如图 4.34 所示。

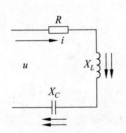

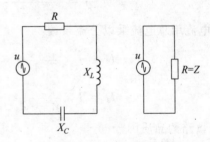

图 4.33　RLC 串联电路　　　　图 4.34　谐振阻抗等效原理图

电路谐振时,由于感抗等于容抗,所以电路的总阻抗为:

$$Z = \sqrt{R^2 + (X_L - X_C)^2} = R = r_0 \tag{4.54}$$

当 R 只是导线的电阻时,即 $R = r_0$,其谐振阻抗将非常小,因此,串联谐振电路一旦达到谐振,意味着能通过串联谐振电路的谐振电流将很大,电子线路中通常用来做吸收电路或选频电路。

4. 谐振电流 I_0

电路谐振时,能够顺利流过 RLC 串联电路中的电流称为谐振电流,用 I_0 表示,它应该等于电源电压除以电路的谐振阻抗,即:

$$I_0 = \frac{U}{r_0} \tag{4.55}$$

由式(4.55)可知,RLC 串联电路处于谐振时,由于谐振阻抗(线圈的导线电阻)很小,所以通过电路的谐振电流应该很大,有时又称串联谐振为电流谐振。

5. 谐振曲线

谐振曲线是根据电路谐振时电路阻抗和电流的变化规律以及元件上的电压情况所呈现的特点描绘的曲线,如图 4.35 所示。

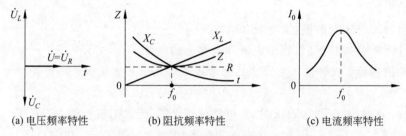

(a) 电压频率特性　　　　(b) 阻抗频率特性　　　　(c) 电流频率特性

图 4.35　RLC 串联谐振电路的特性曲线

6. 串联谐振电路的 Q 值

由于电路谐振时电路的感抗等于容抗,电路的谐振电流为:

$$I_0 = \frac{U}{r_0}$$

元件上的电压为:

$$\dot{U}_{L_0} = \dot{U}_{C_0} = I_0 \omega_0 L = I_0 \frac{1}{\omega_0 C} = \frac{U}{r_0} \omega_0 L = U \frac{\omega_0 L}{r_0} = QU \tag{4.56}$$

式中,$Q = \dfrac{\omega_0 L}{r_0}$,因为 $\omega_0 L = \dfrac{1}{\omega_0 C}$ 是元件谐振时的阻抗,而 r_0 是线圈的线电阻,两者相比,$\omega_0 L = \dfrac{1}{\omega_0 C} \gg r_0$,因此,RLC 串联电路谐振时,元件上的电压远远大于总的电源电压,即:

$$U_{L_0} = U_{C_0} = QU \gg U \tag{4.57}$$

Q 称为电路的品质因数,通常它和线圈的绕制工艺、导线的导电特性有关,一般镀银导线的 Q 值在 $200 \sim 500$ 之间。

思考与讨论　各种无线电接收机凭借什么电路原理能把空中很微弱的电磁波信号选出来?

7. 电路发生谐振的方法

(1) 电路中,当 RLC 参数不变,调节电源的信号频率,使其与电路的谐振频率相同,电路达到谐振。

(2) 固定电源频率,调节电路的参数,达到电路谐振。

思考与讨论　针对使电路发生谐振的上述两种方法,对于下面的问题分别可能使用的是哪种方案?

(1) 无线电侦测利用的是什么原理?

(2) 无线电干扰利用的是哪种方案?

8. 串联电路的特点

在 RLC 串联电路中，电路谐振时，由于谐振电流较大，所以元件上的电压是电源（信号）电压的 Q 倍，因此，在电力系统中有时又要避免电路发生谐振，以免损坏设备。下面通过具体的例题来说明元件上的电压数值。

例 4.14 RLC 串联电路，已知 $L = 4\text{mL}$，$R = 50\Omega$ 与电容 $C = 160\text{pF}$ 串联，电源电压为 25V，求：

(1) $f = 200\text{kHz}$ 时谐振，求电流和电容上的电压。

(2) 当频率增加 10% 时，再求电流和电容上的电压。

本例知识目标：理解谐振电路中元件电压远远大于总电压和电路失谐时电压的变化情况。

解：(1) 在频率 $f = 200\text{kHz}$ 时，若电路处于谐振，元件阻抗相等，分别为：

$$X_{L_0} = 2\pi f_0 L = 2 \times 3.14 \times 200 \times 10^3 \times 4 \times 10^{-3} = 5000(\Omega)$$

$$X_{C_0} = \frac{1}{2\pi fC} = \frac{1}{2 \times 3.14 \times 200 \times 10^3 \times 160 \times 10^{-12}} = 5000(\Omega)$$

谐振时，电路中由于感抗和容抗相互抵消，只有电阻存在，所以电路的谐振电流为：

$$I_0 = \frac{U}{R} = \frac{25}{50} = 0.5(\text{A})$$

谐振时电容上的电压为：

$$U_{C_0} = I_0 X_{C_0} = 0.5 \times 5000 = 2500(\text{V})$$

这个结果说明，由于电路谐振，虽然信号电压只有 25V，但元件上的电压已高达 2500V。

各种无线电通信系统就是利用天线端的谐振才将空中很微弱的电磁波信号选出来的。

(2) 当 f 增加 10%，电路失谐时，电容和电感元件的阻抗分别为：

$$X_L = 2\pi fL = 2 \times 3.14 \times 220 \times 10^3 \times 4 \times 10^{-3} = 5500(\Omega)$$

$$X_C = \frac{1}{2\pi fC} = \frac{1}{2 \times 3.14 \times 220 \times 10^3 \times 160 \times 10^{-12}} = 4500(\Omega)$$

由于电路失谐，电路的阻抗不再呈现纯电阻性质，此时的总阻抗是电阻的平方加上电抗部分的平方再开方：

$$Z = \sqrt{R^2 + (X_L - X_C)^2} = \sqrt{50^2 + (5500 - 4500)^2} \approx 1000(\Omega)$$

失谐情况下的总电流为：

$$I = \frac{U}{Z} = \frac{25}{1000} = 0.025(\text{A})$$

失谐情况下电容上的电压：

$$U_C = X_C I = 4500 \times 0.025 = 112(\text{V})$$

可见，电路失谐状态下，回路电流和元件上的电压都远远小于谐振时的值。在电子线路中，正是利用了电路的失谐才对无用电信号产生巨大的抑制能力，这就是选频电路的特点之一。

4.6.2　RLC 并联谐振电路

1. 并联谐振电路的阻抗

分析讨论的电路如图 4.36(a)所示,电感支路中的电阻是线圈的导线电阻,由于很小,可以不计,所以将电路改为如图 4.36(b)所示。

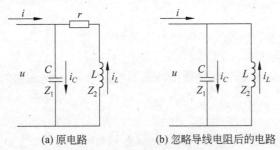

(a) 原电路　　　　(b) 忽略导线电阻后的电路

图 4.36　RLC 并联谐振分析电路

在图 4.36(b)中,由于电阻 r 被忽略,所以电路的总阻抗应该是两个阻抗的并联值,即:

$$Z = \frac{Z_1 Z_2}{Z_1 + Z_2} = \frac{(R + j\omega L) \times \left(-\dfrac{1}{j\omega C}\right)}{R + j\omega L - j\dfrac{1}{\omega C}} \approx \frac{j\omega L \left(-j\dfrac{1}{\omega C}\right)}{R + j\left(\omega L - \dfrac{1}{\omega C}\right)}$$

$$= \frac{\dfrac{L}{C}}{R + j\left(\omega L - \dfrac{1}{\omega C}\right)} \tag{4.58}$$

从式(4.58)可以看出,要使电路达到谐振,必须使得电路的虚部为零,即:

$$j\left(\omega L - \frac{1}{\omega C}\right) = 0$$

即容抗等于感抗。所以并联电路谐振的条件仍是 $X_L = X_C$。

根据电路谐振的条件,当电路谐振时,电源角频率 $\omega = \omega_0$,由于其虚部为 0,所以此时的谐振阻抗为:

$$R_0 = \frac{R^2 + (\omega_0 L)^2}{R} \tag{4.59}$$

从式(4.59)可以看出,由于 R 是导线电阻,很小,所以谐振阻抗是很大的。阻抗随频率变化的特性曲线如图 4.39(b)所示。

讨论与思考　在图 4.37 所示的框图中,右侧的负载在信号频率 f_0 时谐振,它对信号源有什么影响?

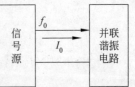

图 4.37　讨论思考框图

2. 并联谐振电路的谐振频率

电路谐振时,由于 $X_L = X_C$,所以此时的频率仍然用 f_0 表示。由于电感支路有电阻,我们在分析时认为电阻很小而忽略,所以并联谐振电路的谐振频率只是近似值。

$$f_0 \approx \frac{1}{2\pi \sqrt{LC}} \tag{4.60}$$

3. 输入回路的干路电流

谐振时,由于谐振阻抗很大,流入干路的电流应该较小,它等于阻抗两端的电压除以总阻抗。

$$I_0 = \frac{U}{R_0} \tag{4.61}$$

4. 谐振回路中的电流 I_{L_0} 与 I_{C_0}

电感支路的电流应该等于电感线圈两端的电压除以电感支路的感抗:

$$I_{L_0} = \frac{U}{\sqrt{R^2 + (\omega_0 L)^2}} \approx \frac{U}{\omega_0 L} \tag{4.62}$$

同理,电容支路的电流为电容两端的电压除以容抗:

$$I_{C_0} = \frac{U}{X_{C_0}} = \frac{U}{\dfrac{1}{\omega_0 C}} \tag{4.63}$$

在并联谐振电路中,元件中的回路电流远远大于干路电流,即:

$$I_{L_0} \approx I_{C_0} \gg I_0$$

这是并联谐振电路的特点。

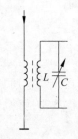

例 4.15 图 4.38 所示的电路为某接收机的天线电路,次级线圈 $L = 0.3\text{mL}$,$R = 16\Omega$,次级并联电路中的电容为可变电容,当要接收中波 640kHz 的频率时,C 应调至多大? 如果初级耦合到次级回路中的信号电压是 $2\mu\text{V}$,此时的信号电流多大? 在线圈两端的电容能输出多大的电压?

图 4.38　例 4.15 电路图

本例知识目标:理解 LC 并联谐振电路在通信系统中的应用原理,学习学科知识的相互交融。

解:因为电路在接收中波频率 640kHz 时处于谐振,应用谐振频率的公式移项后,方程两边再开方可得:

$$f_0 = \frac{1}{2\pi \sqrt{LC}}$$

$$C = 205(\text{pF})$$

在接收 640kHz 的信号时,电路处于谐振,电抗为零,只有纯电阻,所以这时电路的电流为:

$$I = \frac{U}{R} = \frac{2 \times 10^{-6}}{16} = 0.13(\mu\text{A})$$

在接收中波 640kHz 信号时,由于电路处于谐振,所以这时电路的元件阻抗应该相等:

$$X_L = X_C = 2\pi f L = 2 \times 3.14 \times 640 \times 10^3 \times 0.3 \times 10^{-3} = 1200(\Omega)$$

所以电容元件上的电压应该为容抗乘以电路中的电流:

$$U_C = I \times X_C = 0.13 \times 10^{-6} \times 1200 = 156(\mu V)$$

从上述结果可以看出,无线电接收机的前端就是利用了串、并联电路的组合才能将空中众多的微弱电磁波信号顺利地接收并处理。

5.电路的 Q 值

这里,将总电流与回路电流的比值定义为电路的品质因数,用 Q 表示。

$$Q = \frac{I_{L_0}}{I_0} = \frac{1}{\omega_0 CR} = \frac{\omega_0 L}{R}$$

这就是说,回路电流是总的输入电流的 Q 倍,矢量关系如图 4.39(a)所示,阻抗随频率的变化曲线如图 4.39(b)所示。

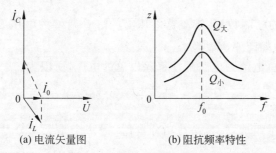

(a) 电流矢量图　　　　(b) 阻抗频率特性

图 4.39　并联谐振电路的特性

在无线电通信系统中,为了得到更好的选择性和更宽的通频带,通常是采用串联、并联一体的带通滤波器等综合措施,以满足系统增益和带宽的综合要求。

4.7　功率因数的提高

本节知识重点　掌握无功功率补偿的原理及经济价值。

前面所谈到的无功功率都是由于感性元件或容性元件以电能的形式与电源进行交换而浪费的功率,因此功率因数的提高是解决电源利用率的有效措施。目前用户个体由于其无功功率较小,补偿成本大,故一般在国家电网内进行,一些大的一级变电站补偿功率已达数兆瓦以上。因此,研究无功功率补偿具有良好的经济价值和社会效益。

在交流电路中,根据功率三角形的关系 $\cos\varphi = \dfrac{P}{Q}$ 可知,对任何负载而言,只有电路的功率因数 $\cos\varphi = 1$ 时,它的功率才等于电源供给的视在功率,而其他情况都有一部分无功功率被以电场或磁场的形式用来与电源进行了能量交换,这种交换实质是白白地浪费了电能。

前面已经谈到,电感中的电流和电容中的电流是相反的,它们在一起可以相互抵消,所以,功率的补偿只能由负载的性质决定。就是说负载如果是感性的,就要用容性电路进行补偿;如果负载是容性的,就要用感性电路进行补偿。一般情况下,大多数负载都是感性的,如电动机和变压器等,所以,本节通过例题讨论用电容进行无功功率的补偿方法。

例 4.16　40W 日光灯(镇流器结构)电路,L 为镇流器线圈,由于其导线电阻很小,忽略不计,灯管为电阻,所消耗的功率 $P=40\mathrm{W}$。没有补偿前,已测得灯管两端的电压为 $U_R=110\mathrm{V}$,电路总的功率 $P=40\mathrm{W}$,总电压 $U=220\mathrm{V}$,电路如图 4.40 所示。

现希望通过电容补偿方式将功率因数提高 0.95,将总电流降下来,求应该并接多大的电容?总电流降为多少?补偿后的电路如图 4.41 所示。

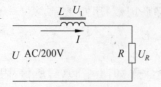

图 4.40　无补偿 40W 日光灯电路

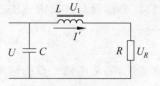

图 4.41　电容补偿原理图

解:根据补偿前的已测数据,镇流器电压 U_L、灯管两端的电压 U_R 和总电压 U 之间应该组成电压三角形,如图 4.42 所示。

补偿前灯管中的总电流为电路的功率除以总的电压,所以为:

$$I = \frac{P}{U} = \frac{40}{220} = 0.36(\mathrm{A})$$

总电流由两个分量组成,一个是有功分量 $\dot{I}_R$,另一个是无功分量 $\dot{I}_L$,3 个电流之间组成电流三角形。电流矢量图如图 4.43 所示,补偿前,电路中的无功电流 $\dot{I}_b = \dot{I}_L$。

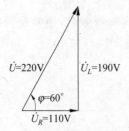

图 4.42　补偿前日光灯电路的电压三角形

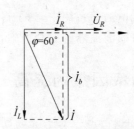

图 4.43　补偿前电路中的矢量电流关系

补偿前电路的功率因数应该为电路的有功功率与视在功率的比值,所以功率因数为:

$$\cos\varphi = \frac{P}{UI} = \frac{40}{220 \times 0.36} = 0.5$$

补偿前电路的复角为:

$$\varphi = \cos 0.5 = 60°$$

补偿前电路的无功功率应该等于电路的有功功率乘以复角的正切,所以无功功率为:

$$Q = P\mathrm{tg}\varphi = 40\mathrm{tg}60° = 69.2(\mathrm{var})$$

根据电路的补偿要求,并接补偿电容后,电容支路的电流与电感支路的电流反相,抵消一部分无功电流,所以,电容补偿后,电路的功率因数从原来的 $\cos\varphi$ 提高到 $\cos\varphi'$,电路中原来的无功电流 $\dot{I}_b(\dot{I}_L)$ 减小到 $\dot{I}_b'$,总电流从原来的 I 减小到 I',而有功分量始终是不变的,补偿后电路中各矢量电流关系如图 4.44 所示。

当接入电容后,电容支路的电流为:

$$\dot{I}_C = \frac{U}{X_C} = \omega CU$$

由矢量图可知：

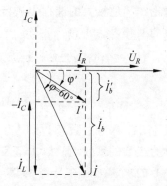

$$\dot{I}_C = \dot{I}_b - \dot{I}_b' = I\sin\varphi - I'\sin\varphi'$$
$$= \frac{P}{U\cos\varphi}\sin\varphi - \frac{P}{U\cos\varphi'}\sin\varphi'$$

根据功率三角形有：

$$Q_C = Q - Q'$$

因为电容元件中的无功功率为：

$$Q_C = I_C^2 X_C = \frac{U^2}{X_C} = \omega CU^2$$

图 4.44 并接补偿电容后的电流矢量图

由补偿后的电流矢量图中可以知道，补偿后电路的复角为：

$$\varphi' = \cos 0.95 = 18°$$

补偿后电路的无功功率为：

$$Q' = P\text{tg}18° = 40\text{tg}18° = 13(\text{var})$$

可见，总的无功功率从原来的 69.2var 减少到了现在的 13var。

而电容元件中的无功功率为：

$$Q_C = Q - Q' = 69.2 - 13 = 56.2(\text{var})$$

并接补偿电容的大小为：

$$C = \frac{Q_C}{\omega U^2} = \frac{56.2}{2 \times 3.14 \times 50 \times 220^2} = 3.7(\mu\text{F})$$

补偿后，送入电路的总电流为：

$$I' = \frac{P}{U\cos\varphi'} = \frac{40}{220 \times 0.95} = 0.192(\text{A})$$

可见仅是一支 40W 的日光灯，补偿后总电流由原来的 0.36A 降为 0.19A，节能效果也非常明显。对那些感性负载多的用电大户来说，无功功率补偿具有非常大的经济价值。工程上，电力部门在一级变电站和二级变电站进行的无功功率补偿一般都在兆瓦级以上。

讨论 电力计量系统中，电表给用电户计量的电流是哪个电流？对用电户单位来说，无功功率的补偿应该由谁负责实施更具有经济价值？

4.8 非正弦周期电压和电流

所谓非正弦电压和电流，就是指电压和电流的规律不按正弦规律变化。非正弦周期电压和电流也是我们工程上常用的一种电压和电流，正弦电压只用于电力场合，对弱电系统基本都是非正弦电压和电流，常见的有方脉冲（数字）、尖脉冲（触发）和锯齿波，还有人体的脑电波、心电波及各种随机信号。对这类信号的分析主要是对原信号进行傅里叶级数展开，从中找出所需的频率成分，再通过相应的滤波电路取出有用信号，详细的分解和讨论在其他相关的课程中进行，本章只作简单的提示。非正弦周期信号分解为傅里叶级数的展开表达式为：

$$f(t) = \frac{A_0}{2} + A_1 \cos\omega t + A_2 \cos 2\omega t + \cdots + B_1 \sin\omega t + B_2 \sin 2\omega t + \cdots$$

$$= \frac{A_0}{2} + \sum_{k=1}^{\infty} A_k \cos k\omega t + B_k \sin k\omega t$$

式中，A_0 称为常数项，体现为电信号的直流分量；A_k 和 B_k 称为级数的系数，显然，非正弦电信号的求解主要变成了对系数的求解。而在分解的信号电压中有直流成分、基波成分、二次谐波、三次谐波或高次谐波成分。

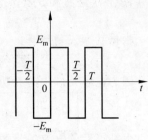

图 4.45　例 4.17 波形图

例 4.17　求如图 4.45 所示的数字信号傅里叶级数展开式。

解：数字脉冲电压在一个周期内的表示方式为：

$$f(t) = \begin{cases} E_m & 0 < t < \dfrac{T}{2} \\[2mm] -E_m & \dfrac{T}{2} < t < T \end{cases}$$

按照傅里叶级数系数的计算公式有：

$$A_0 = \frac{2}{T}\int_0^T f(t)\,\mathrm{d}t = \frac{2}{T}\int_0^{\frac{T}{2}} E_m\,\mathrm{d}t + \frac{2}{T}\int_{\frac{T}{2}}^T (-E_m)\,\mathrm{d}t = 0$$

常数项为零表示对称的数字信号中没有直流分量，从波形函数也可以看出，它是正负半周对称的。

$$A_k = \frac{2}{T}\int_0^T f(t)\cos k\omega t\,\mathrm{d}t = \frac{2}{T}\int_0^{\frac{T}{2}} E_m \cos k\omega t\,\mathrm{d}t + \frac{2}{T}\int_{\frac{T}{2}}^T (-E_m)\cos k\omega t\,\mathrm{d}t$$

$$= 0$$

$A_k = 0$ 说明展开式中不含余弦项，这同样可以从波形的特点看出，因为波形对称于原点，它是一个奇函数，所以展开式当然也就没有偶函数了。

$$B_k = \frac{2}{T}\int_0^T f(t)\sin k\omega t\,\mathrm{d}t = \frac{2}{T}\int_0^{\frac{T}{2}} E_m \sin k\omega t\,\mathrm{d}t + \int_{\frac{T}{2}}^T (-E_m)\sin k\omega t\,\mathrm{d}t$$

$$= \frac{2E_m}{k\pi}(1 - \cos k\pi)$$

显然，当 k 为偶数时，即 $k = 2,4,6,8,\cdots$ 时：

$$\cos k\pi = 1$$

所以

$$B_k = 0$$

当 k 为奇数时，即 $k = 1,3,5,7,\cdots$ 时：

$$\cos k\pi = -1$$

所以

$$B_k = \frac{4E_m}{k\pi}$$

故数字脉冲电信号的展开式为：

$$f(t) = \frac{4E_\text{m}}{\pi}\left(\sin\omega t + \frac{1}{3}\sin3\omega t + \frac{1}{5}\sin5\omega t + \cdots\right)$$

图 4.46(a)是由基波和三次谐波合成的波形，与原波形相比，差异较大，图 4.46(b)是由基波、3 次谐波和 5 次谐波合成的波形，就比较接近原波形了。

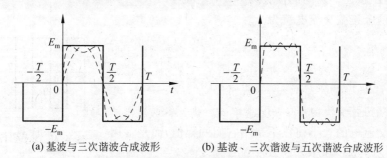

(a) 基波与三次谐波合成波形　　　(b) 基波、三次谐波与五次谐波合成波形

图 4.46　基波与谐波合成波形

从展开式和波形都可以看出，周期函数分解为傅里叶级数后，理论上它是一个无穷三角级数，取无限多项才能代表原函数。实际上，基波的振幅大，谐波的振幅小，谐波次数越高，其幅度越低，所以工程上一般取前几项计算就足够了。在无线电通信系统中，无论是发送端或是终端还原的都是基波信号。

4.9　本章小结

正弦电压和电流用相应的复数表示，将正弦电压和电流的计算转换为复数的计算。

在由电阻元件和电感元件或电阻元件和电容元件组成的混合电路中，电流和电压将产生相位移，由此引出电压、电流、阻抗和功率三角形。

电感和电容都不是耗能元件，但要产生无功功率。在电力系统中，利用两种元件中的电流或电压反相的特性进行补偿。

当电路中感抗等于容抗时，电路发生谐振。谐振后，元件上的电压将超过总电压很多。

习　题

一、填空题

1.1　交流电流是指电流的大小和_____都随时间作周期变化，且在一个周期内其平均值为_____的电流。

1.2　正弦交流电的 3 个基本要素是_____、_____和_____。

1.3　正弦交流电路是指电路中的电压和电流均随时间按_____规律变化的电路。

1.4　正弦交流电的瞬时表达式为：$u=$_____、$i=$_____。

1.5　已知 $u(t) = -4\sin(100t + 90°)\,\text{V}$，$U_\text{m} = $_____ V，$\omega = $_____ rad/s，$\varphi = $_____ rad。

1.6 两个同频率正弦量的相位角之差称为_____。

1.7 正弦量变化一次所需的时间称为_____,每秒内变化的次数称为_____。

1.8 我国工业及生活中使用的交流电频率为_____,习惯上也称为_____,周期为_____。

1.9 正弦电压在任一瞬间的值称为_____,用_____来表示。

1.10 已知两个正弦交流电流为

$$i_1 = 10\sin(314t - 30°)A$$

$$i_2 = 310\sin(314t + 90°)A$$

则 i_1 和 i_2 的相位差为_____,复角超前_____。

1.11 已知某正弦交流电压 $u = U_m\sin(\omega t - \psi_u)V$,则其相量形式 $\dot{U} =$ _____ V。

1.12 正弦交流电的大小往往不是用它们的幅值,而是常用_____来计算。

1.13 已知 $Z_1 = 15\angle 30°$,$Z_2 = 20\angle 20°$,则 $Z_1 Z_2 =$ _____,$Z_1/Z_2 =$ _____。

1.14 为了与一般的复数相区别,把表示正弦量的复数称为_____。

1.15 在电感元件电路中,电流在相位上_____电压相位_____。

1.16 在电容元件电路中,电流在相位上_____电压相位_____。

1.17 频率越高,感抗就越_____;频率越低,容抗就越_____。

1.18 电容具有_____的作用,电感具有_____的作用。

1.19 在具有电感和电容元件的电路中,当 $X_L = X_C$ 时,电路中将发生_____。

1.20 提高功率因数常用的方法是_____,它减少了电源与负载之间的能量互换。

二、选择题

2.1 有 100W/220V、25W/220V 白炽灯两盏,串联后接入 220V 交流电源,其亮度情况是( )。

　　A. 25W 灯泡最亮　　　　　　　　　B. 100W 灯泡最亮

　　C. 两只灯泡一样亮　　　　　　　　D. 都不亮

2.2 已知 $i_1 = 10\sin(314t + 90°)A$,$i_2 = 10\sin(628 + 30°)A$,则( )。

　　A. i_1 滞后 i_2 60°　　　　　　　　B. 相位差无法比较

　　C. 同相　　　　　　　　　　　　　D. i_1 超前 i_2 60°

2.3 纯电容正弦交流电路中,电压有效值不变,当频率增大时,电路中电流将( )。

　　A. 减小　　　　　B. 增大　　　　　C. 先增大后减小　　　　D. 不变

2.4 在 RL 串联电路中,$U_R = 16V$,$U_L = 12V$,则总电压为( )。

　　A. 28V　　　　　B. 2V　　　　　C. 20V　　　　　D. 4V

2.5 相量只能表示交流电的有效值(或最大值)和( )。

　　A. 频率　　　　　B. 初相位　　　　　C. 相位

2.6 正弦交流电路中,采用相量分析法时,应将电容写成( )。

　　A. $-jX_C$　　　　　B. X_C　　　　　C. jX_L　　　　　D. $-jX_L$

2.7 正弦交流电路中,采用相量分析法时,应将电感写成( )。

　　A. $-jX_C$　　　　　B. X_C　　　　　C. jX_L　　　　　D. $-jX_L$

2.8 纯电感交流电路中,正确的表达式是( )。

A. $\dot{U} = -j\dot{I}X_C$ B. $\dot{U} = j\dot{I}X_L$ C. 不确定   D. $I_L = U_L/X_L$

2.9 正弦交流电的初相角反映了交流电变化的( )。

A. 快慢   B. 频率特性   C. 起始位置   D. 大小关系

2.10 某电容 C 与电阻 R 串联,其串联等效阻抗 $|Z| = 10\Omega$,已知容抗 $X_C = 7.07\Omega$,则电阻 R 为( )。

A. 10Ω B. 7.07Ω C. 17.07Ω D. 2.93Ω

三、计算题

3.1 已知 $i_1 = 10\sin314t$ A,$i_2 = 12\sin(314t + 50°)$ A,求 $i_1 + i_2$。

3.2 已知 $u_1 = \sqrt{2}220\sin314t$ V,$u_2 = \sqrt{2}220\sin(314t - 120°)$ V,求 $u_1 + u_2$。

3.3 图 4.47 中 $R = 20\Omega$,$C = 50\mu F$,电源电压 $U = 220$V,$f = 50$Hz。求复阻抗及电流。

3.4 图 4.48 中 $R = 10\Omega$,$L = 0.05$H,$C = 100\mu F$,求 $f = 50$Hz 时的复阻抗,并分析电路是感性还是容性。如果频率改为 $f = 150$Hz,电路又是什么性质?

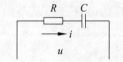

图 4.47 3.3 题电路图

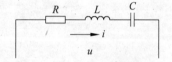

图 4.48 3.4 题电路图

3.5 已知 $u = 50\sin(\omega t + 30°)$ V,$z = (2.5 + j4.33)\Omega$,求 $\dot{I}$ 和 i。

3.6 已知 $i = -4\sin(\omega t - 27°)$ A,$z = (1 + j17.3)\Omega$,求 u。

3.7 在电子线路中,输入电压与输出电压间经常会有一定的相位差。如图 4.49 所示的电路是一种相位补偿电路,图中电压频率 $f = 50$Hz,求 $\dot{U}_1$ 和 $\dot{U}_2$ 的相位差。

3.8 如图 4.50 所示为测量电感线圈品质因数和电感或电容的 Q 表的原理图,信号源经串联分压后加到串联电路上,调整信号源频率可使电路达到谐振,电压 $\dot{U}_1$ 和 $\dot{U}_2$ 为电压指示表,R_L 和 L 是待测支路,当信号源频率为 450kHz 时,电路谐振,此时电容 $C = 450$pF,$U_1 = 10$mV,$U_2 = 1.5$V。

(1) 如何知道电路发生了谐振?

(2) 求 R_L 和 L?

(3) 当 $f = 450$kHz 时,Q 为多少?

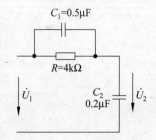

图 4.49 3.7 题电路图

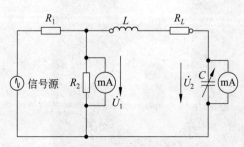

图 4.50 3.8 题电路图

第5章

三相电路

本章重点

　　三相电路的两种连接方式；三相电路在两种连接下的电压、电流关系；民用供电系统中掌握平衡设计原则。

本章重要概念

　　线电压、相电压、线电流、相电流、三相三线制、三相四线制、中线。

本章学习思路

　　在理解线电压和相电压的基础上，掌握平衡设计原则。

人们使用的照明电称为单相电,它由一条火线和一条回路线(零线)构成供电电路,这种电路无论是在传送能量或是将电能转换成机械能或其他的能量形式上,其容量都是较小的。在工农业中,为了实现大功率的能量转换或大功率的电能传送,常用三相电来解决。

5.1 三相电压的产生

三相电产生的基本过程是,在三相发电机内部,将发电机 3 个参数完全相等的发电绕组在空间上按间隔 120°分布安装,发电机的转子在机械力的驱动下,就以 120°的时间间隔切割磁力线并经过发电绕组,这样,3 个发电绕组就以 120°的时间间隔输出大小相等的电压,由于具有 3 个发电绕组,所以它们发出的电就是三相电,当用 a、b、c 表示 3 个绕组首端,用 x、y、z 表示 3 个绕组尾端,并将 3 个绕组尾端连接在一起时,如图 5.1(a)所示,3 个绕组输出的电压就分别称为 U_a、U_b、U_c,由于它们在空间位置上相隔 120°,所以三相电压输出时在相位上也彼此相差 120°,这就是三相电的产生原理。三相发电绕组的安装示意图如图 5.1(b)所示,三相电压的波形如图 5.1(c)所示。

现在来分析三相电的数学关系,如果令 A 相的相位为 0,相应地,B 相推迟 120°,对 C 相而言,可以说它在相位上滞后 240°,或叫超前 120°。

$$u_a = U_m \sin \omega t$$
$$u_b = U_m \sin(\omega t - 120°)$$
$$u_c = U_m \sin(\omega t + 120°)$$

(5.1)

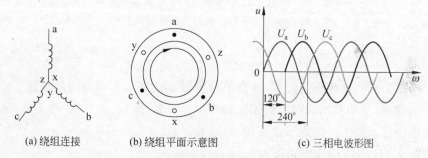

(a)绕组连接   (b)绕组平面示意图   (c)三相电波形图

图 5.1 三相发电机绕组接法与三相电压的波形图

三相电除了上述数学表达式和波形外,还可以将三相电用它的相量式和矢量图表示,如式(5.2)和图 5.2 所示。

$$U_a = U_m \angle 0°$$
$$U_b = U_m \angle -120°$$
$$U_c = U_m \angle 120°$$

(5.2)

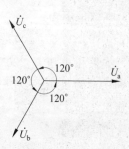

讨论 根据 KCL,流入的电流应该等于流出的电流,为什么在三相变压器的输入端只有 3 条线,并且 3 条线都是火线,请讨论它们流出的电流去了哪里,它是如何组成回路的。

图 5.2 三相电的矢量图

请观察:在配电系统中,高压变压器的进线处总是 3 条线,低压出线端则是 4 条线。它们各自的电压应该在什么数值内?

三相电源通常有两种连接方式,分为三相三线制和三相四线制,具体接法依据负载对电压的要求决定。

1. 三相电源的 Y 形连接

将电源的 3 个绕组的末端(x、y、z)连接在一起,称为中点,用 n 表示,再通过 3 个绕组的始端(a、b、c)经线端导线输出,称为三相电源的 Y 形连接,这种连接方式根据负载所需电压的不同,可灵活采用三相四线制和三相三线制,如图 5.3(a)所示为三相四线制,在这种连接方式中,将绕组本身的电压叫作相电压,如 U_{an}、U_{bn}、U_{cn},相电压用 U_P 代表;而绕组与绕组间的电压称线电压,如 U_{ab}、U_{bc}、U_{ca},如图 5.3(b)所示,线电压用 U_L 表示。

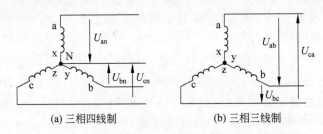

(a) 三相四线制　　　　　　　(b) 三相三线制

图 5.3　三相三线制和三相四线制的 Y 形连接方式

2. Y 形联接时的相电压与线电压的数值关系

根据电压的定义,线电压在数值上应该是两线的电压之差,它们分别是:

$$U_{ab} = U_a - U_b = U_a + (-U_b)$$
$$U_{bc} = U_b - U_c = U_a + (-U_c) \tag{5.3}$$
$$U_{ca} = U_c - U_a = U_c + (-U_a)$$

现在根据上面的这些数值关系,再借用相量图形选择 a、b 两线间的电压 $U_{ab} = U_a + (-U_b)$ 作矢量图,从中找出线电压和相电压的大小关系,按 U_a 加 $-U_b$ 的关系,显然,a、b 两线间的电压应该按平行四边形法则相加,这样,线电压的大小等于 $\sqrt{3}$ 倍的相电压,并且在相位上超前于相电压 30°。矢量如图 5.4 所示。

在数值上为:

$$U_L = \sqrt{3} U_P \tag{5.4}$$

如果相电压是 220V,则线电压为 380V。这里要特别注意的是,在三相三线制中,只有一个 380V 线电压输出。

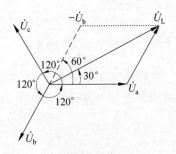

图 5.4　三相电源线电压与相电压的数值矢量关系

讨论与思考

(1) 如果是三相三线制,线电压等于 $\sqrt{3}$ 倍的相电压这个结论还成立吗?

(2) 什么情况下用三相三线制?

（3）什么情况下必须用三相四线制？

（4）三相四线制可以代替三相三线制吗？

工程应用实训题

某居民户的用电数量为：2000W/220V 电磁炉一台，1600W/220V 淋浴器一台，1500W/220V 的空调机两台，照明灯总功率 200W，电视、音响和开水机总功率 1000W，另外有 380V/10kW 的磨米机一台，设计出该户的配电施工原理图。

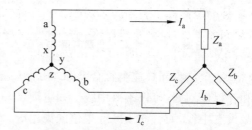

本例技术要求：各相负载基本平衡，通电后，各电器绝不能有损坏现象。

3．三相电压 Y 形连接时的三相电流

分析讨论的电路如图 5.5 所示，电路中，三相负载为对称负载，即

图 5.5　对称负载的 Y 形连接图

$$Z_a = Z_b = Z_c = Z$$

从图中可知，每条火线流出的电流也是流经负载的电流。所以，在 Y 形联接的电路中，线电流等于相电流：

$$I_L = I_P \tag{5.5}$$

现在，所要搞清楚的是，根据 KCL，对任何一个节点、任何一个网络，流入的电流总是应该等于流出的电流，在图 5.5 所示的对称负载三相三线制电路中，电流是从什么地方流走的？为什么我们总是在变压器或者三相电动机的进线端只看见 3 条进线，而没有电流流回去的线呢？三相电流在数值上为多大？

由于负载对称，分析时可以只取其中的一相进行分析计算，而其他两相则可以引用分析计算的结果，再加上相应的复角即可。

按照欧姆定律的复数形式，每相负载上的电流应该等于该相负载上的复电压除以该相的复阻抗：

$$\dot{I}_a = \frac{\dot{U}_a}{Z_a} = \dot{I}_A \angle \varphi_a$$

$$\dot{I}_b = \frac{\dot{U}_b}{Z_b} = \dot{I}_B \angle \varphi_b \tag{5.6}$$

$$\dot{I}_c = \frac{\dot{U}_c}{Z_c} = \dot{I}_C \angle \varphi_c$$

下面先作 3 个电流的矢量图，仍设 A 相电流的初相为零，B 相滞后于 A 相 120°，C 相滞后于 A 相 240°或超前于 A 相 120°，如图 5.6 所示。

从图中可知，当 $\dot{I}_A + \dot{I}_B$ 时，按平行四边形相加的法则，它们的大小正好是负的 $\dot{I}_C$，再加正的 $\dot{I}_C$，则彻底抵消，所以三个电流的矢量和为零，如图 5.7 所示。

$$\dot{I}_A + \dot{I}_B + \dot{I}_C = 0 \tag{5.7}$$

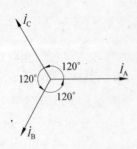

图 5.6　3 个对称负载电流

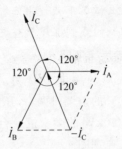

图 5.7　3 个矢量电流之和为零

这个结论同样完全符合 KCL,因为只要三相负载对称,三相电流大小就相等,即它们相互提供回路,可以不要中线。如电动机和三相变压器的输入端接法就是对称三相负载,故没有中线,而普通小区或单位的民用电,不但负载上的电压基本上都是相电压,同时也由于其负载严重不对称,它们彼此间无法完全提供回路,故只能接成三相四线制。

5.2　负载星形联接的三相电路

在前面介绍的 Y 形联接中,可以根据负载电压的不同(220V/380V),采用灵活的三相四线制或三相三线制,如图 5.8 所示为三相四线制。图中 3M 指三相电动机,LP 指220V 电灯泡,FU 指保险丝,QS 指三相闸刀开关。

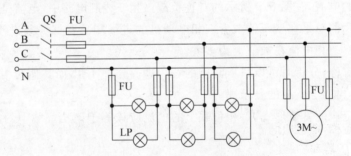

图 5.8　三相四线制上的不同负载

这种连接方式时,当负载的额定电压为 220V 时就取相电压,图 5.8 中的各灯泡负载为 220V。当负载的额定电压要求是 380V 时,就取线电压,图 5.8 中的三相电机电压为380V。但是,这种混合联接下,往往由于负载可能出现不对称联接,中线上的电流不为 0,中线必须保留,如图 5.8 所示,并且中线上不能安装任何可断器件。在三相四线制中,每相的负载不一定相等,但在设计时,每相负载应做到尽量平衡。

电路尽管是三相四线制,但其结构仍是 Y 形联接,根据电路中电流的走向,很明显,它们的线电流等于相电流。

$$I_L = I_P \tag{5.8}$$

如果设 A 相电压的初相为零时,3 个电压的相量关系为:

$$\dot{U}_A = U_{am} \angle 0°$$

$$\dot{U}_B = U_{bm}\angle-120°$$

$$\dot{U}_C = U_{cm}\angle 120° \tag{5.9}$$

显然,此时每相负载中的复电流应该等于每相负载上的复电压除以每相阻抗:

$$\dot{I}_a = \frac{\dot{U}_a}{Z_a} = \frac{U_A\angle 0°}{Z_a\angle 0\varphi_a} = I_A\angle-\varphi_a$$

$$\dot{I}_b = \frac{\dot{U}_b}{Z_b} = \frac{U_B\angle-120°}{Z_b\angle\varphi_b} = I_B\angle-120°-\varphi_b \tag{5.10}$$

$$\dot{I}_c = \frac{\dot{U}_c}{Z_c} = \frac{U_C\angle 120°}{Z_c\angle\varphi_c} = I_C\angle 120°-\varphi_c$$

各相电流的有效值则等于每相电压的有效值除以每相阻抗。

$$I_A = \frac{U_A}{Z_A}$$

$$I_B = \frac{U_B}{Z_B} \tag{5.11}$$

$$I_C = \frac{U_C}{Z_C}$$

各相负载的阻抗角应该等于:

$$\varphi_A = \text{arctg}\frac{X_A}{R_A}$$

$$\varphi_B = \text{arctg}\frac{X_B}{R_B} \tag{5.12}$$

$$\varphi_C = \frac{X_C}{R_C}$$

中线上的电流为:

$$\dot{I}_N = \dot{I}_A + \dot{I}_B + \dot{I}_C \tag{5.13}$$

如果负载对称,则它们的阻抗角相等,电流也相等,这种情况下,中线上的电流必然为零,例如三相变压器和三相电动机等负载就是对称负载。在这种对称的负载中,各项参数如下:

$$Z_a = Z_b = Z_c = Z$$

$$\varphi_A = \varphi_B = \varphi_C = \varphi$$

$$\dot{I}_A = \dot{I}_B = \dot{I}_C = \frac{U_P}{Z}$$

$$\dot{I}_N = \dot{I}_A + \dot{I}_B + \dot{I}_C = 0 \tag{5.14}$$

下面通过例5.1至例5.4共4个例子来加深理解这一节的知识,并对电力系统中可能出现的几种故障现象进行分析。

例5.1 电路如图5.9所示,线电压为380V,对称负载阻抗为 $z = 22\angle 20°\Omega$,求各负载电流。

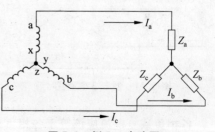

图5.9 例5.1电路图

本例知识目标：学习对称三相电路 Y 形联接的计算。

解：在 Y 形联接时，线电流等于相电流，而相电流应该等于相电压除以每相阻抗。

设 A 相电压的初相为 0，则有：

$$\dot{I}_a = \frac{\dot{U}_a}{Z} = \frac{220\angle 0°}{22\angle 20°} = 10\angle -20°(A)$$

按照对称原则，其他两相电流为：

$$\dot{I}_b = \dot{I}_a\angle -120° = 10\angle -140°(A)$$

$$\dot{I}_c = \dot{I}_a\angle 120° = 10\angle 100°(A)$$

例 5.2 电路如图 5.10 所示，Y 形联接的三相负载，每相电阻 $R=6\Omega$，$X_L=8\Omega$，电源电压对称，设 $u_{ab}=380\sqrt{2}\sin(\omega t+30°)\mathrm{V}$，求各相负载电流。

本例知识目标：对称三相电路的计算。

解：这个题目给出的虽是线电压，但前面已知，线电压在相位上超前相电压 30°，而在 Y 形对称三相电路中，线电流等于相电流，所以计算相电流最为方便。计算相电流时，电压只能用相电压，所以有：

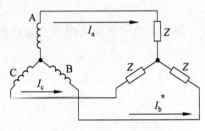

图 5.10　例 5.2 电路图

$$\dot{I}_A = \frac{\dot{U}_P}{Z}\angle \mathrm{arctg}\frac{X}{R} = \frac{220}{\sqrt{8^2+6^2}}\angle \mathrm{arctg}\frac{6}{8}$$

$$= 22\angle -53°(A)$$

A 相电流的表达式为：

$$I_A = 22\sqrt{2}\sin(\omega t-53°)(A)$$

对另外两相可以直接引用结果，再加上相应的复角就得到相应的电流表达式：

$$I_B = 22\sqrt{2}\sin(\omega t-173°)(A)$$

$$I_C = 22\sqrt{2}\sin(\omega t+67°)(A)$$

例 5.3 电路如图 5.11 所示，图中每相电压为 220V，灯泡负载（纯阻）分别为 $R_1=5\Omega$，$R_2=10\Omega$，$R_3=20\Omega$，求各负载的相电压、电流及中线电流。

本例知识目标：不对称负载的计算及中线必须保留。

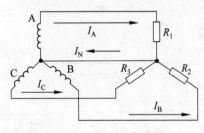

图 5.11　例 5.3 电路图

解：由于接有中线，无论负载对称否，各负载上的电压都是 220V，由电源决定，但各相的电流不等。纯阻没有相位差，但彼此仍相差 120°，所以各相的负载电压为：

$$\dot{U}_{R_1} = 220\angle 0°(V)$$

$$\dot{U}_{R_2} = 220\angle -120°(V)$$

$$\dot{U}_{R_3} = 220\angle 120°(V)$$

各相负载复电流应该等于各相负载上的复电压除以各负载电阻，所以它们分别为：

$$\dot{I}_{A} = \frac{\dot{U}_{R_1}}{R_1} = \frac{220\angle 0^{\circ}}{5} = 44\angle 0^{\circ}(A)$$

$$\dot{I}_{B} = \frac{\dot{U}_{R_2}}{R_2} = \frac{220\angle -120^{\circ}}{10} = 22\angle -120^{\circ}(A)$$

$$\dot{I}_{C} = \frac{\dot{U}_{R_3}}{R_3} = \frac{220\angle 120^{\circ}}{20} = 11\angle 120^{\circ}(A)$$

由于负载的不对称,中线上的电流不为零,并且应该等于各相的复电流之和,所以应该为:

$$
\begin{aligned}
\dot{I}_{N} &= \dot{I}_{A} + \dot{I}_{B} + \dot{I}_{C} = 44\angle 0^{\circ} + 22\angle -120^{\circ} + 11\angle 120^{\circ}\\
&= 44\cos 0^{\circ} + j44\sin 0^{\circ} + 22\cos(-180^{\circ} + 60^{\circ}) + j22\sin(-180^{\circ} + 30^{\circ})\\
&\quad + 11\cos(180^{\circ} - 60^{\circ}) + j11\sin(180^{\circ} - 60^{\circ})\\
&= 44(-11 - j18.9) + (-5.5 + j9.45)\\
&= 27.5 - j9.45\\
&= 29.1\angle -19^{\circ}(A)
\end{aligned}
$$

可以看出,中线电流大于其中的相电流。所以当负载不对称时,绝对不能断开中线,这就是工程上不得不使用三相四线制的原因之一。

例 5.4 电路如图 5.12 所示。如果 A 相负载短路,中线正常时,各相负载上的电压如何?

尽管其中一相短路,但只要中线存在,则该相损坏或保护断开时,对其他相没有影响,相电压仍为 220V。

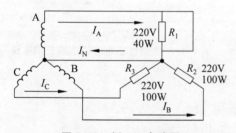

图 5.12 例 5.4 电路图

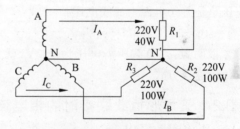

图 5.13 例 5.5 电路图

例 5.5 在例 5.4 中,如果 A 相短路,而中线也开路,分析电路会出现什么状况,电路如图 5.13 所示。

当 A 相负载短路,而中线同时开路时,中点 N′ 变成线电压点,此时 B 和 C 两相的电压立即变成线电压 380V,特别是如果 A 相没有保护断开时,一旦中点变成了 380V,对其他两相负载来说将超出负载额定电压值而发生事故。

例 5.6 在例 5.4 的电路中,如果 A 相开路,但中线完好,分析负载上的电压。电路如图 5.14 所示。

当 A 相开路时,只要保留中线,对另外两相没有影响,它们的相电压仍是 220V。

例 5.7 在例 5.4 的电路中,如果 A 相开路,同时中线也开路,分析负载上的电压关系,电路如图 5.15 所示。

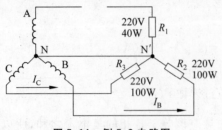

图 5.14　例 5.6 电路图

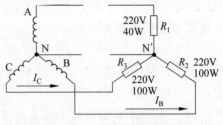

图 5.15　例 5.7 电路图

当 A 相开路,中线也开路时,相当于 B、C 两相串联起来工作在 380V 的电压之间,各负载上的电压大小由负载阻值的大小对线电压的分压。可能局部电压会超过额定值,而另一部分电压会低于额定值。

5.3　负载三角形联接的三相电路

5.3.1　线电压与相电压

电路如图 5.16 所示,每相负载的头与另一相的尾相连接,这种连接方式称为负载的三角形联接。

从电路的连接方式可知:无论负载是否对称,都是直接接在三相电源上,所以负载上的相电压总是等于电源上的线电压:

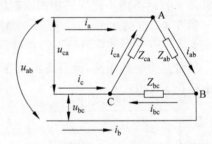

图 5.16　负载为三角形联接的三相电路

$$U_{\mathrm{L}} = U_{\mathrm{P}} \qquad (5.15)$$

很明显,当负载所需电压为 380V,就只能按三角形连接方式。

5.3.2　三角形负载联接时的相电流与线电流

现在分析每相负载的电流与电源线电流的关系,根据欧姆定律的复数形式,每相的矢量电流应该等于每相上的复电压除以该相的复阻抗,所以复电流为:

$$\dot{I}_{\mathrm{ab}} = \frac{\dot{U}_{\mathrm{ab}}}{Z_{\mathrm{ab}}}$$

$$\dot{I}_{\mathrm{bc}} = \frac{\dot{U}_{\mathrm{bc}}}{Z_{\mathrm{bc}}} \qquad (5.16)$$

$$\dot{I}_{\mathrm{ca}} = \frac{\dot{U}_{\mathrm{ca}}}{Z_{\mathrm{ca}}}$$

根据 KCL,在各节点 A、B、C 上,各线电流显然是各相电流之差:
在 A 点处的电流关系为:

$$I_{\mathrm{A}} = I_{\mathrm{ab}} - I_{\mathrm{ca}}$$

在 B 点处的电流关系为：

$$I_\mathrm{B} = I_\mathrm{bc} - I_\mathrm{ab}$$

在 C 点处的电流关系为：

$$I_\mathrm{C} = I_\mathrm{ca} - I_\mathrm{bc}$$

为了更清楚地描述线电流与相电流的关系，先借用矢量工具分析各矢量电流的关系，仍设 A 相的电压相位为 0，对任何节点而言，线电流与相电流之间组成闭合的三角形，绘制的矢量电流关系如图 5.17 所示。

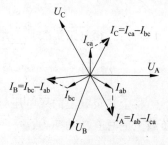

图 5.17　线电流与相电流的矢量关系

通过矢量图形分析可知，按三角形负载连接时，线电流要大于相电流。按照平行四边形相加的原则，线电流应该等于 $\sqrt{3}$ 倍的相电流。

$$I_\mathrm{L} = \sqrt{3} \times I_\mathrm{P} \tag{5.17}$$

讨论

（1）在实际工作中，负载究竟是用三角形连接好，还是星形连接好？

（2）两种连接方式对负载的电压和电流有什么区别？

5.3.3　相位关系

这里讲的相位是指负载上电压和电流的相位差，当负载对称时，它们的相位相等。

$$\varphi = \varphi_\mathrm{ab} = \varphi_\mathrm{bc} = \varphi_\mathrm{ca} = \mathrm{arctg}\,\frac{X}{R} \tag{5.18}$$

如果负载不对称，则它们的相位应分别计算：

$$\left.\begin{aligned}
\varphi_\mathrm{ab} &= \mathrm{arctg}\,\frac{X_\mathrm{ab}}{R_\mathrm{ab}} \\
\varphi_\mathrm{bc} &= \mathrm{arctg}\,\frac{X_\mathrm{bc}}{R_\mathrm{bc}} \\
\varphi_\mathrm{ca} &= \mathrm{arctg}\,\frac{X_\mathrm{ca}}{R_\mathrm{ca}}
\end{aligned}\right\} \tag{5.19}$$

实训讨论

（1）如果有两台电机的 3 个线圈电压分别是 380V 和 220V，试问它们的 3 个绕组该怎样连接？画出联接电路图。

（2）在人们的日常用电中，哪些情况是不对称负载？

5.4　三相电路中的功率

本节主要介绍三相电路中负载的有功功率、无功功率和视在功率，以及功率三角形的组成。无论三相电路对称与否，电路中的总有功功率总是等于各相电路的有功功率之和，当电路处于对称时，每相负载功率相等，所以只取一相计算后再乘以 3 倍即可。每相负载的功率为：

$$P_{单相} = U_P I_P \cos\varphi$$

$$P_{总} = 3U_P I_P \cos\varphi \tag{5.20}$$

当三相电路的负载是 Y 形联接时:

$$U_L = \sqrt{3}U_P$$

$$I_L = I_P$$

而当三相电路负载是三角形联接时:

$$U_L = U_P$$

$$I_L = \sqrt{3}I_P$$

将上述负载上的线电压与相电压、线电流与相电流的关系代入式(5.20)后,得到三相负载上的总有功功率为:

$$P_{总} = \sqrt{3}U_L I_L \cos\varphi \tag{5.21}$$

根据第 4 章所介绍的相关知识,显然,三相电路负载上总的无功功率为:

$$Q_{总} = \sqrt{3}U_L I_L \sin\varphi = 3U_P I_P \tag{5.22}$$

而三相负载的总视在功率应该等于负载上的电压与负载中的电流之积:

$$S = 3U_P I_P \tag{5.23}$$

这里要特别强调的是,当负载不对称时,只能每相单独计算。下面通过几个具体的例题来对本节的知识加深理解。

例 5.8 某船用发电机,已知额定功率为 200kW,额定线电压 400V,功率因数 $\cos\varphi = 0.8$,求额定线电流、额定视在功率和无功功率。

本例知识目标:对称电路功率计算。

解:由于是发电机,故按三相电源计算,所以线电流为:

$$I_L = \frac{P}{\sqrt{3}U_L \cos\varphi} = \frac{200 \times 10^3}{\sqrt{3} \times 400 \times 0.8} = 362(\text{A})$$

额定视在功率为:

$$S = \sqrt{3}U_L I_L = \sqrt{3} \times 400 \times 362 = 250(\text{kVA})$$

无功功率为:

$$Q = \sqrt{3}U_L I_L \sin\varphi = \sqrt{3} \times 400 \times 362 \times 0.6 = 150(\text{kvar})$$

例 5.9 三相电机每相的电阻 $R = 29\Omega$,$X_L = 21.8\Omega$,绕组为 Y 形接法,电源线电压为 380V,求电机的相电流、线电流及输入电机的功率。

解:根据供电电压为 380V,又是对称负载,绕组是 Y 形连接方式,很容易知道相电压为 220V,所以每相阻抗的模为:

$$Z = \sqrt{R^2 + X^2}$$

在 Y 形联接时,线电流等于相电流,所以电流的有效值为:

$$I_L = I_P = \frac{U_P}{Z} = \frac{220}{\sqrt{29^2 + 21.8^2}} = 6.1(\text{A})$$

负载的复角为:

$$\varphi = \operatorname{arctg} \frac{X}{R} = \operatorname{arctg} \frac{21.8}{29}$$

所以

$$\cos\varphi = 0.8$$

故三相电机的功率为：

$$P = \sqrt{3}\,U_L I_L \cos\varphi = \sqrt{3} \times 380 \times 6.1 \times 0.8 = 3.2(\mathrm{kW})$$

5.5 三相功率的测量

5.5.1 三相四线制电路有功功率的测量

对于三相四线制的对称电路，一般可用 3 只单相功率表测量，这种方法叫三表法，接线方式如图 5.18 所示。

三表法测量有功功率是将 3 只功率表的数值相加即得到电路的总功率：

$$P = P_A + P_B + P_C \tag{5.24}$$

如果负载对称，还可用单表法测量，单表测量时，可人为外加中点，接线如图 5.19 所示，图中 3 个电阻相等。

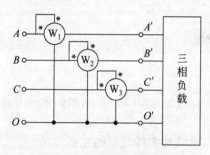

图 5.18　三表法测量功率

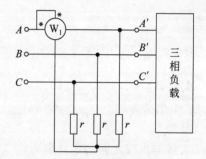

图 5.19　单表法测量接线图

单表法测量时，电路的总有功功率为：

$$P = 3P_A \tag{5.25}$$

5.5.2 三相三线制电路的测量

三相三线制电路的测量多数使用二表法测量，接线如图 5.20 所示。

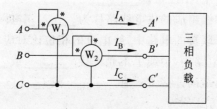

图 5.20　二表法测量三相三线制

这种方法中,电路的功率由两只表的计数反映,即:

$$P_1 + P_2 = \sqrt{3} U_L I_L \cos\varphi \tag{5.26}$$

式中,φ 是相电压与线电流的相位差。

5.6 本章小结

(1) 对称 Y 形联接的三相电路中,$U_L = \sqrt{3} U_P$,相位超前于对应的相电压 30°。

(2) 对称 Y 形联接的三相电路中,$I_L = I_P$。

(3) 在对称的三角形联接的三相电路中,$U_L = U_P$。

(4) 在对称的三角形联接的三相电路中,$I_L = \sqrt{3} I_P$,相位滞后于对应的相电流 30°。

(5) 三相电路中的功率分别为:

$$P = \sqrt{P} U_L I_L \cos\varphi$$

$$Q = \sqrt{3} U_L I_L \sin\varphi$$

$$S = \sqrt{3} U_L I_L$$

$$\cos\varphi = \frac{p}{\sqrt{3} U_L I_L}$$

习　题

一、填空题

1.1　3 个电动势的_____相等,_____相同,_____互差 120°,就称为对称三相电动势。

1.2　火线与火线之间的电压称为_____电压,火线与中线之间的电压称为_____电压。电源 Y 接时,数量上 $U_L = $_____$U_P$;若电源作 △ 接,则数量上 $U_L = $_____$U_P$。

1.3　三相电压到达振幅值(或零值)的先后次序称为_____。

1.4　三相四线制负载作星形联接的供电电路中,线电流是相电流的_____倍。

1.5　三相对称正弦电压的瞬时值或相量之和为_____。

1.6　三相对称负载作三角形联接的电路中,线电压是相电压的_____倍。

1.7　在三相对称负载电路中,中线可以_____。

1.8　由三根相线和一根中线组成的供电线路称为_____电网。

1.9　三相对称负载三角形联接的电路中,线电流的相位比对应相电流的相位_____。

1.10　在三相四线制供电电路中,中线上不允许接_____或_____。

1.11　三相交流电路中,负载的连接方式有_____或_____两种。

1.12　有中线的三相供电方式称为_____。

1.13　无中线的三相供电方式称为_____。

1.14　中线的作用就是在于使星形联接的不对称负载的_____对称。

1.15　我国在三相四线制的照明电路中,相电压是_____。

1.16　当三相对称负载的额定电压等于三相电源的线电压时,则应将负载接成_____。

1.17　当三相对称负载的额定电压等于三相电源的相电压时,则应将负载接成_____联接。

1.18　对称三相电路中,三相总有功功率 $P=$_____,三相总无功功率 $Q=$_____,三相总视在功率 $S=$_____。

1.19　三相对称电路,负载作星形联接,若电源相电压为 $u_A=220\sin(\omega t-60°)$ V,则电源线电压 $u_{AB}=$_____。

1.20　对称三相负载为星形联接,当线电压为_____V 时,相电压等于_____V;线电压为 380V 时,相电压等于_____V。

二、选择题

2.1　在三相交流电路中,下列结论中错误的是(　　)。

A. 当负载作三角形联接时,线电流为相电流的 $\sqrt{3}$ 倍

B. 当三相负载越接近对称时,中线电流就越小

C. 当负载作 Y 联接时,线电流必等于相电流

2.2　已知对称三相电源的相电压 $u_A=10\sin(\omega t+60°)$ V,相序为 $A-B-C$,则当电源星形联接时线电压 u_{AB} 为(　　)V。

A. $17.32\sin(\omega t+90°)$　　　　B. $10\sin(\omega t+90°)$

C. $17.32\sin(\omega t-30°)$　　　　D. $17.32\sin(\omega t+150°)$

2.3　若要求三相负载中各相电压均为电源相电压,则负载应接成(　　)。

A. 星形有中线　　　　B. 星形无中线　　　　C. 三角形联接

2.4　若要求三相负载中各相电压均为电源线电压,则负载应接成(　　)。

A. 星形有中线　　　　B. 星形无中线　　　　C. 三角形联接

2.5　对称三相交流电路,三相负载为三角形连接,当电源线电压不变时,三相负载换为 Y 连接,三相负载的相电流应(　　)。

A. 减小　　　　　　　B. 增大　　　　　　　C. 不变

2.6　已知三相电源线电压 $U_L=380$V,三相对称负载 $Z=(6+j8)\Omega$ 作三角形联接。则线电流 $I_L=$(　　)A。

A. 38　　　　　　　B. $22\sqrt{3}$　　　　　　C. $38\sqrt{3}$　　　D. 22

2.7　在正序三相交流电路中,接有三相对称负载,设 A 相电流为 $i_a=I_m\sin\omega t$(A),则 i_b 为(　　)A。

A. $i_b=I_m\sin(\omega t-120°)$　　　　B. $i_b=I_m\sin\omega t$

C. $i_b=I_m\sin(\omega t-240°)$　　　　D. $i_b=I_m\sin(\omega t+120°)$

2.8　三相电源相电压之间的相位差是 120°,线电压之间的相位差是(　　)。

A. 90°　　　　　　　B. 120°　　　　　　C. 60°　　　　D. 180°

2.9　三相负载对称星形连接时(　　)。

A. $I_L=I_P$　$U_L=\sqrt{3}U_P$　　　　B. $I_L=\sqrt{3}I_P$　$U_L=U_P$

C. 不一定　　　　　　D. 都不正确

2.10 三相四线制电源能输出( )种电压。

A. 2   B. 1   C. 3   D. 4

三、计算题

3.1 已知对称三相电源的相电压是 6000V,求线电压。如果以 A 相为参考相,写出各相电压和线电压的瞬时值表达式,并绘制矢量图。

3.2 当不对称的负载作 Y 形联接,各相电压为 $\dot{U}_{ao}=220(\text{V})$,$\dot{U}_{bo}=220\angle-120°(\text{V})$,$\dot{U}_{co}=240\angle120°(\text{V})$,求各线电压的值。

3.3 已知三角形联接的对称负载,每相阻抗为 $Z=10\angle30°\Omega$,接于线电压为 380V 的对称电源上,求负载的线电流和相电流,并绘制电流矢量图。

3.4 有两台电动机并接于线电压为 380V 的电源上,如图 5.21 所示。一台为 Y 形联接,每相阻抗为 $Z_Y=30+j17.3(\Omega)$;另一台为三角形联接,每相阻抗为 $Z_\Delta=16.6+j14.5(\Omega)$。求干路的线电流。

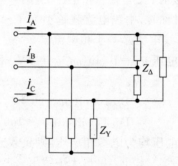

图 5.21 3.4 题电路图

3.5 用如图 5.22 所示的二表法测量三相电路的功率,各负载相同,线电压为 380V,线电流为 5.5A,各相功率因数角为 79°,求功率表的计数和总有功功率。

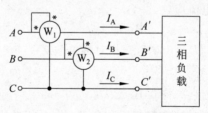

图 5.22 3.5 题电路图

第6章

磁路及变压器

磁路是由磁通组成的通路,这种电路中,电能的传递不是由电路完成,而是由磁产生的互感完成,所以磁路实质是一种互感电路。

本章重点

各种电-磁元件的工作原理;掌握单相小功率电源变压器的设计过程和制造工艺。

本章重要概念

磁路的欧姆定律。

本章学习思路

用电磁感应原理分析磁路。

本章的创新拓展点

电磁感应理论在开关变压器设计中的应用。

6

6.1 磁场的基本物理量及磁路的基本分析方法

磁路是指由磁通组成的回路,磁路相当于电路中的电路,所以磁通则相当于电路中的电流。电路必须要闭合才能产生电流,而在磁路中,同样要由导磁材料组成闭合磁路,才能产生磁通。

6.1.1 磁场的基本物理量

1. 磁感应强度 B

磁感应强度 B 是用来描述磁场内某点的磁场强弱和磁场方向的物理量,$\overline{B}=u\overline{H}$,磁感应强度是一个矢量,它不但是有大小,同时也是有方向的物理量。

2. 磁通 φ

垂直穿过某 面积(S)的磁感应线的总根数叫磁通,类似于电路中的电流。在电路中,导线的横截面积越大,允许通过的电流强度就越大;在磁路中,导磁材料的面积越大,可以产生的磁通就越大。其数学关系为:

$$\phi = BS \quad 或 \quad B = \phi/S$$

根据电磁感应定律,导体在磁场中产生的感生电动势为:

$$e = -N\frac{\mathrm{d}\phi}{\mathrm{d}t} \tag{6.1}$$

式中,e 是磁路线圈的感生电势,N 是磁路线圈的匝数,显然,式(6.1)提示了一个非常重要的理论应用原理,即当人们在工程应用中,将变压器的线圈看成一个电感线圈时,线圈的感生电压 e 总是近似地等于线圈两端所加的电压,这样就可以近似地认为,e 是一个用户指标,它的大小是一个定值,只要 $\frac{\mathrm{d}\phi}{\mathrm{d}t}$ 足够快,线圈的匝数就可以降低很多,而 $\frac{\mathrm{d}\phi}{\mathrm{d}t}$ 实质是磁路线圈两端所加电压的频率,这样,只要将电源的频率设计得足够高,组成磁路线圈的匝数只需很少就可以满足输出电压的要求,从而大大降低电源的重量和体积,这就是各种现代电子设备普遍采用开关电源的核心所在。

3. 磁场强度 H

磁场强度 H 类似于电场中的电场强度,是反映磁场中各点磁力大小和方向的物理量。它使用的单位是安/米(A/m),它也是具有大小和方向的物理量。

4. 磁导率 u

磁导率(或导磁系数)u 是反映材料导磁性能的物理量,与磁场强度和磁感应强度有关,$u=\dfrac{\overline{B}}{H}$。工程上,总是希望所用材料的导磁率高一些。磁导率的单位是亨/米(H/m)。

6.1.2 磁性材料的性能与磁化曲线

硅钢、镍、钴及合金的导磁率都很高,通常称为铁磁材料,它们具有以下磁性能。

1. 高导磁率

这些材料的导磁率 $u \gg 1$，通常在几百、几千乃至数万以上，使得在具有铁芯的线圈中，只要输入不大的励磁电流，就可以得到足够大的磁通和磁感应强度。使用的材料的导磁率越高，在相同容量的设备条件下，就可以使得体积和重量越小，如各种电子设备中的开关电源使用的铁磁材料都具有很高的磁导率。

2. 磁饱和性

铁磁材料的磁性特点一般用磁化曲线 $B\text{-}H$ 来表示，用 X 轴表示它的磁场强度 H，用 Y 轴表示它的磁感应强度 B 和导磁率 u，如图 6.1(a) 所示。

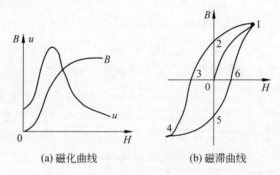

(a) 磁化曲线　　　(b) 磁滞曲线

图 6.1　B、H、u 的关系及磁滞曲线

磁化曲线的实验测定过程是：开始时，将磁性材料去磁，让其 $B=0$，$H=0$，将铁材料放入磁场强度为 H 的磁场内，这个磁场称为外加磁场，当外加磁场由小增大时，铁磁材料中的磁感应强度随磁场的增大而很快增大，表现出较高的导磁率和很小的磁阻。当外加磁场增大到一定程度时，铁磁材料的磁感应强度的增长率反而减小，这种现象称为磁饱和。

3. 磁滞性

当磁场增大使铁磁材料达到饱和后，如果重新减小外加磁场，此时材料的磁感应强度也随之减小，但因磁畴的翻转是不可逆的，所以 B 值并不按原始的上升路径下降，而是沿高于原来曲线的路径下降，如图 6.1(b) 中 1、2、3、4 点；当再次增大外加磁场时，曲线路径按 4、5、6、1 变化，这种现象称为磁滞现象。它说明磁感应强度的变化总是落后于磁场的变化。

通过 B、H、u 特性和磁滞曲线的分析可以知道，在铁磁材料的使用中要防止铁磁材料处于磁饱和状态。

思考与讨论

(1) 铁磁材料的磁饱和会产生怎样的后果？

(2) 磁饱和后，如果是变压器会产生怎样的现象？如果是电动机又会产生怎样的后果？

6.1.3 磁路的分析方法

磁路分析的理论依据是磁路的欧姆定律。现设有一段由铁磁材料组成的闭合磁路，在磁路上有线圈 N 匝，如图 6.2 所示。

在图 6.2 所示的磁路中，根据安培环路定律，磁场强度矢量沿任何闭合路径的面积分等于该路径所包围的全部电流的代数和：

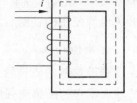

$$\oint H \mathrm{d}l = \sum_{k=1}^{n} I_k$$

图 6.2　铁芯线圈磁路

或

$$HL = NI \tag{6.2}$$

式中 N 是线圈匝数，L 是磁路的平均长度。当磁路上的线圈通电后，就要在磁路产生磁通势 F，大小为：

$$F = NI \tag{6.3}$$

现在将磁感应强度 B 和磁场强度 H 的关系引入式(6.3)，并进行必要的数学代换，就可到磁通的关系，这个关系被称为磁路的欧姆定律。

$$\phi = \frac{NI}{\dfrac{L}{uS}} = \frac{F}{R_{\mathrm{m}}} \tag{6.4}$$

式中 R_{m} 为磁路中的磁阻，F 为磁通势，S 为磁路的截面积。由式(6.4)可知，当导磁材料不同，磁通势的大小也不同。这里需要特别注意的是，通常磁路是由不同材料或不同长度和截面积的几段组成的，相当于整个磁路中的磁阻是由几段不等的磁阻串联而成的，计算时要分别考虑。

6.2　交流铁芯线圈电路

6.2.1　电磁关系

讨论的交流铁芯线圈电路如图 6.3 所示。

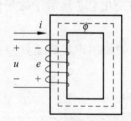

图 6.3　交流铁芯线圈电路

在铁芯线圈上输入交流电流后，就要在磁路上产生磁通势，然后由磁通势产生磁通（类似于有电势才会产生电流一样）。这个磁通分为两部分，一部分叫主磁通 ϕ，又称工作磁通，它向次级感应输出的电压就是由主磁通产生的。另一部分称为漏磁通 ϕ_{δ}，这是铁磁材料的工艺所决定的有害指标（类似于电路中的分流作用效果）。所以，工程上总是希望漏磁通越小越好。现在由于整个工艺水平的提高，漏磁通都非常小，所以一般都不考虑漏磁通的影响，将上面的线圈电路的工作过程用文字说明是：当在线圈中加入交流电流 i 后，就要在铁磁材料内产生磁通 ϕ；反过来由于有磁通穿越线圈,又在线圈上产生感生电势 e,这就是简单的电生磁、磁生电的电磁关系。

将上述电磁、磁电过程用流程方式表示则为:

6.2.2 电压电流关系

重画的铁芯线圈及等效电路如图 6.4 所示。

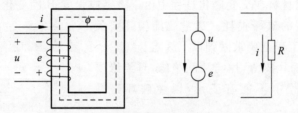

图 6.4 铁芯线圈与等效电路

在不考虑漏磁的情况下,根据 KVL,线圈中的电压关系应该满足:

$$u + e = Ri \tag{6.5}$$

式中,R 是线圈电阻,当所加的电压为正弦交变电压 $u = E_m \sin\omega t$(V)时,在磁路上将产生正弦交变的主磁通为:

$$\phi = \phi_m \sin\omega t \tag{6.6}$$

此时在线圈上产生的感生电动势为:

$$
\begin{aligned}
e &= -N\frac{\mathrm{d}\phi}{\mathrm{d}t} = -N\frac{\mathrm{d}(\phi_m \sin\omega t)}{\mathrm{d}t} = -N\omega\phi_m \cos\omega t \\
&= 2\pi f N\phi_m \sin(\omega t - 90°) \\
&= E_m \sin(\omega t - 90°)(\mathrm{V})
\end{aligned} \tag{6.7}
$$

式中,E_m 为感生电动势的振幅值,感生电动势的有效值等于最大值除以 $\sqrt{2}$,所以有:

$$E = \frac{E_m}{\sqrt{2}} = \frac{2\pi f N\phi_m}{\sqrt{2}} = 4.44 f N\phi_m \tag{6.8}$$

通常情况下,由于线圈电阻 R 和漏磁都很小,在忽略的情况下:

$$U \approx E = 4.44 f N\phi_m = 4.44 f N B_m S(\mathrm{V}) \tag{6.9}$$

式中,B_m 是铁芯中磁感应强度的最大值,单位为牛顿·秒/库,称为特斯拉(T),在工程上常用高斯(Gs)作单位,$1\mathrm{T} = 10^4\mathrm{Gs}$;$S$ 是铁芯磁路的横截面积,单位是平方厘米 cm^2;f 为所加电源的频率,当电源电压的频率为 50Hz 时,式(6.9)变为:

$$U \approx E = 4.44 f N\phi_m = 4.44 f N B_m S \times 10^{-8}(\mathrm{V}) \tag{6.10}$$

式(6.10)同样折射出工程应用上的一个设计理念,即当要求的电压和材料的 B_m 一定时,如果将频率提高,线圈的匝数 N 和材料的面积就可以减小,不仅降低了设备的体积和重量,同时也使得整个系统得以优化。这是电力系统中变频技术被广泛应用的重要原因之一,也是核心理论之一。

讨论 为什么现在所有的电子设备都使用了先进的开关电源？它所依据的核心理论是什么？

实训 解剖手机的废充电器或计算机主机的开关电源,观察内部的线圈匝数,然后再解释其降压原理。

6.2.3 功率损耗

铁磁线圈的功率损耗主要为两方面,一种是涡流损耗,这是铁磁材料的制造工艺所引起的;另一种是铁磁材料在交变磁化过程中由于磁感应强度 B 的变化总是滞后于磁场强度 H 的变化所产生的磁滞损耗。通常磁滞损耗要大于涡流损耗。因此工程上要求做到以下3点。

(1) 铁芯的硅钢片要薄,片与片间绝缘,且绝缘层非常薄,在冲压过程中不能有变形,以免破坏磁性曲线。

(2) 铁芯组成闭合磁路的间隙要小。E形铁芯的组装示意如图6.5所示。

(3) 线圈的绕制不能缠绕,匝间和层间不能有在通电情况下的点弧现象,匝与匝间为紧排绕制。

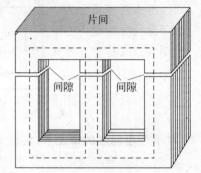

图6.5 E铁芯叠片示意图

6.3 变压器

6.3.1 变压器的工作原理

1. 变压器的组成

变压器由铁芯、初级线圈和次级线圈组成。铁芯的作用是组成闭合的磁路,根据其组成磁路形状的不同,铁芯分C形、U形、O形和E形。

一个变压器一般情况下有一个初级线圈和至少一个以上的次级线圈,线圈的作用就是进行电能的传送。线圈与变压器的剖视图如图6.6所示。

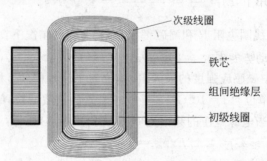

图6.6 变压器剖视图

变压器的电路原理及电路符号如图6.7所示。

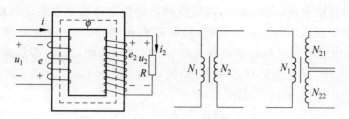

图6.7　变压器的电路原理和电路符号

2. 变压器的分类

变压器按功率可分为小功率变压器和大功率变压器两种。

按用途可分为电力变压器、音频变压器、高频变压器、开关变压器和阻抗变压器。

按耦合方式分为互感式变压器和自耦式变压器两种。

3. 变压器的工作原理

变压器空载时工作原理的讨论图如图6.8所示。

当在初级绕组中加入正弦交流电压 u 后，在铁芯中就要产生正弦交变磁通 ϕ，用磁通势来描述它的大小为 IN_1，这个磁通的绝大部分通过铁芯闭合，从而在次级绕组中感应出电动势 e_2，如果这时次级绕组接有负载，则次级绕组中将出现电流 i_2，次级绕组中也产生磁动势 IN_2 和磁通，其磁通的大部分也通过铁芯，这样，在铁芯磁路内就有初、次级线圈产生的磁通，这两个磁通合成为主磁通，用 ϕ 表示。

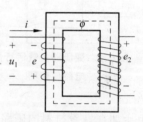

图6.8　变压器空载工作原理图

$$\phi = \phi_m \sin\omega t \tag{6.11}$$

可见主磁通也是按正弦规律变化的。下面来分析线圈在正弦电压作用下变压器初、次级线圈上的电压和电流关系，从分析中得出变压器的电压变换、电流变换及阻抗变换关系。

4. 空载运行和电压变换

在外加正弦电压作用下，初级线圈上产生的感生电动势为：

$$e_1 = -N_1\frac{\mathrm{d}\phi}{\mathrm{d}t} = \omega\phi_m N_1\cos\omega t = 2\pi f N_1\phi_m\sin(\omega t + 90°) \tag{6.12}$$

初级线圈上感生电动势的有效值为：

$$E_1 = \frac{2\pi f N_1\phi_m}{\mathrm{d}t} = 4.44 f N_1\phi_m \tag{6.13}$$

同理，由主磁通 ϕ 在次级线圈上所产生感生电动势的有效值为：

$$E_2 = \frac{2\pi f N_2\phi_m}{\mathrm{d}t} = 4.44 f N_2\phi_m \tag{6.14}$$

式(6.13)和式(6.14)之比就是初、次级的感生电动势有效值之比。

$$\frac{E_1}{E_2} = \frac{4.44 f N_1\phi_m}{4.44 f N_2\phi_m} = \frac{N_1}{N_2} = n \tag{6.15}$$

由式(6.15)可以看出,变压器初、次级线圈的感生电动的有效值之比就是初、次级线圈匝数之比。由于变压器在空载运行时,其漏磁通 ϕ_s 很小(工艺决定),初级线圈的空载电流 i_0 也很小(由匝数和材料的导磁率决定),因此可以忽略,这样,根据基尔霍夫电压定律,沿回路绕行一周,其电压的代数和为零,所以有:$U_1=E_1$,$U_2=E_2$,因此式(6.15)改写为:

$$\frac{U_1}{U_2}=\frac{N_1}{N_2}=n \tag{6.16}$$

式中 n 称为变压器的变压比。

结论 变压器初、次级电压之比等于初、次级绕组的匝数之比。当 $n>1$ 时为降压变压器,当 $n<1$ 时为升压变压器,当 $n=1$ 时为隔离变压器。

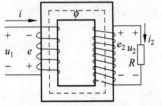

图6.9 变压器负载运行的电路原理图

5. 变压器的负载运行和电流变换

变压器负载运行的电路原理图如图6.9所示。下面根据该图来分析变压器的次级线圈接上负载后的运行情况。

变压器的次级线圈接上负载后,在初级线圈上所加的电压 u、电压的频率 f 以及线圈匝数 N 并没有发生变化,因此,磁路中的主磁通也没有发生变化,主磁通是由电源电压加在铁磁材料的磁路上所产生的,它的理论依据是:

$$U=4.44fN\phi_m \tag{6.17}$$

由于主磁通 ϕ 不变,所以整个磁通势关系仍然没有发生改变,平衡关系为:

$$I_{10}N_1=I_1N_1+I_2N_2 \tag{6.18}$$

因为变压器的空载电流 I_{10} 很小,特别是在变压器接近满负载工作时,认为 $I_{10}N_1\approx0$,所以有 $I_{10}N_1=I_1N_1$,这样,式(6.18)可改写为:

$$I_1N_1=-I_2N_2 \tag{6.19}$$

负号表明电流是反相的,将式(6.19)移相后得到电流的变流关系:

$$\frac{I_1}{I_2}=\frac{N_2}{N_1}=\frac{1}{n} \tag{6.20}$$

式(6.20)说明,变压器初、次级线圈的电流之比与它们的匝数成反比,匝数越多的一边电流越小,匝数越少的一边电流越大,这就是变压器的电流变换作用。

观察与讨论 为什么工业电焊机的初级线圈匝数多,线径细,而次级线圈匝数少,线径粗?

例6.1 原理如图6.10所示,初级线圈的电压是220V,N_1 为760匝,次级空载电压有127V和36V,求 N_2 和 N_3 的匝数。

本例知识目标:理解变压器的变比。

解:因为

$$\frac{U_1}{U_2}=\frac{N_1}{N_2}=n$$

所以有:

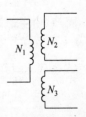

图6.10 例6.1电路图

$$N_2 = \frac{N_2}{N_1}U_1 = \frac{127}{380} \times 760 = 254（匝）$$

同理有：

$$N_2 = \frac{N_3}{N_1}U_1 = \frac{36}{380} \times 760 = 72（匝）$$

例 6.2 某变压器初级线圈匝数为 160 匝，次级线圈匝数为 20 匝，初级线圈的电压为 220V。求空载时次级线圈上的电压以及负载为 5Ω 时初、次级线圈中的电流。

本例知识目标： 变比公式的意义。

解：（1）空载时，根据

$$\frac{U_1}{U_2} = \frac{N_1}{N_2} = n$$

所以有：

$$U_2 = \frac{N_2}{N_1}U_1 = \frac{20}{160} \times 220 = 27.5（V）$$

（2）当负载为 5Ω 时：

$$I_2 = \frac{U_2}{R} = \frac{27.5}{5} = 5.5（A）$$

（3）根据：

$$\frac{I_1}{I_2} = \frac{N_2}{N_1} = \frac{1}{n}$$

$$I_1 = \frac{N_2}{N_1}I_2 = \frac{20}{160} \times 5.5 = 0.69（A）$$

6. 变压器的阻抗变换

在工程上，除了将发电机所发的电送往变电站进行电压的大幅升压，然后从变电站到用户进行降压外，有时使输入与输出之间匹配，还使用变压器来进行阻抗的变换。如有线广播将高阻变换为低阻就是应用了这一原理。分析讨论的电路原理图如图 6.11 所示。

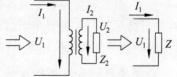

图 6.11　阻抗变换原理图

图中，在变压器的初级线圈加上交变电压，次级线圈接上负载后，反映在初级线圈上应该有一个等效阻抗 Z'，根据欧姆定律，等效阻抗的大小可以用式（6.21）表述：

$$Z' = \frac{U_1}{I_1} \tag{6.21}$$

又根据变压器的电压变换和电流变换功能。在式（6.21）中，可以用电压和电流的表达式来代入，因为电压为：$U_1 = \frac{N_1}{N_2}U_2$，而电流为：$I_1 = \frac{N_2}{N_1}I_2$，所以经过代换，式（6.21）可改写为：

$$Z' = \frac{U_1}{I_1} = \frac{\frac{N_1}{N_2}U_2}{\frac{N_2}{N_1}I_2} = \left(\frac{N_1}{N_2}\right)^2 \frac{U_2}{I_2} = n^2 Z_2 \tag{6.22}$$

这样,就把一个小的阻抗通过变压器的变换作用匹配成了一个大的阻抗。

讨论题

(1) 某校扩大机的输出阻抗为 250Ω、16Ω、8Ω 三个输出端子,而喇叭阻抗为 8Ω,传送线长分别为 $20\mathrm{m}$ 和 $500\mathrm{m}$,如何连接,扩大机才能达到最佳匹配?

(2) 家用音响(功放)的输出阻抗与音箱应该如何连接?

例 6.3 电路如图 6.12 所示,$E=120\mathrm{V}$,$R_0=800\Omega$,$R_L=8\Omega$,当要求折算为 $R_L=R_0$ 时,求变比 n 和信号源的输出功率 P。如果将负载直接与信号源相接,再求信号源的输出功率 P。

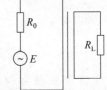

本例知识目标:理解阻抗匹配与最大输出功率的意义。

解:(1) 当通过阻抗变压器连接时,根据折合等效阻抗为 $Z=n^2 R_L$ 的关系,所以阻抗变压器的变比应该为:

$$n = \sqrt{\frac{800}{8}} = 10$$

图 6.12 例 6.3 阻抗变换示意图

而信号输出的功率为:

$$P = I^2 R_L' = \left(\frac{E}{R_0 + R_L'}\right) R_L'$$
$$= \left(\frac{120}{800 + 800}\right)^2 \times 800 = 4.5(\mathrm{W})$$

(2) 当负载直接连接时,信号源输出的功率为:

$$P = I^2 R_L = \left(\frac{120}{800 + 8}\right)^2 \times 8 = 0.176(\mathrm{W})$$

显然,负载直接与信号源连接时,输出功率仅仅是通过阻抗变压器连接时的 1/30 左右,这里揭示的一个重要知识点是:在各种电子线路的功率放大器中,总是希望设备的输出阻抗尽量与负载阻抗相等,这是获得最大功率输出的条件之一。

7. 变压器的主要指标及技术要求

(1) 初级电压

(2) 次级电压

(3) 初、次级的电流

(4) 变压器的额定容量

(5) 变压器的工作频率

(6) 绝缘等级

(7) 冷却方式

(8) 周边要求

6.3.2　特殊变压器

1. 自耦变压器

自耦变压器也称调压器,按工作电压分为单相调压器和三相调压器,外形如图 6.13 所示。自耦调压器初级和次级共用一个绕组,即初级绕组是次级绕组的一部分,采用抽头接入方式工作。单相调压器的零线作为初级和次级绕组的公用零线,三相调压器是中线作为公用线。三相调压器的原理与单相调压器相同,采用同轴调整三相电压的输出,电原理图如图 6.14 所示。

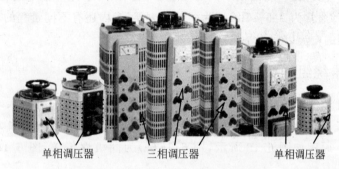

单相调压器　　　三相调压器　　　单相调压器

图 6.13　三相与单相调压器外形图

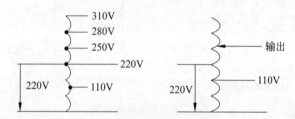

图 6.14　调压器原理图

思考与讨论　某电器产品标称可以在 300V 和 100V 的电压下正常工作,你准备怎样对该产品的这项指标进行测试?

2. 电流互感器(钳流表)

下面先来进行一次回顾与讨论。之前在进行交流电流的测量时,都是将电流表串入电路。而当电路处于工作时,在不切断电路的情况下,怎样完成测量呢?

电流互感器就是利用了变压器的原理制作的一种简单的大电流测量工具,它的特点是量程大,精度低,适用要求不高的场所作粗略估判。当处于正常运行的电动机不允许断电测量绕组电流时,使用钳形电流表就显得方便多了,可以在不切断电路的情况下来测量电流。图 6.15(a)是某数字式钳流表,图 6.15(b)是其

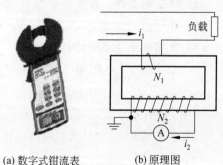

(a) 数字式钳流表　　　(b) 原理图

图 6.15　钳流表原理图

电原理图。工作时,钳口直接夹住运行的电路导线,此时导线相当于变压器的初级绕组,通过变压器的变流作用,在钳流表的次级绕组中就有相应的电流,然后经采样和模数转换进入数字表头中读数。

机械钳形电流表由电流互感器和电流表组合而成。在工作时,电流互感器的铁芯在捏紧扳手时可以张开,被测电流所通过的导线不必切断就可穿过铁芯张开的缺口,当放开扳手后铁芯闭合,穿过铁芯的被测电路导线就成为电流互感器的一次线圈,同样根据电磁感应原理,在二次线圈中就能感应出电流,从而使二次线圈连接的电流表有了指示。钳形表可以通过转换开关的拨挡,改换不同的量程。但拨挡时不允许带电进行操作。钳形表一般准确度不高,通常为 2.5~5 级。为了使用方便,表内还有不同量程的转换开关,以提供测量不同等级的电流以及测量电压的功能。

6.3.3　变压器绕组的极性

工程上有时经常要求传输电压的极性与初级电压极性相同,即输入端为正极性时,输出端也为正极性;有时又要求输入端的极性和输出端相反,即输入端为正极性时,输出端为负极性。原理如图 6.16 所示,图 6.16(a)为同极性传送,图 6.16(b)为反极性传送。

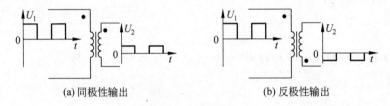

(a) 同极性输出　　　　　　　　　(b) 反极性输出

图 6.16　变压器的极性

在实际工作中,次级绕组取得同极性信号电压输出的一端称为同名端,次级绕组取得异极性信号电压输出的一端称为异名端。同名和异名是在变压器绕制时确定的,如果初级绕组为顺时针绕制,次级绕组也为顺时针绕制,这种情况就把初、次级绕组的始端称为绕组的同名端,次级绕组的尾端称为绕组的异名端。

扩充知识　小功率电源变压器的设计要领。

(1) 铁芯的选择:通常有 C 型、O 型和 E 型 3 种可选,C 型和 O 型的磁感应强度高。

(2) 变压器的容量 P_1(VA 或 kVA)。

(3) 次级输出功率的计算 P_2。

$$P_2 = U_{21}I_{21} + U_{22}I_{22} + U_{2N-1}I_{2N-1} + U_{2N}I_{2N}$$
$$P_1 = P_2/\eta$$

式中,效率 η 为 0.9~0.92。

(4) 铁芯面积 S_c 的计算:对频率从 50Hz~1000Hz 的电源变压器,

$$S_c = KP_0$$

式中 K 为变压器的系数,不同容量的变压器如表 6.1 所示。

$$P_0 = (P_1 + P_2)/2, \quad S_c = bL_0$$

式中,L_0 是硅钢片的舌宽,选择好 L_0 后,b 就由叠片的片数(厚度)决定。

表 6.1 变压器的 K 值系数

功率(VA)	5~10	10~50	100~500	500~1000	>1000
K	1.75~2	1.5~1.75	1.25~1.35	1~1.25	1

对于不同形状的铁芯,其铁芯面积参考图 6.17 所示。

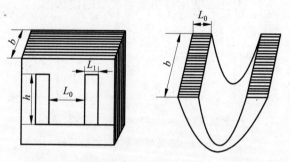

图 6.17 变压器不同铁芯的面积尺寸示意图

(5)计算变压器每伏的圈数:

$$N_0 = \frac{4.5 \times 10^5}{BS_c}$$

式中,B 为铁磁材料的磁感应强度,对优质硅钢 B 为 16 000~18 000Gs。

铁芯面积 S_c 为 cm²,考虑到次级绕组的绕制系数,次级绕组的每伏圈数为:

$$N_0' = (1\% \sim 5\%)N_0$$

(6)初级圈数:

$$N_1 = N_0 U_1$$

(7)次级圈数:

$$N_{21} = N_0 U_{21}$$
$$N_{22} = N_0 U_{22}$$
$$N_{23} = N_0 U_{23}$$

(8)导线的线径:

$$d = 0.72\sqrt{I} \quad \text{或者} \quad d = \sqrt{\frac{4I}{\pi J}}$$

(9)核对窗口是否能装下:要求 $S_0' < S_0$,其中,S_0' 为绕组单边的实际体积,S_0 铁芯窗口的空度体积。

$$S_0 = L_1 H$$

$$S_0' = \frac{G_1 N_1 + G_{21} N_{21} + G_{22} N_{22} + \cdots}{1\% \sim 5\%}$$

式中,$G = \dfrac{\pi d^2}{4}$ 为导线的截面积,单位为 mm²。

6.3.4　开关电源变压器

1. 开关电源变压器的材料与波形

开关电源变压器工作在高频开关脉冲状态,它是开关电源中的一个重要部件,它和普通变压器一样也是通过磁耦合来传输电能,不过组成开关变压器的磁路材料不是普通变压器中的硅钢片,而是在高频情况工作并且磁导率较高的铁氧体磁芯或坡莫合金等磁性材料,使用这些材料的目的是获得较大的励磁电感,以最小的功率损耗和最小的相位失真来传送脉冲电能。图 6.18 为开关变压器初级和次级的波形图。

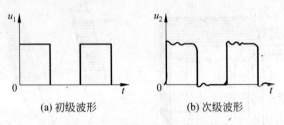

(a) 初级波形　　　　　　　(b) 次级波形

图 6.18　开关变压器初、次级波形

显然,无论是上升沿或下降沿,波形出现的微振荡现象就是产生损耗的基本原因之一。

2. 开关变压器的计算要领及公式

开关变压器的基本参数计算方法如下。

(1) 磁场强度:

$$H = \frac{0.4NI}{L}$$

式中,N 为绕组匝数,I 为电流强度,L 为磁路的平均长度。

(2) 有效磁路长度:

$$L_e = L + ul_g$$

式中,u 为材料的磁导率,l_g 为空气间隙的磁路长度。

(3) 最大磁感应强度:

$$B_m = \frac{U_1 \times 10^4}{KfN_1S_c}$$

式中,U_1 为初级绕组的电压,N_1 为初级绕组的匝数,S_c 为变压器铁磁材料的面积,f 为脉冲电压的工作频率,K 的取值对于正弦波为 4.4,对于矩形波为 4。一般情况下,开关变压器的 B_m 值应选得比饱和磁通密度 B_s 低一些。

(4) 输出功率:

$$P = 1.1GB_m fJS_cS_0 \times 10^{-5}$$

式中,J 为电流密度,S_0 为磁芯的窗口面积,S_c 为磁芯的有效面积。

(5) 磁芯材料的选择。

扩充知识　小功率开关变压器的设计举例。

1) 主要电气技术指标

输入电压：AC90～270V/50～60Hz

输出电压：5V±0.2V

输出电流：2A

设开关变压器的开关频率为45kHz，占空比为0.45，根据变压器的功率，选择 ee-99 磁性合金，有效面积 $S_c = 52\text{mm}^2$，电原理图如图 6.19 所示。

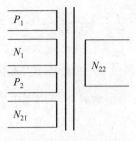

图6.19 小功率开关变压器原理图

图中，P_1 和 P_2 为屏蔽层，N_1 为初级绕组（主线圈），N_{21} 为辅助电源绕组，N_{22} 为次级绕组。

2) 设计计算过程

(1) 整流输出电压为：

$$U_{22} = U_0 + U_d + U_t = 5 + 0.55 + 0.2 = 5.75(\text{V})$$

式中 U_d 为整流管正向压降，U_t 为滤波线圈压降，一般取 0.2V。

(2) 计算输出功率 P_0、初级峰值电流 $I_{1(P-P)}$ 和初级电感量 L_{1P}。

① $P_0 = U_{22}I_{OUT} \times 120\% = 5.75 \times 2 \times 1.2 = 13.8(\text{W})$

② $I_{1(P-P)} = \dfrac{2P_0}{U_{in()min}D\eta} = \dfrac{2 \times 13.8}{100 \times 0.5 \times 0.8} = 0.69(\text{A})$

$$I_{av} = \frac{I_{1(P-P)}}{\sqrt{6}} = \frac{0.69}{2.4} = 0.3(\text{A})$$

③ $L_{1p} = \dfrac{U_{in(min)} \times T_{on}}{I_{1(P-P)} \times f} = \dfrac{100 \times 0.5}{0.69 \times 45000} = 1.6(\text{mH})$

式中，T_{on} 为标准占空比。

(3) 计算初、次级线圈匝数比 n：

$$n = \frac{N_{22}}{N_1} = \frac{(U_0 + U_d) \times (1-D)}{U_{in(min)} \times D} = \frac{5.75}{100} = 0.058$$

(4) 计算次级绕组圈数 N_{22}：

$$N_{22} = \frac{nI_{1(P-P)}L_{1P}}{S_c B_{max}} \times 10^6 = 4.1(\text{实际取 5 圈})$$

式中 $B_{max} = \dfrac{L_{1P} \times I_{1max}}{N_1 S_c} \times 100(\text{Gs})$ 为铁芯饱和时的磁通密度。

(5) 计算初级主绕组圈数 N_1：

$$N_1 = \frac{U_0}{n} = \frac{5}{0.058} = 88(\text{圈})$$

(6) 计算辅助线圈的圈数，因为辅助线圈电压为 10V，所以为：

$$N_{21} = \frac{U_{21}}{U_{in}} \times N_1 = \frac{10}{100} \times 88 = 9(\text{圈})$$

由以上计算可知，如选用 MBR40 磁性材料，尺寸 ee-99，$S_c = 0.52\text{cm}^2$，可绕面积（槽宽）为 12mm，Margin Tape 为 2.8mm，所以剩余可绕面积（槽宽）为 9.2mm。这样就可以决定变压器的线径。开关变压器的线径与普通变压器相同，这里不再赘述。

6.4 电磁铁

6.4.1 电磁铁的结构

电磁铁是利用变压器原理制造的一种电磁开关部件,它主要由线圈、铁芯及衔铁3部分组成,铁芯和衔铁一般用软磁材料制成。铁芯一般是静止的,线圈总是装在铁芯上。开关电磁铁的衔铁上还装有弹簧。电原理图如图6.20所示。

电磁铁是利用载流铁芯线圈产生的电磁吸力来操纵机械装置,以完成预期动作的一种电器。它是将电能转换为机械能的一种电磁元件。

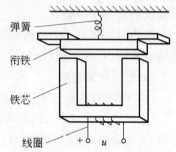

图6.20 电磁铁的组成示意图

6.4.2 电磁铁工作原理

当线圈通电后,铁芯和衔铁被磁化,成为极性相反的两块磁铁,它们之间产生电磁吸力,当吸力大于弹簧的反作用力时,衔铁开始向着铁芯方向运动。当线圈中的电流小于某一定值或中断供电时,电磁吸力小于弹簧的反作用力,衔铁将在反作用力的作用下返回原来的释放位置。电磁铁在交流电一个周期内产生吸力的平均值为:

$$F = \frac{1}{T}\int_0^T f\,\mathrm{d}t = \frac{1}{2}F_\mathrm{m} = \frac{10^7}{16\pi}B_\mathrm{m}S_0 \quad (\mathrm{N}) \tag{6.23}$$

式中,B_m 为最大的磁感应强度,S_0 为间隙的横截面积。

思考题

(1) 电磁铁能否工作在直流电压状态?

(2) 如果某电磁铁的吸力不够,可以用什么办法解决?

6.5 本章小结

(1) 电势与磁通:

$$E \approx U = 4.44fN\phi_\mathrm{m}$$

(2) 变压比:

$$\frac{N_1}{N_2} = \frac{U_1}{U_2} = n$$

(3) 变流比:

$$\frac{I_1}{I_2} = \frac{N_2}{N_1} = \frac{1}{n}$$

习　题

一、填空题

1.1　铁磁物质在反复磁化过程中,磁感应强度的变化总是滞后于磁场强度的变化,这种现象称为_____。

1.2　铁磁材料具有很强的_____特性,可分为_____材料和_____材料。

1.3　磁场强度 H 和磁感应强度 B 的大小关系为_____,方向_____。

1.4　通过磁路闭合的磁通称为_____磁通,而穿出铁芯,经过磁路周围非铁磁物质闭合的磁通称为_____磁通。

1.5　铁芯损耗包括_____和_____两大部分。

1.6　变压器是根据_____原理工作的。

1.7　在电动机和变压器等电气设备中,常将铁芯用彼此绝缘的硅钢片叠成,其目的是为了减小_____损耗。

1.8　变压器主要应用于_____、_____、_____和_____等。

1.9　变压器由_____、_____及_____等几个主要部分组成。

1.10　变压器的变比 n 等于_____和_____的匝数比,_____。

1.11　某升压变压器的原边电流 I_1 与副边电流 I_2 的关系是_____。

1.12　某降压变压器的原、副边匝数为 N_1 和 N_2,其关系是_____。

1.13　电流互感器相当于一台_____变压器,电压互感器相当于一台_____变压器。

二、选择题

2.1　从整个磁化过程看,铁磁性物质的 B 和 H 的关系是(　　)。

　　A. 线性关系　　　　　　B. 非线性关系　　　　　　C. B 不随 H 变化

2.2　所谓磁滞现象是指(　　)。

　　A. B 不随 H 变化　　　　B. B 的变化落后于 H 变化

　　C. H 的变化落后于 B 的变化

2.3　一段磁路中心线上的磁场强度与中心线长度的乘积叫做(　　)。

　　A. 磁通势　　　　　　　B. 磁位差　　　　　　　C. 磁阻

2.4　电压互感器和电力变压器的区别在于(　　)。

　　A. 变压器的额定电压比电压互感器高

　　B. 电压互感器无铁芯,电力变压器有铁芯

　　C. 电压互感器有铁芯,电力变压器无铁芯

　　D. 电压互感器主要用于测量和保护,电力变压器用于连接两个电压等级的电网

2.5　交流铁芯线圈的铁芯用相互绝缘的硅钢片叠成,而不用整块硅钢,其目的是(　　)。

　　A. 增加磁通　　　　　　B. 减少磁滞损耗

　　C. 减少线圈铜损耗　　　D. 减少涡流损耗

2.6　与磁介质的磁导率无关的物理量是(　　)。

　　A. 磁通　　　　　　　　B. 磁感应强度　　　　　C. 磁场强度

2.7 制造变压器的材料应选用（　　），制造计算机的记忆元件的材料应选用（　　），制造永久磁铁应选用（　　）。

　　A. 软磁材料　　　　　　　B. 硬磁材料　　　　　C. 矩磁材料

2.8 减少涡流损耗可采用（　　）方法。

　　A. 增大磁导率　　　　　　B. 增大电阻率

　　C. 减小磁导率　　　　　　D. 减少电阻率

2.9 有一个空载变压器原边额定电压为 380V，并测得原绕组 $R = 10\Omega$，则原边电流应为（　　）。

　　A. 大于 38A　　　　　　　B. 等于 38A　　　　　　C. 大大低于 38A

2.10 变压器在负载运行时，原边与副边在电路上没有直接联系，但原边电流能随副边电流的增减而成比例地增减，这是由于（　　）。

　　A. 原绕组和副绕组电路中都具有电动势平衡关系

　　B. 原绕组和副绕组的匝数是固定的

　　C. 原绕组和副绕组电流所产生的磁动势在磁路中具有磁动势平衡关系

三、计算题

3.1 一个电压变比为 110V/36V 的变压器，如果接到同频率的 220V 电源上，能否得到将 220V 变为 72V 输出？分析会出现什么后果。

3.2 已知变压器的 $N_1 = 500$ 匝，初级电压为 220V，如果要求次级输出电压为 12V，求次级线圈的匝数。

3.3 某变压器次级输出电压为 36V，电流为 5A，如果变压器的效率为 90%，电源电压为 220V，求变压器的功率及初级电流。

3.4 如图 6.21 所示的机床照明变压器，初级线圈 600 匝，接 220V 电压，次级线圈负载一个为 36V/36W，另一个为 12V/12W，都是纯阻负载，求初级电流 i_1 和次级线圈匝数 N_2 和 N_3。

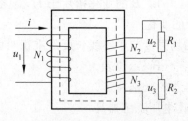

图 6.21　3.4 电路图

第 7 章

交流电动机

本章重点

    旋转磁场的建立过程,电机的工作原理,电机的机械转矩,单相电机的旋转磁场是由电容电压滞后 $90°$ 产生的。

本章重要概念

    旋转磁场、磁极数、磁场转速、额定转速、机械转矩。

本章学习思路

    理解旋转磁场的建立过程,并由此切割磁力线产生力矩,最后带动转子转动。

本章的创新拓展点

    从转速公式中找出变频调速的切入点。

　　交流电动机是在工农业生产中用得非常多的一种典型的将电能转换成机械能的重要设备,交流异步电动机的优点是构造简单、价格便宜、工作可靠、使用维护方便。它的应用范围包括各种各样的家用电器、金属切削机床、起重机、传送机、抽水泵和通风机等。在全国电动机总容量中有85%以上是三相异步电动机,交流电动机按照旋转磁场转速与转子转速是否相同可以分为同步电动机和异步电动机,而异步电动机又分为三相异步电动机和单相异步电动机。三相异步电动机是本章学习的重点,也是现代电工技术自动控制中实现智能控制的重要被控部件之一。

7.1　三相异步电动机的构造

　　三相异步电动机(以下简称三相电机)包括定子和转子两大部分,图 7.1(a)为某三相电机的外形图,图 7.1(b)为解剖图,图 7.1(c)为拆散的部件图。

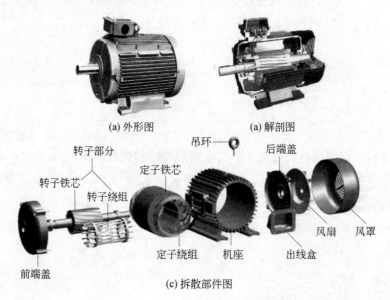

(a) 外形图　　　　　　　(a) 解剖图

(c) 拆散部件图

图 7.1　三相异步电动机的构造与解剖图

　　为了更清楚地说明三相电机各个部件的结构与作用,下面从定子开始介绍各部件的作用及结构原理。

1. 定子

　　三相电机的定子主要由定子铁芯、定子线圈和机架组成,如图 7.2 所示。

　　(1) 定子铁芯由很多片 0.5mm 厚硅钢片在圆周内开槽叠成。它是磁路的主要部分,如图 7.3 所示。

图 7.2　电机的定子解剖图

图7.3 由单片叠成的定子铁芯

（2）定子线圈又称电机的三相绕组，由3个彼此独立、匝数和大小相等的绕组组成，并彼此相隔120°安装在定子铁芯的槽内，3个绕组的相互捆绑方式如图7.4所示。3个绕组的始端和尾端共6个线头引至机座外壳上的接线盒。

图7.4 定子线圈

（3）机座由铸铁或钢板焊接而成，用来支撑铁芯和固定电机，定子铁芯、定子线圈安装在机座内，一起组成电机的定子。机座的外壳还起到散热作用，如图7.5所示。

（4）定子绕组的联接方法如下。当电机的容量小于5kW时，用Y形联接，即将3个线圈的尾端接在一起，再通过3个始端接至三相电源，如图7.6所示。

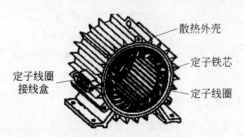
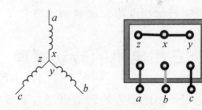

图7.5 三相电机的定子　　　　图7.6 三相电机定子线圈的Y形接线图

当电机的容量大于7kW，用三角形联接，即3个定子线圈的首尾相联，如图7.7所示。

图7.7 三相电机定子线圈的三角形接法

2. 转子

转子由转轴、转子铁芯和转子绕组组成。

(1) 鼠笼式转子：由 0.5mm 的硅钢片在外圆周上冲槽而成，并由很多片叠压后紧套在转轴上，铁芯槽内放铜条，形成转子绕组，端部用短路环连接形成一体，在转轴的两端安装轴承，如图 7.8 所示。

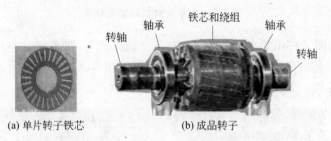

(a) 单片转子铁芯　　　　　　(b) 成品转子

图 7.8　三相电机的转子

(2) 绕线式转子：绕线式转子也分为三相，3 个转子绕组通常连接成星形，即绕组的 3 个末端连接在一起，绕组的 3 个始端分别与转轴上的 3 个滑环（滑环与轴绝缘且滑环间相互绝缘）相连，通过滑环和电刷接到外部的变阻器上，以便改善电机的起动和调速性能。绕线式转子绕组与外接变阻器的连接示意图如图 7.9 所示。

通过以上介绍不难看出，交流电动机的组成实质包括电路和机械两部分。

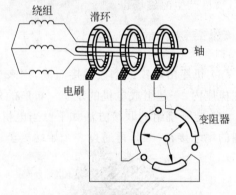

图 7.9　绕线式转子绕组与外接变阻器的连接示意图

7.2　三相电机的转动原理

三相异步电动机的转动原理是本章的一个重点，为了更通俗易懂地说明其工作原理，下面先从中学的物理知识出发，分析简单的转动模型，从中得到启迪。转动模型如图 7.10 所示。

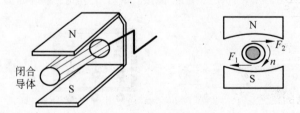

图 7.10　电动机的转动模型

1. 感生电流(磁生电的过程)

假定有一个外力转动手柄,必将使转子导体产生切割磁力线的运动,根据电磁感应原理,只要导体与磁场间存在相对运动,就会在导体上产生感生电动势,由于是闭合导体,所以导体中就必然会有电流。

2. 力矩(转子的转动过程)

感生电流在磁场中又受到安培力的作用,按左手定则,在 S 极上,力 F_1 的方向向左;在 N 极上,力 F_2 的方向向右。这样,这一对力便形成了顺时针方向的转动力矩。

不难想象,如果此时水平方向又有一对磁场,其方向为右 N、左 S,将会借助于 F_1 和 F_2 的惯性继续切割磁力线,必将产生另一对转矩力 F_3 和 F_4,继续完成顺时针方向的旋转,只要力矩足够大,转动将继续下去。

通过这个模型的转动过程,我们可以想象,当磁场中的导体不动,磁场转动时,照样可以产生切割磁力线的运动,根据安培力原则,导体将会被带动跟着转动。因此,接下来的任务就是怎样建立一个能旋转的磁场。根据电生磁的原理,凡是有电的地方,必然有磁场,这样就可用电流产生的磁场来取代模型中的磁场,在实际的工程中,由于交流电流是变化的,所以产生的磁场也是变化的,下面就来讨论由交流电产生磁场的过程。

7.2.1 旋转磁场的产生过程

1. 旋转磁场的产生过程

设三相电机 3 个线圈用 Y 形连接方式,用 a-x、b-y 和 c-z 分别代表 3 个尺寸相同、匝数相同的绕组,它们在定子铁芯内,空间上仍相差 120°放置,输入三相绕组的三相电流分别为:

$$i_a = I_m \sin \omega t$$
$$i_b = I_m \sin(\omega t + 120°)$$
$$i_c = I_m \sin(\omega t - 120°)$$

(7.1)

原理图和对应的电流波形如图 7.11 所示。

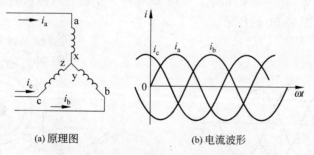

(a) 原理图　　　　(b) 电流波形

图 7.11　输入电机定子线圈的三相电流

下面按三相交流电的规律,分 3 个时间点来讨论旋转磁场的建立过程。

为了分析更直观,将铁芯与线圈作平面图形展开,并规定电流由首端流向末端为正方向,用符号"×"表示,而流出用符号"⊙"表示。

（1）$\omega t = 0$ 时，此时电流波形如图 7.12(a) 所示。电流 $i_a = 0$；而 $i_c > 0$，为正，$i_b < 0$，为负。电流的流向如图 7.12(b) 所示。此时电流 i_b 产生的磁场方向按右手螺旋法则是由上向下，见图 7.12(c) 中的右半部分。i_c 产生的磁场也是由上向下，见图 7.12(c) 中的左半部分。其合成磁场的轴线处于垂直方位，如图 7.12(c) 所示。

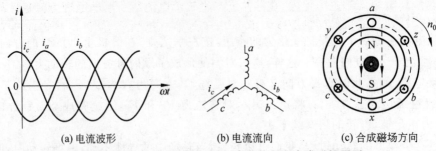

图 7.12　$\omega t = 0$ 时，电流波形、电流流向和合成磁场图形

（2）$\omega t = 120°$ 时，此时电流波形如图 7.13(a) 所示。电流 $i_a > 0$，为正；而 $i_c < 0$，为负，$i_b = 0$，电流的流向如图 7.13(b) 所示。此时 i_a 和 i_c 产生的合成磁场的轴线随电流的变化相应地顺时针移动了 120° 方位，如图 7.13(c) 所示。

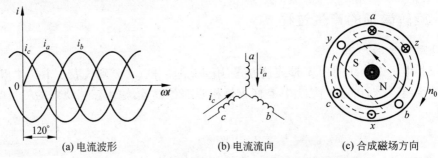

图 7.13　$\omega t = 120°$ 时电流波形、电流流向和合成磁场图形

（3）$\omega t = 240°$ 时，此时电流波形如图 7.14(a) 所示。电流 $i_b > 0$，为正，而 $i_a < 0$，为负，$i_c = 0$，电流的流向如图 7.14(b) 所示。此时 i_a 和 i_c 产生的合成磁场的轴线又沿顺时针移动了 120° 方位，如图 7.14(c) 所示。

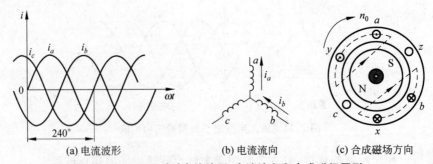

图 7.14　$\omega t = 240°$ 时电流波形、电流流向和合成磁场图形

当 $\omega = 360°$ 时又回到起始位置，以后将重复上述过程。

综上可知,三相电流产生的合成磁场是一个旋转的磁场,即在一个电流周期中,磁场在空间旋转 360°,磁场始终以一对 N-S 磁极的形式出现,这种磁场在磁极的数量上称单极(一对 N-S)磁场。如果用 P 表示磁场数,则上述磁场的 $p=1$。

通过上述的分析可知,旋转磁场是将三相交流电输入电机的 3 个定子线圈后建立起来的,当旋转磁场切割磁力线时,在导体上产生感生电流所引起的电磁力就是带动转子转动的动力,这就是电机的转动原理。由于转子是被动转动的,显然,它的转速要低于磁场的转速,所以称为异步电动机。

讨论

(1) 如果三相电有一相开路了,电机能转动吗?

(2) 如果要求磁场反过来转怎么办?

2. 旋转磁场的旋转方向

从旋转磁场的建立过程可知,磁场的旋转方向完全取决于三相电流的相序,当任意调换两根电源进线时,旋转磁场将反转。

3. 多极旋转磁场

在以上讨论的电机旋转磁场的建立过程中可以看出,每次电流产生的磁场只有一个 N-S 极,磁场数 $p=1$,称为单对磁场,若定子每相绕组由两个线圈串联,绕组的始端之间相差 60°,将形成两对磁极的旋转磁场,如图 7.15 所示。

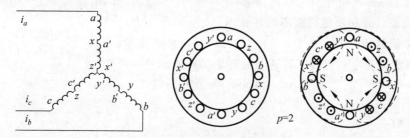

图 7.15 三相两极旋转磁场

依照同样的方法,可以得到 $p=3$、$p=4$ 等的多极磁场。

4. 旋转磁场的转速 n_0

旋转磁场的转速为:

$$n_0 = \frac{60f}{p}(\text{转} / \text{分}) \tag{7.2}$$

式中,f 为电源频率,p 为磁极对数,很明显,旋转磁场的转速主要取决于电源的频率和磁场的磁极对数。当 $p=1$,$f=50\text{Hz}$ 时,旋转磁场的转速为:

$$n_0 = \frac{60 \times 50}{1} = 3000(\text{转} / \text{分})$$

当 $p=2$ 时,$n_0=1500$(转/分);当 $p=3$ 时,$n_0=1000$(转/分);当 $p=4$ 时,$n_0=750$(转/分)。显然,旋转磁场的转速 n_0 与频率 f 成正比,与磁极对数 p 成反比。磁场的磁级对数越多,旋转磁场的转速就越低,电机转动就越慢。而当电源的频率越高时,旋转磁场的转速就越快,电机的转速也就越高,显然,改变电源的频率,就改变了旋转磁场的转速,也就改变了电机的转速。目前,改变电源频率来改变电机的转速已成为变频调速的一项新技术被广泛使用。在后面的学习中可以知道,当改变电源频率时,表面是改变磁场的转速,而实质上是在改变电机的机载转矩。

7.2.2 转差率

由前面的分析可知,电动机转子是在磁场的带动下跟着转动的,转动方向与磁场旋转的方向一致,但转子转速 n 不可能达到与旋转磁场的转速 n_0 相等,即 $n < n_0$,所以称为异步电动机。

如果 $n = n_0$,转子与旋转磁场间没有相对运动,磁通不切割转子导条,这样将无转子电动势和转子电流产生,也就没有了转矩。

因此,转子转速 n 与旋转磁场转速 n_0 间必须要有转速的差值,旋转磁场的转速 n_0 和电动机转子转速 n 之差与旋转磁场的转速 n_0 之比称为转差率,用 S 表示。

$$S = \frac{n_0 - n}{n_0} \times 100\% \tag{7.3}$$

这样,转子的转速为:

$$n = (1 - S)n_0 \tag{7.4}$$

通常情况下,异步电动机运行时的转差率 S 为 $1\% \sim 9\%$ 之间。

例 7.1 一台三相异步电动机,其额定转速 $n = 975$ 转/分,电源频率 $f = 50\text{Hz}$。试求电动机的磁极对数和额定负载下的转差率。

本例知识目标:通过转速反推磁极对数;转差率的计算。

解:根据异步电动机转子转速与旋转磁场转速的关系可知:

$$\because n_0 = 1000(\text{r/min}), \quad \therefore P = 3$$

额定转差率为:

$$S = \frac{n_0 - n}{n_0} \times 100\% = \frac{1000 - 975}{1000} \times 100\% = 2.5$$

7.3 三相异步电动机的电路基本分析

在分析电动机的电路时,借用变压器的分析方法,用它们的相同或相似之处进行分析,因为三相异步电动机的电磁关系与变压器类似,他们都是电磁电器,具有很多相同之处。

7.3.1 定子电路

由于三相电机的三个绕组是对称的,所以只取其中的一相进行分析,单个绕组的等效电路如图 7.16 所示。

1. 旋转磁场的磁通 ϕ

在异步电动机中,由于旋转磁场切割导体而产生电动势 e,它近似地等于所加电压的有效值,所以有式(7.5):

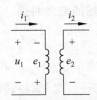

图 7.16 电动机单相绕组等效电路

$$U_1 \approx E_1 = 4.44 f_1 N_1 \phi \tag{7.5}$$

将式(7.5)移项可得每级磁通的大小：

$$\phi = \frac{U_1}{4.44 f_1 N_1} \tag{7.6}$$

从式(7.6)可知,磁通是正比于电源电压的,该公式的物理意义表明,当电源的频率和定子绕组的匝数都为常数时,电源电压的变化对磁通的影响很大。从电磁力的产生过程可以得知,对磁通的影响实质就是对电机转矩的影响。同时,当电源电压和定子绕组为常数时,改变电源的频率对电机磁通的影响同样较大。

2. 定子感应电势的频率 f_1

感应电势的频率与磁场和导体间的相对速度有关,当旋转磁场与定子导体间的相对速度为 n_0(即旋转磁场的转速)时,定子感生电动势的频率为:

$$f_1 \approx \frac{p n_0}{60} \tag{7.7}$$

式中, p 为定子绕组的磁极对数,很明显,感生电动势的频率 f_1 等于电源的频率 f。

7.3.2 转子电路

1. 转子感应电势频率 f_2

因为定子导体与旋转磁场间的相对速度固定,而转子导体与旋转磁场间的相对速度随转子的转速不同而变化,所以旋转磁场切割定子导体和转子导体的速度不同,此时转子感应电动势的频率为:

$$f_2 = \frac{n_0 - n}{60} p = \frac{n_0 - n}{n_0} \times \frac{n_0 p}{60} = s f_1 \tag{7.8}$$

2. 转子感应电动势 E_2

根据磁动势平衡方程,转子感生电动势的大小为:

$$E_2 = 4.44 f_2 N_2 \phi = 4.44 f_2 N_2 \phi = 4.44 s f_1 N_2 \phi \tag{7.9}$$

特别是当转速 $n=0$ 时,即转差率 $s=1$, f_2 最高,并且 E_2 处于最大,这样就得到转子转动和静止时的感应电动势。转子静止时的感应电动势为:

$$E_{20} = 4.44 f_1 N_2 \phi \tag{7.10}$$

转子转动时的感应电动势为:

$$E_2 = s E_{20} \tag{7.11}$$

3. 转子感抗 X_2

$$X_2 = 2\pi f_2 L_{\sigma 2} \tag{7.12}$$

特别是当转速 $n=0$ 时,此时转差率 $s=1$, f_2 处于最高, X_2 则处于最大,此时又呈现下面两种关系:

$$X_{20} = 2\pi f_1 L_{\sigma 2} \tag{7.13}$$

$$X_2 = s X_{20} \tag{7.14}$$

4. 转子电流 I_2

这个电流实际上是转子绕组的感应电流,它等于转子上的感生电动势与转子绕组的阻抗之比：

$$I_2 = \frac{E_2}{\sqrt{R_2^2 + X_2^2}} = \frac{sE_{20}}{\sqrt{R_2^2 + (sX_{20})^2}} \tag{7.15}$$

当 $s=0$ 时，$I_2=0$；当 $s=1$ 时，电流处于为最大：

$$I_{2\max} = \frac{E_{20}}{\sqrt{R_2^2 + (sX_{20})^2}} \tag{7.16}$$

5. 转子电路的功率因数 $\cos\varphi_2$

转子的功率因数等于转子电阻与转子阻抗的比值：

$$\cos\varphi_2 = \frac{R_2}{\sqrt{R_2^2 + X_2^2}} = \frac{R_2}{\sqrt{R_2^2 + (sX_{20})^2}} \tag{7.17}$$

式中，当 s 很小时，$R_2 \gg sX_{20}$，此时 $\cos\varphi_2 \approx 1$；

而 s 较大时，$R_2 \ll sX_{20}$，此时 $\cos\varphi_2 \infty \dfrac{1}{s}$

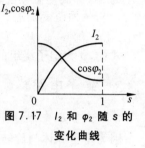

图 7.17 I_2 和 φ_2 随 s 的变化曲线

I_2 和 φ_2 随 s 的变化曲线如图 7.17 所示。

很明显，从转子绕组的感应电流式(7.15)也可以得知，当转速 n 上升时，转差率 s 下降，转子电流 I_2 也下降。

从转子电路的功率因数式(7.17)可知，当转速 n 上升时，转差率 s 下降，功率因数 $\cos\varphi_2$ 上升。

结论 转子转动时，转子电路中的各量均与转差率 s 有关，即与转速 n 有关。

7.4 三相异步电动机的转矩与机械特性

7.4.1 转矩公式

先介绍有关的基本术语。

电磁转矩：电动机本身电磁力产生的转矩，用 T 表示。

负载转矩：轴上的反抗转矩，也称额定转矩，用 T_N 表示。

空载转矩：近似等于负载转矩(略去气阻)。

电磁功率 P_φ：旋转磁场产生的功率。

异步电动机的转矩是由旋转磁场的每极磁通 ϕ 与转子电流 I_2 相互作用产生的，因为转子电路为感性，所以转子电流要滞后于转子电动势 E_2，这样就出现相位滞后角 φ_2，所以转矩的大小为：

$$T = K_T \phi I_2 \cos\varphi_2 \tag{7.18}$$

式中，K_T 为常数，它是电机的构造系数，ϕ 为旋转磁场每极磁通，是正比于 U_1 的。

$$\phi = \frac{E_1}{4.44 f_1 N_1} \approx \frac{U_1}{4.44 f_1 N_1}$$

而转子电流为：

$$I_2 = \frac{E_2}{\sqrt{R_2^2 + X_2^2}} + \frac{E_2}{\sqrt{R_2^2 + (sX_{20})^2}}$$

转子的功率因数为：

$$\cos\varphi_2 = \frac{R_2}{\sqrt{R_2^2 + X_2^2}} = \frac{R_2}{\sqrt{R_2^2 + (sX_{20})^2}}$$

所以电机的电磁转矩公式为：

$$T = K_T \frac{sR_2}{R_2^2 + (sX_{20})^2} U_1^2 \qquad (7.19)$$

式(7.19)表明，当电源电压发生变化时，对电机在下面 3 个方面的影响很大。

(1) 转矩 T 与定子每相绕组电压 U_1 的平方成正比。当电源电压 $U_1 \uparrow\downarrow \rightarrow T \uparrow\downarrow$，例如，一个产生 $100N \cdot m$ 的电机，当电压下降后，它输出的机械转矩将下降很多。

(2) 当电源电压 U_1 一定时，T 是 s 的函数。

(3) R_2 的大小对转矩 T 也有影响，绕线式异步电动机可外接电阻来改变转子电阻 R_2 的大小，从而改变转矩。

7.4.2 机械特性曲线

在电源电压 U_1 和转差率 s 一定的情况下，将转矩 T 与转差率 s 之间的关系和转速 N 与转矩 T 间的关系称为机械特性曲线。如图 7.18 所示。

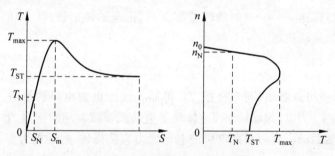

图 7.18 电动机的机械特性曲线

曲线中 T_N 代表额定转矩，T_{ST} 代表起动转矩，T_{max} 代表最大转矩，n_N 代表额定转速。下面分别介绍衡量电机机械特性的 3 个重要指标，即常说的 3 个重要转矩。

1. 额定转矩 T_N

电动机在额定负载时的转矩，它的数学表达式为：

$$T_N = \frac{P}{\frac{2\pi n}{60}} = 9550 \times \frac{P_N}{n_N} (N \cdot m) \qquad (7.20)$$

从式(7.20)中可知，额定转矩与电机的转速成反比。转速越快，转矩越小之；反之，转速越低，转矩就越大。其 T-n 特性曲线如图 7.19 所示，这是根据机械负载选择电机速度的重要参考指标之一。

2. 最大转矩 T_{max}

最大转矩反映的是电机带动最大负载的能力，它是电机在

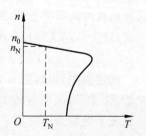

图 7.19 电机的 T-n 特性

临界转差率时的转矩,因此,在式(7.19)中,如果令 $\dfrac{\mathrm{d}T}{\mathrm{d}s}=0$,先求出临界转差率,再将临界转差率代入式(7.19)就得到最大转矩,求解过程为:

当令 $\dfrac{\mathrm{d}T}{\mathrm{d}s}=0$ 时,此时的转差率为临界转差率:

$$s = s_\mathrm{m} = \frac{R_2}{X_{20}} \tag{7.21}$$

将式(7.21)代入式(7.19)得到最大转矩公式:

$$T_\mathrm{max} = K_\mathrm{T}\frac{U_1^2}{2X_{20}} \tag{7.22}$$

可见,T_max 也与电源电压 U_1 的平方成正比。在工程上,将最大转矩与额定转矩的比值称为电机的过载系数或过载能力,用字符 λ 表示。

$$\lambda = \frac{T_\mathrm{max}}{T_\mathrm{N}} \tag{7.23}$$

一般三相异步电动机的过载系数为 $1.8 \sim 2.2$ 之间,工程上要求转子轴上所带的机械负载转矩 T_2 不能大于最大转矩 T_max,否则将造成堵转(停车)。

3. 起动转矩 T_ST

电机起动时,转速 $n=0$,这时的转差率 $s=1$,由电磁转矩公式(7.19)可知,当转速为 0、转差率为 1 时,起动转矩为:

$$T_\mathrm{ST} = K_\mathrm{T}\frac{R_2 U_1^2}{R_2^2 + X_{20}^2} \tag{7.24}$$

从式(7.24)中可以看出,起动转矩 T_ST 仍然正比于电源电压的平方,即 $T_\mathrm{ST} \propto U_1^2$,当 $U_1 \to \downarrow \to T_\mathrm{ST} \to \downarrow\downarrow$,所以,起动转矩 T_ST 体现了电动机带载起动的能力,若 $T_\mathrm{ST} > T_\mathrm{N}$,电机能起动,否则不能起动。有时还用电机的起动能力直接描述,起动能力等于起动转矩与额定转矩之比:

$$K_\mathrm{ST} = \frac{T_\mathrm{ST}}{T_\mathrm{N}} \tag{7.25}$$

从式(7.24)还可以得知,起动转矩 T_ST 与 R_2 有关,适当使 $R_2 \to \uparrow T_\mathrm{ST} \to \uparrow$,特别是对绕线式电机改变转子附加电阻 R_2',可使 $T_\mathrm{ST} = T_\mathrm{max}$。

4. 电机的运行分析

电机起动运行过程中,当负载增加时,必定使得电机的转速下降,转速的下降反过来又使电机的转差率上升,只要电机的转差率上升,又使得电机的转矩上升,最后达到新的平衡,这个自动适应过程可以用如下的简单流程图描述:

$$T_2 \uparrow \to (T_2 > T_\mathrm{N}) \to n \downarrow \to s \uparrow \to T \uparrow \to T_2 = T$$

此过程中,当转速 n 下降时,就必定使转差率 s 上升,一旦转差率 s 上升,转子感应电动势 E_2 上升,又引起转子电流 I_2 上升,最后反过来引起定子绕组中的电流 I_1 上升,它实质变成了电源自动增加了供给功率,其简单流程图如下:

$$n \downarrow \to s \uparrow \to E_2 \to I_2 \uparrow \to I_1 \uparrow \to P_E \uparrow$$

电动机的电磁转矩可以随负载的变化而自动调整,这种能力称为自适应负载能力。

自适应负载能力是电动机区别于其他动力机械的重要特点。

7.5 异步电动机的起动

一般中小型鼠笼式电机起动电流为额定电流的 4~7 倍,电动机的起动转矩为额定转矩的 1.8~2.2 倍。因为电机起动时,转速 $n=0$,转子导体切割磁力线速度很大,这时会有"→转子感应电势↑→转子电流↑→定子电流↑"的后果,如果频繁起动会造成热量积累,使电机过热;而电机起动时的大电流又会使电网电压降低,不但影响电机本身的转矩,也影响邻近负载的工作。

起动方法分为以下 3 种。

(1) 直接起动:20kW 以下的异步电动机一般都采用直接起动。

(2) 降压起动:星形-三角形(Y—△)换接起动或自耦降压起动,这种方法适用于鼠笼式电机。

(3) 转子串电阻起动:这种方法适用于绕线式电机。

下面介绍降压起动。

1. 降压起动

电机在 Y 形联接时,每相定子线圈上所加的电压为相电压;而在三角形联接时,定子线圈上所加的电压为线电压。分析的电路如图 7.20 所示。

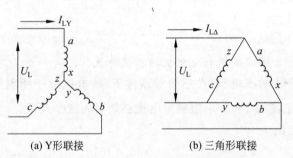

(a) Y形联接　　　　　(b) 三角形联接

图 7.20　Y—△ 换接起动电路原理图

电机绕组在 Y 形联接时,线电流是等于相电流的,但相电压等于 $\sqrt{3}$ 倍的线电压。现在设电机每相阻抗为 Z,则在 Y 形联接时电流关系为:

$$I_{LY} = I_P = \frac{U_L}{\sqrt{3}Z} \tag{7.26}$$

而三角形联接时,线电压是等于线电压的,但线电流等于 $\sqrt{3}$ 倍的相电流,所以其线电流为:

$$I_{L\triangle} = \frac{\sqrt{3}U_L}{Z} \tag{7.27}$$

如果将式(7.26)和式(7.27)作比较,便是两种连接时它们的电流数值之比:

$$\frac{I_{LY}}{I_{L\Delta}} = \frac{\dfrac{U_L}{\sqrt{3}Z}}{\dfrac{\sqrt{3}U_L}{Z}} = \frac{1}{3} \tag{7.28}$$

从式(7.28)可以看出,降压起动时的电流为直接起动时的三分之一,由于起动电流降低了三分之二,可见用这种方法起动对主干路的影响最小,现在,来分析电机的起动转矩公式

$$T_{ST} = K_T \frac{R_2 U_1^2}{R_2^2 + X_{20}^2} \tag{7.29}$$

式(7.29)说明,起动转矩与电压的平方成正比,所以在降压起动时,起动转矩也减小了三分之一,因此,这种起动方式只适合空载或轻负载。目前4~100kW的电机都设计为星形和三角形起动方式的结构。

例7.2 已知功率 $p=30\text{kW}$,转速 $n=1480\text{r/min}$,电压 $U=380\text{V}$,效率 $\eta=92.3\%$,功率因数 $\cos\varphi=0.88$,起动电流与额定电流的比为 $\dfrac{I_{ST}}{I_N}=7$,起动转矩与额定转矩比为 $\dfrac{T_{ST}}{T_N}=1.9$,最大转矩与额定转矩之比(过载系数)为 $\dfrac{T_{max}}{T_N}=2.2$。求:

(1) 额定电流;

(2) 额定转差率 s_N;

(3) 额定转矩 T_N;

(4) 最大转矩 T_{max};

(5) 起动转矩 T_{ST}。

本例知识目标:全面理解三相电动机的机械特性。

解题分析:对于大功率电机,在三角形联接下,线电压等于相电压,此时为380V,而绕组(相)电流是线电流的 $1/\sqrt{3}$,求解额定电流必须引入这个关系。

解:(1) 额定电流 I_N:

$$I_N = \frac{P_2}{\sqrt{3}U(\cos\varphi)\eta} = \frac{30 \times 10^3}{\sqrt{3} \times 380 \times 0.88 \times 0.923} = 57.2(\text{A})$$

(2) 额定转差率 s_N:

由额定转速为1480转可知,磁场转速为1500r/min。

$$s_N = \frac{n_0 - n}{n_0} = \frac{1500 - 1480}{1500} = 0.013$$

(3) 额定转矩 T_N

$$T_N = 9550\frac{P_2}{n} = 9550 \times \frac{30 \times 10^3}{1480} = 193.5(\text{N} \cdot \text{m})$$

(4) 最大转矩 T_{max} 等于过载系数乘以额定转矩:

$$T_{max} = 2.2T_N = 2.2 \times 193.5 = 425.7(\text{N} \cdot \text{m})$$

(5) 起动转矩 T_{ST} 等于起动系数乘以额定转矩:

$$T_{ST} = 1.9T_{max} = 1.9 \times 193.5 = 367.6(\text{N} \cdot \text{m})$$

7.6 三相异步电动机的调速

调速是在负载不改变的情况下使电机得到不同的速度,以满足生产过程中各种加工的需要,如机床对工件的切削过程中刀具的移动,电梯的运行状态等都是电机的调速产生的效果,根据电机的转速公式:

$$n = (1-s)n_0 = (1-s)\frac{60f}{p} \tag{7.30}$$

影响电机转速的因素有 3 个,一是频率 f,二是旋转磁场的磁级对数 p,三是电机的转差率 s。显然,转差率的调整空间太小;而磁场的磁极对数已定,它对电机的调速是固定的,因为受电机本身制造时的限制;而频率处于公式的分子位置,电机的转速与电源的频率成正比,改变电源的频率就改变了异步电动机的转速,因此它的调整最为有效,调速空间也大,关键是便于设计控制。

7.6.1 变频调速原理

变频调速是改变电机定子电源的频率,从而改变旋转磁场转速的调速方法。变频调速系统的主要设备是提供变频电源的变频器,变频器可分成交流-直流-交流变频器和交流-交流变频器两大类,目前国内大都使用交-直-交变频器。其特点是效率高,调速过程中没有附加损耗。显然,变频调速的核心就是变频器,它利用电力半导体器件的通断作用将工频电源变换为另一频率的电能控制装置。我们现在使用的变频器主要采用交-直-交方式(VVVF)变频或矢量控制变频,其基本原理是:先把工频交流电源通过整流器转换成直流电源,然后把直流电源转换成频率和电压均可控制的交流电源以供给电机。变频器的电路一般由整流、滤波直流环节、逆变和控制 4 个部分组成,这是目前电机的调速发展最好的一种技术,也是实现无级调速的一种先进的电子调速技术。可以说,它包括了电机调速的所有先进技术,它的基本组成如图 7.21 所示。

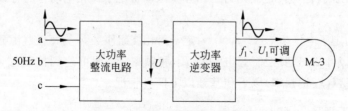

图 7.21 电机的变频调速原理框图

从原理框图可知,变频调速技术的硬件主要包括两大部分,一是整流器,二是逆变器。下面分别简单介绍它们的工作原理。

1. 整流器的作用

整流部分为三相桥式不可控整流器。它的基本工作过程是,利用大功率二极管或可控硅的单相导电特性,先将电网的 50Hz 交流电进行整流,将交流变为直流。电网的频率是固定的,并且是由发电厂决定,因而是不可调的。

2. 逆变器的作用

逆变器是变频技术的核心部件之一,它实质是一个振荡器,逆变部分为 IGBT 三相桥式逆变器,且输出为 PWM 波形,中间直流环节完成滤波、直流储能和缓冲无功功率等。

由于振荡器的元件参数和电参数都是按负载的需求重新设计的,所以它振荡的频率和电压的高低就完全根据负载的需要进行自动适应调整,这样它的频率和电压就是连续可调的了,目前变频的功率也达数兆瓦量级。

根据电机的转速公式和转矩公式,变频器输出的电压和频率都是根据负载进行自动适应的调整,所以,变频调速技术是现代电力传动技术的重要发展方向,随着电力电子技术的发展,交流变频技术从理论到实际逐渐走向成熟。变频器不仅调速平滑,范围大,效率高,起动电流小,运行平稳,而且节能效果明显。因此,交流变频调速已逐渐取代了过去的传统滑差调速、变极调速和直流调速等调速系统,越来越广泛地应用于冶金、纺织、印染、烟机生产线、机械设备、楼宇供水及空调等领域。

7.6.2 变频调速的两种方式

本小节约定术语如下:

基频:$f_{in}=50\text{Hz}$,即电网的频率。

f_1:送入电机定子绕组的电压频率。

E_1:定子绕组上的感应电动势。

U_1:送入电机定子绕组的电压,$U_1 \approx E_1$。

在进行电动机调速时,无论采用什么样的调速方式,常须考虑的一个重要因素就是保持电动机中每极磁通量 ϕ 不变。如果磁通太弱,没有充分利用电动机的铁芯,是一种浪费。如果过分增大磁通,又会使铁芯饱和,从而导致过大的励磁电流,严重时会因绕组过热而损坏电动机。在交流异步电动机中,由于磁通是由定子和转子磁动势合成产生的,需要采取一定的控制方式才能保持磁通恒定。因为三相异步电动机定子每相电动势的有效值是:

$$E_1 = 4.44 f_1 N_1 \phi \tag{7.31}$$

式中,f_1 为定子电压频率(Hz),N_1 为定子每相绕组匝数,ϕ 为每极气隙磁通量(Wb)。

由式(7.31)可知,只要控制好电动势 E_1 和频率 f_1,便可达到控制磁通 ϕ 的目的,对此,需要考虑基频(额定频率)以下和基频以上两种情况。

1. 基频以下调速

由式(7.31)可知,要保持磁通 ϕ 不变,当频率 f_1 从额定值 f_{in} 向下调节时,必须同时降低电动势 E_1,使 $\dfrac{E}{f_1}=$ 常值,即采用电动势频率比为恒值的控制方式。从工程的实施过程讲,绕组中的感应电动势是难以直接控制的,当电动势较高时,可以忽略定子绕组的漏磁阻抗压降,而认为定子电压 $U_1 \approx E$,故有下式:

$$\frac{U_1}{f_1} = 常值 \tag{7.32}$$

显然,这是恒压频比的控制方式,低频时,U_1 和 E_1 都较小,定子漏磁阻抗压降所占的分量就比较显著,不能再忽略。这时,可以人为地把电压 U_1 抬高一些,以便近似地补偿定子压降。定子压降补偿的恒压频比控制特性如图 7.22 所示。

图中,1 为无补偿下的特性,2 为定子压降补偿后的特性。

在实际应用中,由于负载大小不同,需要补偿的定子压降值也不一样,在控制软件中须备有不同斜率的补偿特性,以便用户选择。

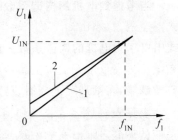

图 7.22 恒压频比控制特性

2. 基频以上调速

在基频以上调速时,频率应该从 f_{in} 向上升高,但定子电压 E_1 不可能超过绕组的额定电压 U_N,最多只能保持 $U_1 = U_N$,这将迫使磁通与频率成反比地降低,相当于直流电动机弱磁升速的情况。

把基频以下和基频以上两种情况的控制特性画在一起,如图 7.23 所示。如果电机在不同转速时所带的负载都能使电流达到额定值,即都能在允许温升下长期运行,则转矩基本上随磁通的变化而变化。按照电气传动原理,在基频以下,磁通恒定时转矩也恒定,属于"恒转矩调速"性质;而在基频以上,转速升高时,转矩降低,基本上属于"恒功率调速"性质,即:

恒转矩调速:

$$f_1 < f_{in}$$

恒功率调速:

$$f_1 > f_{in}$$

以上频率调节范围可以从 1Hz 到几百赫兹。

7.6.3 变频调速时的机载特性分析

1. 异步电动机的稳态等效电路和感应电动势

按照异步电动机的工作原理,它的稳态等效电路如图 7.24 所示,图中标明了不同磁通所产生的感应电动势,其意义如下:

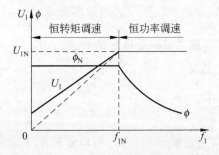

图 7.23 异步电动机变压变频调速的控制特性

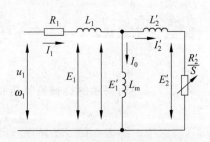

图 7.24 电机稳态时的等效电路

E_1'：气隙磁通（或互感磁通）在定子每相绕组中的感应电动势。

E_1：定子全磁通在定子每相绕组中的感应电动势。

E_2'：转子全磁通在转子绕组中的感应电动势（折合到定子侧）。

当考虑到电机的构造系数时，式（7.31）应该为：

$$E_1 = 4.44 f_1 N_1 K_1 \phi \tag{7.33}$$

式中，K_1 为电机的构造系数。而转子感应电势折合到原侧后为：

$$E_2' = 4.44 f_1 N_1 K_1 \phi_{2m} \tag{7.34}$$

显然，无论是定子绕组或转子绕组，它们的感应电动势都与电源频率有关。

2. 恒压恒频供电时异步电动机的机械特性

异步电动机正常工作时，定子由恒压恒频的正弦波电源供电时，由于定子电压 U_1 和电源频率 f 均为恒值，这时的机械转矩是频率的函数 $T = f(s)$，当转差率较小时，其转矩方程为：

$$T \approx 3p \left(\frac{U_1}{2\pi f_1} \right)^2 \times \frac{s 2\pi f_1}{R_2'} \propto S \tag{7.35}$$

也就是说，当 s 很小时，转矩近似与 s 成正比，机械特性 $T = f(s)$ 是一段直线，当 s 逐渐增大后，机械特性呈现明显的非线性，曲线如图 7.25 所示。

3. 基频以下电压-频率协调控制时的机械特性

由式（7.35）转矩方程可以看出，当负载要求某一组转矩 T 和转速 n（或转差率 s）数值时，电压 U_1 和频率 f_1 可以有多种配合。在 U_1 和 f_1 的不同配合下，机械特性也是不一样的，因此可以有不同方式的电压-频率协调控制方式。

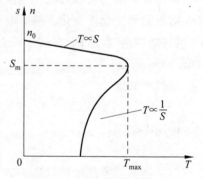

图 7.25　恒压恒频时异步电动机的机械特性

1）恒压频比控制 $\left(\dfrac{U_1}{2\pi f_1} = \text{固定值} \right)$ 方式

前面在分析电机的等效电路时也指出，为了近似地保持磁通 ϕ 不变，以便充分利用电动机铁芯，发挥电动机产生转矩的能力，在基频以下须采用恒压频比控制。这时，磁场转速 n_0 自然要随频率变化，即仍然服从下式：

$$n_0 = \frac{60 f_1}{p} \tag{7.36}$$

当电机在有载状态时，有转差率存在，出现降速差 Δn，所以它的转速为：

$$n = s n_0 = \frac{60 s f_1}{p} \tag{7.37}$$

在式（7.35）所揭示的机械特性近似直线段上，可以导出

$$s 2\pi f_1 \approx \frac{R_2' T}{3P \left(\dfrac{U_1}{2\pi f_1} \right)^2} \tag{7.38}$$

由此可见，当 $\dfrac{U_1}{f_1}$ 为固定值时，对于同一转矩 T，$s f_1$ 基本不变，因而 Δn 也是基本不变

的。这就是说,在恒压频比的条件下,改变频率 f_1 时,机械特性基本上也是平行下移,特性曲线如图 7.26 所示。

从图 7.26 所示的特性可以看出,电动机的机械特性上有一个转矩的最大值,频率越低,最大转矩值越小,频率很低时,T_{max} 太小,将限制电动机的带载能力。为了解决带载能力与频率的关系,一般采用定子压降补偿方式,适当地提高电压 U_1 可以增强带载能力,如图 7.26 中虚线所示。

2)恒 $\dfrac{E_1'}{f_1}$ 控制

如果在电压-频率协调控制中,恰当地提高电压 U_1 的数值,使它在克服定子阻抗压降以后,能维持 $\dfrac{E_1'}{f_1}$ 为一个相对固定的值(基频以下),由图 7.24 所示的等效电路可以看出:

$$I_2' = \frac{E_1'}{\sqrt{\left(\dfrac{R_2'}{s}\right)^2 + \omega_1^2 (L_2')^2}} \qquad (7.39)$$

代入电磁转矩关系式,可得恒 $\dfrac{E_1'}{f_1}$ 的机械特性方程式:

$$T = \frac{3P}{\omega_1} \times \frac{E_1^2}{\left(\dfrac{R_2'}{s}\right)^2 + \omega_1^2 L_2'} \times \frac{R_2^1}{s} = 3p\left(\frac{E_1}{\omega_1}\right)^2 \times \frac{s\omega_1 R_2'}{R_2' + s^2 \omega_1^2 (L_2')^2} \qquad (7.40)$$

从式(7.40)可以看出,$\dfrac{E_1'}{f_1}$ 控制方式时的机械特性曲线的形状应该与恒压频比特性相似,图 7.27 中给出了不同控制方式时的机械特性。

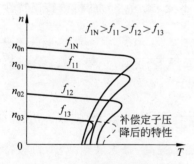

图 7.26 恒压频比控制时变频调速的机械特性

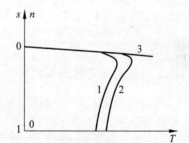

图 7.27 不同电压-频率协调控制方式时的机械特性

图中 1 为恒 $\dfrac{U_1}{\omega_1}$ 控制,2 为恒 $\dfrac{E_1'}{\omega_1}$ 控制,3 为恒 $\dfrac{E_2'}{\omega_1}$ 控制。

如果在式(7.40)中对 s 求导,并令 $\dfrac{\mathrm{d}T}{\mathrm{d}s}=0$,可得恒 $\dfrac{E_1'}{\omega_1}$ 控制特性在最大转矩时的转差率和最大转矩:

$$s_{max} = \frac{R_2'}{\omega_1 L_2'} \qquad (7.41)$$

$$T_{\max} = \frac{3}{2}p\left(\frac{E_1'}{\omega_1}\right)^2 \frac{1}{L_2'} \tag{7.42}$$

在式(7.42)中,当$\frac{E_1'}{\omega_1}$保持恒定值时,最大转矩$T_{\max}$可以保持恒定不变。可见恒$\frac{E_1'}{\omega_1}$控制的稳态性能是优于恒$\frac{U_1}{\omega_1}$控制方式,它正是恒$\frac{U_1}{\omega_1}$控制中补偿定子压降所追求的目标。

3)恒$\frac{E_2'}{\omega_1}$控制

如果把电压-频率协调控制中的电压U_1再进一步提高,把转子漏抗上的压降也抵消掉,就得到恒$\frac{E_2'}{\omega_1}$控制时的电磁转矩关系,显然这时的折合电流为:

$$I_2' = \frac{E_2'}{\dfrac{R_2'}{s}} \tag{7.43}$$

代入电磁转矩基本关系式,可得到下式:

$$T = \frac{3P}{\omega_1} \times \frac{(E_2')^2}{\left(\dfrac{R_2'}{s}\right)^2} \times \frac{R_2'}{s} = 3p\left(\frac{E_2'}{s}\right)^2 \times \frac{s\omega_1}{R_2'} \tag{7.44}$$

很明显,这时的机械特性$T = f(s)$完全是一条直线,如图7.27中第3条线所示。显然,恒$\frac{E_2'}{\omega_1}$控制的稳态性能最好,可以获得和直流电动机一样的线性机械特性,这是目前高性能交流变频调速所要求的主要性能之一。

4. 基频以上恒压变频控制时的机械特性

在基频f_1以上变频调速时,由于电压$U_1 = U_{1N}$不变,式(7.35)的机械转矩特性方程式可写成:

$$T = 3P(U_{1N})^2 \frac{sR_2'}{\omega_1\left[(sR_2 + R_2')^2 + s^2\omega_1^2(L_2 + L_2')^2\right]} \tag{7.45}$$

此时的最大转矩表达式可改写成:

$$T_{\max} = \frac{3}{2}p(U_{1N})^2 \frac{1}{\omega_1\left[R_2 + \sqrt{R_2^2 + \omega_1^2(L_2 + L_2')^2}\right]} \tag{7.46}$$

由此可见,当频率f_1提高时,旋转磁场的转速随之提高,最大转矩减小,机械特性上移,而形状基本不变,特性曲线如图7.28所示。

由于频率提高而电压不变,气隙磁通势必减弱,导致转矩的减小,但转速却升高了,可以认为输出功率基本不变。所以基频以上变频调速属于弱磁恒功率调速。

7.6.4 变磁极对数调速方法

这种调速方法是用改变定子绕组的接线

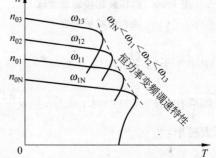

图7.28 基频以上恒压变频调速的机械特性

方式来改变电动机定子磁极对数达到调速目的,这种方法只适合双速电机,如果电机定子线圈无法改接,这种方法是不适用的。该方法的原理如图 7.29 所示。

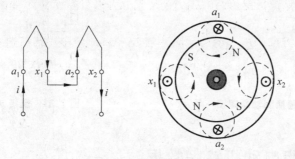

图 7.29 改变磁极调速原理图

这种调速方式具有较硬的机械特性,稳定性良好,无转差损耗,效率高,接线简单,控制方便,调速成本低。缺点是有级调速,而且调速的级差较大,不能获得平滑调速。但它可以与调压调速、电磁转差离合器配合使用,获得较高效率的平滑调速特性。本方法适用于不需要无级调速的生产机械,如金属切削机床、升降机、起重设备、风机和水泵等。

7.6.5 转差率调速

变转差率调速是绕线式电动机特有的一种调速方法。其优点是调速平滑,设备简单,投资少,缺点是能耗较大。这种调速方式广泛应用于各种提升和起重设备中。

7.7 三相异步电动机的制动

三相交流电动机的制动实质就是电机的停车。按制动的方式不同,分为机载制动和电气制动两种,而电气制动又分为耗能制动、反接制动和发电反馈制动 3 种。下面对耗能制动和反接制动作简单的介绍。

7.7.1 耗能制动

耗能制动是在断开三相电源的同时,给电动机其中两相绕组通入直流电流,直流电流形成的固定磁场与旋转的转子作用,产生了与转子旋转方向相反的转矩(制动转矩),使转子迅速停止转动。其原理如图 7.30 所示。

7.7.2 反接制动

停车时,将接入电动机的三相电源中的任意两相对调,使电动机定子产生一个与转子转动方向相反的旋转磁场,从而获得所需的制动转矩,使转子迅速停止转动。这是一种简单可靠的制动方法,当然这种方式是由器件在瞬间自动完成的,人工是无法实现的。其原理如图 7.31 所示。

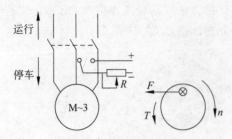

图7.30 耗能制动原理图

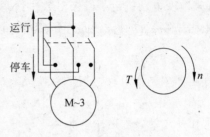

图7.31 反接制动原理图

7.8 三相异步电动机铭牌数据

电机外壳上的标牌数据如图7.32所示,下面分别介绍这些数据中主要的7项。

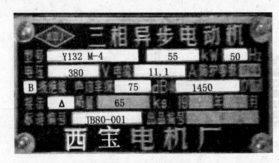

图7.32 电机的铭牌数据

1. 型号

型号用于表明电机的系列、几何尺寸和极数。例如:

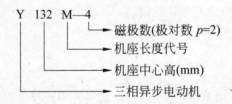

2. 电压

电压表示电机在额定运行时定子绕组上应加的线电压值。

例如:380V、Y 是指线电压为 380V 时,采用 Y 联结。

一般规定电动机的运行电压不能高于或低于额定值的10%。因为在电动机满载或接近满载情况下运行时,电机的转矩与电压的平方成正比,而且电压过高或过低都会使电动机的电流大于额定值,从而使电动机过热。三相异步电动机的额定电压有 380V、3000V 及 6000V 等多种。

3. 电流

电流表示电动机在额定运行时定子绕组的线电流值。

例如：Y/△,6.73/11.64A 表示星形联接下电机的线电流为 6.73A,三角形联接下线电流为 11.64A。但两种接法下相电流均为 6.73A。

4. 功率与效率

额定功率是指电机在额定负载运行时轴上输出的机械功率 P_2,它不等于从电源吸取的电功率 P_1。

电机从电源吸收的功率为:

$$P_1 = \sqrt{3}U_L I_L \cos\varphi \tag{7.47}$$

而电机的效率等于两个功率之比:

$$\eta = \frac{P_2}{P_1} \tag{7.48}$$

通常情况下,三相异步电动机的效率 η 为 $72\%\sim94\%$。

5. 功率因数

三相异步电动机的功率因数较低,在额定负载时约为 $0.7\sim0.9$。空载时功率因数更低,只有 $0.2\sim0.3$。额定负载时功率因数最高。功率因素特性如图 7.33 所示。

6. 额定转速

额定转速指电机在额定电压、额定负载下运行时的转速。

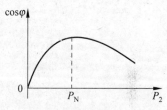

图 7.33 电机的功率与功率因数特性

7. 绝缘等级

绝缘等级指电机绝缘材料能够承受极限温度时的绝缘等级,分为 A、E、B、F、H 五级,A 级最低(105℃),H 级最高(180℃)。

7.9 电机的选择

7.9.1 功率的选择

在进行功率选择时主要考虑两方面,一是电机是否处于长期连续工作,对于连续运行的电动机,所选功率应等于或略大于生产机械的功率。

二是如果电机工作时间不长,处于短期工作,允许在运行中有短暂的过载,故所选功率可等于或略小于生产机械的功率。

不管怎样,都要懂得所拖动负载的技术要求,如果功率选得过大则不经济,功率选得过小则电动机容易因过载而损坏。

7.9.2 种类和形式的选择

1. 种类的选择

一般应用场合应尽可能选用鼠笼式电动机。只有在需要调速或不能采用鼠笼式电动机的场合才选用绕线式电动机。

2. 结构形式的选择

根据工作环境的条件选择不同的结构形式,电机有开启式、防护式和封闭式电动机 3 种结构。

7.9.3　电压和转速的选择

根据电动机的类型、功率以及使用地点的电源电压来决定。Y 系列鼠笼式电动机的额定电压只有 380V 一个等级,只有大功率电动机才采用 3000V 和 6000V 两种电压。

下面通过具体的例子来说明选择电机时要涉及的计算数据。

例 7.3　一离心式水泵,其数据分别为:抽水量 $Q=0.03\text{m}^3/\text{s}$,扬程(指出水口离进水口的垂直高度)$H=20\text{m}$,转速 $n=1460\text{r/min}$,效率 $\eta_2=0.55$,电机与水泵直接($\eta_1=1$),选择电机的功率(长期运行)。

引用公式为:

$$P=\frac{\rho QH}{102\eta_1\eta_2}$$

式中,ρ 为液体的密度,所以电机的功率为:

$$P=\frac{\rho QH}{102\eta_1\eta_2}=\frac{1000\times0.03\times20}{102\times1\times0.55}=10.7(\text{kW})$$

由这个计算结果可以看出,选择电机的标称功率值为 10kW。

7.10　单相异步电动机

单相异步电动机也是广泛使用的一种电动设备,大量用于家用洗衣机、电风扇、冰箱、家用空调机、电钻及小型水泵或抽风换气场合。由于单相电机功率一般小于 3kW,所以分家用和工业用两种。图 7.34 是常见的家用和工业用单相电动机的外形图。

图 7.34　常见的家用和工业用单相电动机的外形图

单相电动机按起动方式分为电容分相式和罩极式异步电动机两种。它们都采用鼠笼式转子,但定子结构不同。由于罩极式异步电动机相对要少一些,所以本节只介绍电容分相式单相电动机的工作原理。

1. 电容分相式单相异步电动机的绕组结构

工业用单相电动机的原理如图 7.35 所示。由图中可知,电容分相式单相电机的定子绕组分为两个绕组：一个是工作绕组,也称主绕组 A—A';另一个是起动绕组,也称副绕组 B—B',两个绕组在空间相隔 90°。起动时,B—B'绕组经电容接电源。工作绕组的线径粗、匝数多;起动绕组的线径细一些,匝数也要少一些。

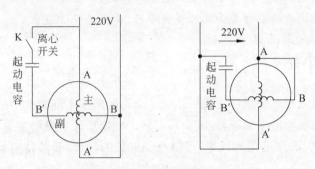

图 7.35　单相电动机的绕组示意图

　　工业用单相电机起动时,起动绕组有一个离心开关串联后与电源相接,电机起动正常后,离心开关断开,起动绕组停止工作,1kW 以下的家用电机没有离心开关,两个绕组都是工作绕组,如普通的风扇电机、洗衣机电机和家用空调电机等。

　　2. 电容分相式单相异步电动机的旋转磁场

　　当 220V 的电压加入时,如果设电流的初相为 0,有 $i=I_\mathrm{m}\sin\omega t$,这时在直接相连接的主绕组中所建立的磁场为垂直方向,由该磁场所产生的电磁力为水平方向的一对力。而电容支路中的电压则要滞后 90°,所以当电容支路经滞后 90° 的电压加在起动绕组上时,由起动绕组产生的磁场应是水平方向,这个滞后 90°电压建立起来的磁场所产生的电磁力为上下方向,简单的示意图如图 7.36 所示。

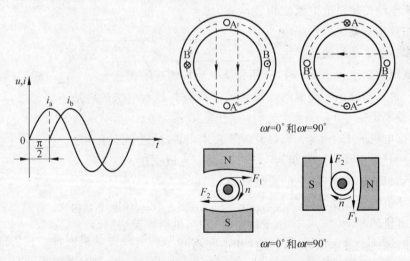

图 7.36　单相电机在电流的 $\omega t=0°$ 和 $\omega t=90°$时的旋转磁场

　　3. 电容分相式单相异步电动机的换向

　　单相电动机的换向仍是改变电源的进线方式,即只要把起动绕组中的首尾对调接到电源上即可,家用洗衣机的定时器就是完成换向和定时的双重作用。

讨论题

(1) 如果单相电机中只有一个绕组,电机会转动吗?

(2) 家用洗衣机的起动电容如果容量变小后,会出现什么现象?

7.11　本章小结

(1) 旋转磁场是由三相电按相序先后到达定子绕组的时间不同而产生的。

(2) 转子是在旋转磁场的带动下转动的,所以转子转速要低于磁场转速。

(3) 根据转速公式,改变电源的频率,可以改变电机的转速,变频技术是目前最好的调速方法之一。

(4) 电机的机械转矩与定子绕组电压的平方成正比,与电机的转速成反比,这是选择电机要注意的地方,也是变频调速的重要技术之一。

习　　题

一、填空题

1.1　三相异步电动机的旋转磁场是由 _____。

1.2　三相异步电动机如果其中的一相电源开路时,电机将_____。

1.3　三相异步电动机如果反转时,只要_____,即可改变电机的转向。

1.4　三相异步电机的磁极对数越多,电机的转速_____,转矩_____。

1.5　交流电动机按供电电源的相数可分为_____和_____。

1.6　三相异步电动机的定子由_____、_____和_____组成。

1.7　三相异步电动机的转子由_____、_____和_____组成。

1.8　当电源的频率为50Hz时,三相异步电动机的磁场转速为_____转/分钟。

1.9　有一台三相异步电动机的磁极对数 $P=3$ 时,这台电机的转速不会超过_____。

1.10　转差率是指_____与_____之差。

1.11　根据电机的 $E_1 \approx U_1 = 4.44 f_1 N_1 \phi$ 公式,每极的磁通 ϕ 正比于_____。

1.12　三相异步电动机的转矩与_____的平方成正比。

1.13　电动机的转速越低,它的机械转矩_____。

1.14　电动机的过载系数等于_____与_____的比值。

1.15　当电机的起动_____小于额定转矩时,电机将无法起动。

1.16　变频调速的基本原理是改变三相电动机的_____。

1.17　三相电动机的调速方式分_____、_____、_____和_____。

二、选择与简述题

2.1　当三相电机的 $P=1$,电源频率 $f=50$Hz 时,电机的转速为(　　)r/min。

A. 3000　　　　　　　　B. 3600　　　　　　　　C. 2950

2.2 改变电机的电源频率,表面上是改变电机转速,实质是改变电机的(　　)。

A. 转矩 　　　　B. 电阻 　　　　C. 磁极

2.3 电机的转矩与(　　)。

A. 磁极成正比 　　　　B. 电源的平方成正比 　　　　C. 定子线圈的阻抗成正比

2.4 改变电机的转向是改变电源的(　　)。

A. 电压高低 　　　　B. 相序 　　　　C. 电流大小

2.5 三相异步电动机的起动转矩(　　)。

A. 等于电机的额定转矩 　　　　B. 是额定转矩的1.8~2.2倍

C. 小于额定转矩

2.6 一台10kW的三相电机,通常采用的起动方法是(　　)。

A. 直接起动 　　　　B. 降压起动 　　　　C. 转子串电阻起动

2.7 大功率的三相异步电动机降压起动时的电流是直接起动时的(　　)。

A. 三分之一 　　　　B. 二分之一 　　　　C. 相等

2.8 今有煤矿的运煤提升电机,要求每次从井底能一次运煤50~80吨至地面,煤车的爬坡度为30°~45°之间。现有两台电压相同、功率都为100kW的电机供选择,但两台电机的磁极数不一样,一台的磁极数为$P=2$,另一台的磁极数为$P=4$。试根据矿山的工作环境,分析应该选择哪台更好。

2.9 在设计家用果汁机时,选择的电机转速应该在哪个转速为好?

2.10 请注意观察,为什么手枪电钻的转速要比台式钻床的转速要高得多?

三、计算题

3.1 一台三相异步电动机,其额定转速$n=1450r/min$,电源频率$f=50Hz$。试求电动机的磁极对数和额定负载下的转差率。

3.2 某普通机床的主轴电机(Y132M型)的额定功率为7.5kW,额定转速为1440r/min,求电机的额定转矩。

3.3 一台电机功率$P=45kW$,转速$n=970r/min$,电压$U=380V$,效率$\eta=92.3\%$,功率因数$\cos\varphi=0.88$,起动电流与额定电流的比为$I_{ST}/I_N=7$,起动转矩与额定转矩比$T_{ST}/T_N=1.9$,最大转矩与额定转矩之比(过载系数)$T_{max}/T_N=2.2$。求:

(1) 额定电流;

(2) 额定转差率S_N;

(3) 额定转矩T_N;

(4) 最大转矩T_{max};

(5) 起动转矩T_{ST}。

3.4 一台电机的负载额定转矩为510.2N·m,当电源电压U等于额定电压的80%时,电机能否起动?

3.5 一台水泵,其数据分别为:抽水量$Q=0.05m^3/s$,扬程$H=20m$,转速$n=1460r/min$,效率$\eta_2=0.55$,电机与水泵直接($\eta_1=1$),计算电机的功率(长期运行)。

第 8 章

直流电动机

本章重点

　　直流电动机的工作原理，无刷电机。

本章重要概念

　　换向片的换向作用，电枢在两个磁极面上的电流流向和力的方向，无刷是改机械接触为电子接触。

本章学习思路

　　紧紧抓住有电就有磁、有磁就有力的原理，用安培力分析直流电机的转动原理。

本章的创新拓展点

　　将电子技术与无刷电机联系起来。用电子器件取代换向片，实现无刷技术。

直流电机是一种将直流电能转换成机械能的电器设备,直流电机包括直流发电机和直流电动机,将机械能转换成直流电能的叫直流发电机,将直流电能转换成机械能的叫直流电动机,直流电机具有可逆性,一台直流电机工作在发电机状态还是电动机状态,取决于电机的工作运行环境。直流电机具有较好的调速性能和很强的起动转矩及过载能力,因而被广泛用于各种调速性能高、起动转矩大的场合。微型直流电动机还是各种电子设备的主要动力部件。

8.1　直流电机的结构与分类

8.1.1　直流电机的结构

小型直流电机的结构如8.1(a)所示,模型如图8.1(b)所示。它的组成包括定子和转子两大部分。

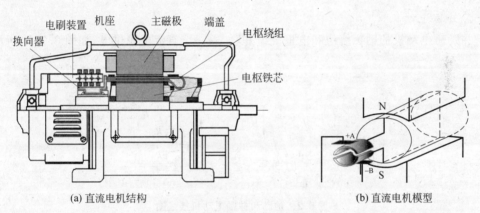

(a) 直流电机结构　　　　　　　　　　(b) 直流电机模型

图 8.1　小型直流电机结构图

1. 定子

定子由主磁极、换向磁极、机座和电刷组成。

(1) 机座:起固定作用,是电机的支撑体,除了固定主磁极和换向磁极外,还是磁路的一部分,所以又叫磁轭。机座由铸钢或钢板制成。

(2) 主磁铁:产生固定的主磁场,由主磁铁芯和套在铁芯上的励磁绕组构成。

(3) 换向磁极:(大功率电机才有)在主磁极之间产生附加磁场,由换向磁极铁芯和套在换向磁极铁芯上的换向极绕组组成(在电路中可以不画出来)。

(4) 电刷:分专用和普通,利用弹簧把电刷压在转子的换向器上,起到电气接触的作用,作为转子电枢绕组的引出端。一般情况下,电刷的对数等于主磁极数,像家用电吹风的电刷就只是两片铜片。高端的新型直流电机的电刷采用先进电子接触,称为无刷电机。

2. 转子

在直流电机中,转子又称电枢,主要由电枢铁芯、电枢线圈和换向器组成。

(1) 电枢铁芯:铁磁材料冲压开槽叠片成型,固定在转轴上。

（2）转子（电枢）绕组：按规律嵌放在转子铁芯的槽内，与换向器连接。转子绕组自身组成闭合回路，它的作用就是运动中切割磁力线。

（3）换向器：又叫整流子，是由许多换向片组成的整体，装在转子的一端，与换向片间相互绝缘，转动的换向器与固定的电刷滑动接触，使转动的电枢绕组与静止的外电路相连接。

8.1.2 直流电动机的分类

直流电动机的分类方式主要是按励磁方式划分，可以分为他励电动机、并励电动机、串励电动机和复励电动机。

1. 他励电动机

他励电动机的励磁绕组和电枢绕组是分开的，分别由两个直流电源供电，如图 8.2(a) 所示。

2. 并励电动机

并励磁电动机的励磁绕组和电枢绕组并联，由一个直流电源供电，如图 8.2(b) 所示。

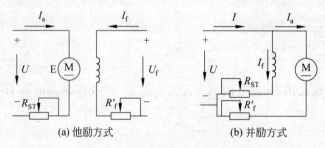

(a) 他励方式 (b) 并励方式

图 8.2 他励和并励电动机接线图

3. 串励电动机

串励电动机的励磁绕组与转子电枢串联，接到同一电源上，如图 8.3(a) 所示。

4. 复励电动机

励磁线圈与转子电枢的连接有串有并，接在同一电源上，如图 8.3(b) 所示。

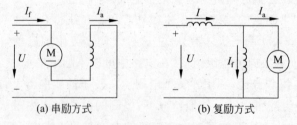

(a) 串励方式 (b) 复励方式

图 8.3 串励和复励电动机接线图

在上述 4 种类型中，他励和并励得到了广泛的应用。

8.2　直流电动机的基本工作原理

本节从直流电机的模型结构出发来说明它的工作原理。重新画的模型结构原理图如图 8.4(a)所示,图 8.4(b)为在电路中的符号。

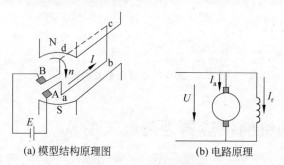

(a) 模型结构原理图　　　　(b) 电路原理

图 8.4　直流电机原理图

模型图说明:图中 abcd 为转子(电枢)绕组,在磁铁的 N 极面上为 cd 段,在磁极的 S 面上为 ab 段,N-S 为一对磁场,电枢线圈通过换向片与固定不动的电刷 A 和 B 接触后,引向直流电源的正、负极。

1. 起动阶段

直流电从正极流出,→经电刷 A→流入绕组 a→c→d→再经电刷 B→流回电源负极。即在磁极 S 面,导体 ab 的电流方向是从 a 流向 b 的;而在磁极 N 面,电流是从 c 流向 d 的,两段导体在磁场中都受到电磁力的作用,受力的方向根据左手定则,ab 段向左,而 cd 段向右,这一对电磁力形成了作用于电枢的电磁转矩,其转动的方向为顺时针方向,于是电枢就按顺时针方向转动。

2. 续转

随着电枢的转动,两段导体的位置发生了改变,即 ab 进入 N 极面,而 cd 进入 S 极面,此时电流的方向并未改变,这时,电磁转矩产生的方向将是逆时针方向。电枢不能按原方向转动,电机无法正常工作。

显然,要使电枢受到一个方向不变的转矩,只能改变电流的方向,这就是所谓的换向。ab 导体从 S 极进入 N 极时,电流方向要及时地从原来的从 a 流向 b 改为从 b 流向 a;同样对 cd 导体而言,从 N 极进入 S 极时,它的电流方向也要相应地从原来的 c 流向 d 改为从 d 流向 c。通过这个续转的条件可以看出,换向片的作用就是使 N-S 极下导体的电流方向不变,才能保证电枢转矩的方向不变。电动机就能按原来的方向继续转动,两个磁极上电流的流向如图 8.5 所示。

从图中可以看出,传统直流电机的转动是靠换向器来解决电流方向不变的,很明显,这样的机械接触对电机的寿命难以保证,目前,由于电力电子技术的发展,这项传统工艺技术已由电子器件取代,实现了无机械接触的无刷电机。

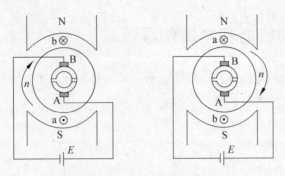

图 8.5　两个磁极面上电流的流向

8.3　直流电动机的机载特性及电流关系

8.3.1　直流电动机的电磁转矩

在磁通不变的情况下，电枢电流的大小决定了需要产生的电磁转矩的大小，即电磁转矩公式为：

$$T = K_T \varphi I_a \tag{8.1}$$

式中，转矩 T 的单位是 N·m，K_T 为电动机的构造系数，φ 是每个磁极下的总的磁通量，单位是 Wb，I_a 为电枢电流，单位是 A，显然，当直流电机的构造系数为常数时，电动机电磁转矩的大小与磁通和电枢电流成正比。

例 8.1　已知某直流电动机的构造系数 $K_T = 30$，每极磁通 $\phi = 0.06$Wb，求电枢电流等于 50A 时的电磁转矩。

本例知识目标：掌握转矩公式的应用。

解：根据转矩公式，电机的转矩为：

$$T = K_T \phi I_a = 30 \times 0.06 \times 50 = 90(\text{N} \cdot \text{m})$$

8.3.2　直流电动机的电流

为了更清晰地分析出直流电动机中电流和转矩的关系，先以他励电动机和并励电动机的电路为例，如图 8.6 所示。

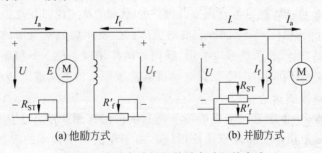

(a) 他励方式　　　　　　　(b) 并励方式

图 8.6　他励电动机和并励电动机的电路

从两种类型的电动机电路可以看出,输入电动机的总的电流等于电枢电流加上励磁电流,所以有:

$$I = I_f + I_a \tag{8.2}$$

在电枢绕组中,根据 KVL,它的电压平衡方程为:

$$E = U - R_a I_a \tag{8.3}$$

式(8.3)说明,在电源电压 U 不变的情况下,电枢电动势 E 的大小决定于电枢电流 I_a 的大小,也就是说,电动机若需要电磁转矩不变,必须要保持电压的稳定。

在后面的内容中,还可以从式(8.2)中得出另一个非常重要的概念,直流电动机的调速是可以通过改变电机的直流电压来实现的,具体的方法可以灵活多样。

8.4 并励电动机的起动、反转与调速

8.4.1 电机的起动

根据电枢绕组电压平衡方程,电枢绕组中的电流为:

$$I_a = \frac{E - U}{R_a} \tag{8.4}$$

由于电枢电阻很小,当电动机起动的初时,它的转速 n 为零,这时当然它的反电动势 E 也为零,所以起动电流非常的大。

$$I_{ST} = \frac{U}{R_a} = (10 - 20) I_N \tag{8.5}$$

这样大的起动电流非常容易损坏设备,因此,在起动中通常是在电枢绕组中串接一个起动电阻 R_{ST} 起动,或者是降压起动。

串接电阻起动时,通常起动电流限制在 $1.5 \sim 2.5$ 的额定电流,即:

$$I_{ST} = \frac{U_N}{R_a + R_{ST}} = (1.5 \sim 2.5) I_N \tag{8.6}$$

式中,$R_{ST} = \dfrac{U_N}{I_{ST}} - R_a$,$U_N$ 是额定电压,在操作过程中,在满磁下将 R_{ST} 置最大处,逐渐减小 R_{ST} 使转速 n 升高。

降压起动则是直接降低电机的启动电压来完成电机的起动。

注意:直流电动机在起动和工作时,励磁电路一定要接通,不能让它断开,而且起动时要满励磁。否则,磁路中只有很少的剩磁,可能产生以下几种事故:

(1)如果电动机是静止的,由于转矩太小($T = K_T \phi I_a$),电机将不能起动,电枢电流很大,电枢绕组有被烧坏的危险。

(2)如果电动机在有载运行时断开励磁回路,反电动势 E 立即减小而使电枢电流增大,同时由于所产生的转矩不满足负载的需要,电动机必将减速而停转,更加促使电枢电流的增大,以致烧毁电枢绕组和换向器。

(3)如果电机在空载运行,可能造成飞车,使电机遭受严重的机械损伤,而且因电枢电流过大而将绕组烧坏。造成以下联锁反应:

$$\phi\downarrow \rightarrow E_a\downarrow \rightarrow I_a\uparrow \rightarrow T_m\uparrow \gg T_0 \rightarrow \uparrow（飞车）$$

8.4.2 电机的反转

改变直流电机转向的方法有两种：

(1) 改变励磁电流的方向。

(2) 改变电枢电流的方向。

注意：改变转动方向时，励磁电流和电枢电流两者的方向不能同时变。

8.4.3 并励(他励)电动机的调速

直流电机的转速公式为：

$$n = \frac{U - I_a R_a}{C_e \phi} \tag{8.7}$$

从式(8.7)中不难发现，直流电机调速方法有 3 种。

1. 改变磁通调速

在式(8.7)中，磁通 ϕ 处于分母位置，对速度的影响较大，只要保持电枢电压 U 不变，改变励磁电流 I_f（调 R_f）就可以改变磁通 ϕ 的大小，从而达到调速的目的。一般只采用减少励磁电流（减弱磁通）的方法调速，其基本原理如下：

$$R_f\uparrow \rightarrow I_f\downarrow \rightarrow \phi\downarrow \rightarrow n\uparrow$$

减小磁通 ϕ 调速的特点是：

(1) 调速平滑，可得到无级调速，但只能向上调，受机械本身强度所限，n 不能太高。

(2) 调速设备简单、经济，电流小，便于控制。

(3) 机械特性较硬，稳定性较好。

(4) 对专门生产的调磁电动机，其调速幅度可达 $\frac{1}{3} \sim \frac{1}{4}$，例如 $530 \sim 2120\mathrm{r/min}$ 及 $310 \sim 1240\mathrm{r/min}$。

使用调磁调速时应注意：

(1) 若调速后电枢电流 I_a 保持不变，电动机在高速运转时其负载转矩必须减小。

(2) 这种调速方法只适用于恒功率调速（如用于切削机床）。

2. 改变电压调速

在式(8.7)中，电压 U 处于分子的位置，改变电压的大小，同样可以达到调速的目的。改变电压调速具有以下特点：

(1) 工作时电压不允许超过 U_N，而转速 $n\propto U$，所以调速只能向下调。

(2) 机械特性较硬，并且电压降低后硬度不变，稳定性好。

(3) 均匀调节电枢电压，可得到平滑无级调速。

(4) 调速幅度较大。

但改变电压调速使用的调压设备投资费用较高。近年来由于电力电子技术的发展，已普遍采用晶闸管整流电源对电动机进行调压和调磁，以改变它的转速，这是目前直流电机调速的先进技术。

8.5 无刷直流电动机

针对传统直流电动机的弊病,从 20 世纪 70 年代以来,随着电力电子工业的飞速发展,许多高性能半导体功率器件,如 GTR、MOSFET、IGBT 和 IPM 等相继出现,以及高性能永磁材料的问世,均为直流无刷电动机的广泛应用奠定了坚实的基础,而且将传统的单相直流电机发展成为当今被广泛使用的三相、四相和五相直流无刷电机。

8.5.1 直流无刷电动机结构

直流无刷永磁电动机主要由电动机本体、位置传感器和电子开关线路 3 部分组成。其定子绕组一般制成多相(三相、四相和五相不等),转子由永久磁钢按一定磁极对数($p=2,4,\cdots$)组成。图 8.7 所示为三相两极直流无刷电机结构。

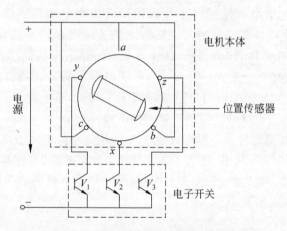

图 8.7 三相两极直流无刷电机组成原理

图中,三相定子绕组的始端分别与电源相接,末端则分别与电子开关线路中相应的功率开关管 V_1、V_2 和 V_3 相接。A、B、C 绕组位置传感器的跟踪转子与电动机转轴相联接。

8.5.2 电子开关的换向过程

当定子绕组的某一相通电时,该电流与转子永久磁钢的磁极所产生的磁场相互作用而产生转矩,驱动转子旋转,再由位置传感器将转子磁钢位置变换成电信号,去控制电子开关线路,从而使定子各相绕组按一定顺序导通,定子相电流随转子位置的变化而按一定的顺序换相。由于电子开关线路的导通顺序是与转子转角同步的,因而起到了机械换向器的换向作用。

这里需要强调的是,随着电力电子技术的迅速发展,无刷电机中的位置传感器已由光电器件取代,光电器件在定子的空间安装位置各间隔 $120°$,并借助安装在电动机轴上的旋转遮光板的作用,使从光源射来的光线一次照射在各个光电器件上,并依照某一光电器件是否被照射到光线来判断转子磁极的位置,原理如图 8.8 所示。

假定当光电器件 VP_1 被光照射时,输出脉冲信号,驱动功率晶体管 V_1 呈导通状态,

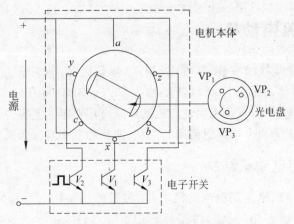

图 8.8　光电型位置传感器原理图

电流流入绕组 a-x,该绕组电流同转子磁极作用后所产生的转矩使转子的磁极按顺时针转动 120°。此时直接装在转子轴上的旋转遮光板亦跟着同步转动,并遮住 VP_1 而使 VP_2 受光照射,从而使晶体管 V_1 截止,晶体管 V_2 导通,电流从绕组 a-x 断开而流入绕组 b-y,使得转子磁极继续朝箭头方向转动。当转子磁极转到 240° 的位置时,此时旋转遮光板已经遮住 VP_2,使 VP_3 被光照射,导致晶体管 V_2 截止、晶体管 V_3 导通,因而电流流入绕组 c-z,于是驱动转子磁极继续朝顺时针方向旋转。

　　这样,随着位置传感器转子扇形片的转动,定子绕组在位置传感器 VP_1、VP_2 和 VP_3 的控制下,便一相一相地依次送电,实现了各相绕组电流的换相。目前,随着 PLC 技术的跟进,高端无刷电机的换向已由一块单片机控制,由于单片机强大的功能,实现了无刷电机的调速和换向等许多前沿技术。

8.6　本章小结

(1)直流电动机具有良好的机械特性和调速性能。

(2)直流电动机的关键技术是换向,换向的核心技术是电子换向。

(3)直流电动机的转矩正比于电枢电流,因此起动时必须减小起动电流。

(4)单片机控制直流电动机代表了目前直流电机的前沿技术。

习　　题

一、填空题

1.1　直流电动机按照励磁电流的方式可分为_____、_____、_____和_____。

1.2　直流电动机具有_____、_____和_____优越性。

1.3　直流电动机的励磁绕组仍可以分为单相和_____。

1.4　直流电动机的起动电流是额定电流的_____倍,所以必须采用降压起动或串接起动电阻以减小起动电流。

1.5 直流电动机的起动转矩 T 正比于_____,反比于_____。

1.6 降低直流电动机起动时的电源电压,实质是减小_____。

1.7 传统直流电动机的换向是由_____完成的。

1.8 无刷直流电动机是指供电电压没有机械_____,而是由_____改变电源的极性,以实现换向。

1.9 无刷直流电动机的换向器是由_____来承担的。

1.10 无刷直流电动机的光电位置传感器的作用是_____。

二、选择题

2.1 当电源电压一定时,减小电枢电流 I_a,改变了电机的(   )。

    A. 转矩　　　　　　　　　B. 转速　　　　　　　　　C. 电阻

2.2 直流电动机起动时,为了减小起动电流,可直接降低(   )。

    A. 电枢电阻　　　　　　　　B. 电源电压　　　　　　　C. 励磁电流

2.3 直流电动机的机械转矩正比于(   )。

    A. 电枢电流　　　　　　　　B. 励磁电流　　　　　　　C. 电枢电阻

2.4 直流电动机换向器的作用是(   )。

    A. 改变电流流向

    B. 保证磁极面上的导体电流方向不变

    C. 改变电压极性

2.5 直流电动机的"无刷"是指将机械接触改用(   )。

    A. 光电耦合　　　　　　　　B. 电子开关　　　　　　　C. 触发脉冲

三、简述题

3.1 为什么说降低电源电压就能改变直流电动机的转速?

3.2 试分析三相异步电动机与直流电动机起动电流大的原因,两者有没有共同点?

四、计算题

4.1 有一并励直流电动机,电源电压为 $U=100V$,$P_2=20kW$,$\eta=0.9$,求额定电流。

4.2 在 4.1 题中,其他参数不变,如果电枢电阻 $R_a=0.1\Omega$。求:

    (1) 直接起动时的起动电流;

    (2) 如果要求起动电流不大于额定电流的 2 倍,求需串入多大的起动电阻。

4.3 有一他励直流电动机,已知 $U=110V$,$I_a=50A$,$n=1500r/min$,$R_a=0.5\Omega$,如果在保证转矩不变的情况下励磁电流也不变时,电源电压降为80V,求电机的转速。

第 9 章

继电接触控制系统

本章重点

常用低压控制器件的作用和构造,接触控制的基本工作原理。

本章重要概念

接触器、闭合回路、电磁吸力。

本章学习思路

紧紧抓住在铁磁线圈中,有电流流动时就能产生电磁吸力,无电流流动就失去电磁吸力这一电生磁、磁生力的特点,学习继电接触控制系统的工作过程,为 PLC 控制奠定良好的基础。

本章的创新拓展点

用二维动画展示电机的各种控制状态,使控制过程更直观,原理更清晰。

继电接触控制系统是传统的低压电器控制系统,它的任务主要是对由三相电动机带动的机械设备进行启动、停止、正转、反转、点动和时序等一系列控制,在这个控制系统中,使用的主要器件是电磁器件,包括交流接触器、时间继电器和中间继电器等。

9.1 常用控制电器器件

常用低压控制器件包括两大类,一类是配电电器,另一类是控制电器。前者在电路中起保护作用,后者在电路中是一个执行动作的器件。可按下面的走向图概括。

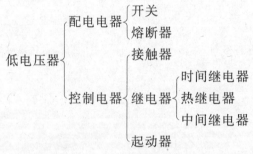

下面分别介绍各个器件在电路中的作用原理。

9.1.1 闸刀开关

闸刀开关根据它所控制电源的相数不同分为单相闸刀开关和三相闸刀开关两种。它们的应用条件是控制电压低于或等于 380V、功率小于 5.5kW 的小电机。考虑到电机较大的起动电流,闸刀的额定电流值应大于或等于三相异步电动主要技术指标中的额定电压和电流值。闸刀在电路中的符号如图 9.1 所示。

9.1.2 熔断器

熔断器通常又称保险丝,它在电路中的作用是当负载出现短路或电流过大时能够快速地熔

(a) 单相闸刀符号   (b) 三相闸刀符号

图 9.1 闸刀的电路符号

断,从而切断电源,达到保护电路的目的,解决的问题是避免事故扩大,所以它是保护事故设备之前的电路,对事故设备不起保护作用。保险熔断电流的大小应按下面的经验公式选择,式中 I_f 为保险丝的额定熔断电流。

(1) 无大冲击电流的场合(如电灯、电炉):

$$I_f \geqslant I_L$$

其中,I_L 为负载的额定电流。

(2) 一般电机:

$$I_f \geqslant \left(\frac{1}{2.5} - \frac{1}{3} \right) I_{ST}$$

式中,I_{ST} 为电机的起动电流。

(3) 频繁起动的电机：

$$I_f \geqslant \left(\frac{1}{1.5} - \frac{1}{2}\right) I_{ST}$$

注意：异步电机的起动电流 $I_{ST} = (5-7)I_N$，式中 I_N 为额定电流。保险丝在电路中的使用符号如图 9.2 所示，用字符 FU 表示，保险丝的安/秒特性如图 9.3 所示，各种保险丝的外形如图 9.4 所示。

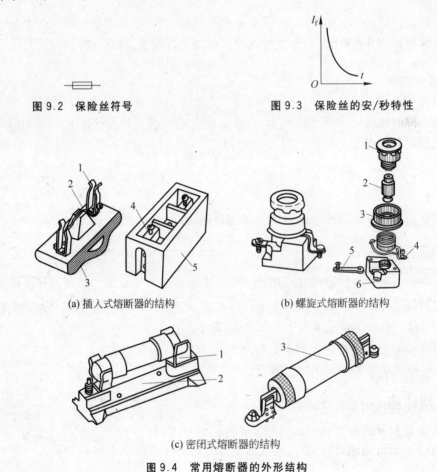

图 9.2　保险丝符号　　　　　　　图 9.3　保险丝的安/秒特性

(a) 插入式熔断器的结构　　　　(b) 螺旋式熔断器的结构

(c) 密闭式熔断器的结构

图 9.4　常用熔断器的外形结构

9.1.3　控制按钮

控制按钮在电路中相当于双刀开关或四刀同轴开关。

1. 普通单组按钮

按钮一般分为常开触点组、常闭触点，组合按钮则是将两组做在一起，所以包括两组触点。常用按钮的外形如图 9.5 所示。

按钮在电路中的符号如图 9.6 所示，图 9.6(a) 为单组常开触点，图 9.6(b) 为单组常闭触点。

图 9.5 常见按钮的外形及结构图

(a) 单组常开触点　(b) 单组常闭触点

图 9.6 单组按钮在电路中的符号

2. 组合按钮

组合按钮是将一副常开触头片和一副常闭触头片安装在一个按钮内,操作时,常开和常闭两副触头同时联动,当常开触头闭合时,常闭触头打开,这种结构称为组合按钮,其结构示意图与电路符号如图 9.7 所示,图 9.7(a)为剖视图,图 9.7(b)为结构示意图,图 9.7(c)为在电路中使用的符号。

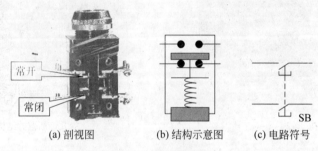

(a) 剖视图　　　　(b) 结构示意图　　　(c) 电路符号

图 9.7 组合按钮图

9.1.4 行程开关

行程开关的作用是在电路中完成限位保护、行程控制和自动切换等,它的动作原理是机械撞击。行程开关的结构与按钮类似,如图 9.8(a)所示为结构示意图,行程开关中,同样包括有常开和常闭两对触头片,它在电路中使用的符号如图 9.8(b)所示。

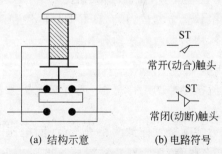

常开(动合)触头

常闭(动断)触头

(a) 结构示意　　　　　　(b) 电路符号

图 9.8 行程开关结构示意与电路符号

9.1.5 交流接触器

1. 交流接触器的作用

交流接触器是一种自动化的控制电器,接触器主要用于频繁接通或断开的电路,具有控制大电流,并可远距离操作,配合继电器可以实现定时操作,连锁控制,各种定量控制和失压及欠压保护等特点,广泛应用于自动控制电路。其主要控制对象是电动机,也可用于控制其他电力负载,如电热器、照明、自动电焊机和电容器组等。接触器按被控电流的种类可分为交流接触器和直流接触器,这里只介绍常用的交流接触器。交流接触器又可分为电磁式和真空式两种。

2. 电磁式交流接触器的结构

图 9.9 是常见的电磁式接触器外形图,图(a)密封式,图(b)开放式。

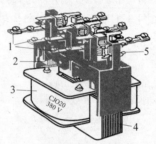

(a) 密封式交流接触器　　　　(b) 开放式交流接触器

图 9.9　交流接触器外形图

3. 交流接触器的组成

(1)电磁系统:包括吸力线圈、动铁芯和静铁芯。

(2)触头系统:包括三副主触头和两个常开、两个常闭辅助触头,它和动铁芯连在一起互相联动。

(3)灭弧装置:一般容量较大的交流接触器(20A 以上)都设有灭弧装置,以便迅速切断电弧,免于烧坏主触头。

(4)绝缘外壳及附件:各种弹簧、传动机构、短路环。

交流接触器的触点由银钨合金制成,具有良好的导电性和耐高温烧蚀性。在电路中,它利用主触点来开、闭电路,用辅助触点来执行控制指令。

4. 交流接触器的工作原理

为了更清晰地说明交流接触器的工作过程,现将交流接触器的接线动作示意图画出来,如图 9.10 所示。

图中交流接触器的吸力线圈接至任意两相进线(线圈电压 380V),当线圈通电时,静铁芯产生电磁吸力,将动铁芯吸合,由于触头系统所有的触点向左移动(触头系统是与动铁芯联动的),因此动铁芯带动三条主动触片同时运行,触点闭合,从而接通电源使负载得电,同时,辅助触点由常开变为闭合,常闭点断开;当线圈断电时,吸力消失,动铁芯联动部

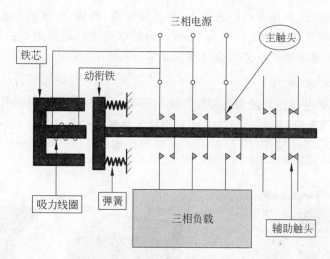

图 9.10 交流接触器接线示意图

分依靠弹簧的拉力使主触头断开，切断负载电源。

5. 交流接触器的电路符号

交流接触器在电路中的符号往往在电路图中是分开绘制的，分为接触器线圈符号、接触器主触头符号和接触器辅助触头符号。图 9.11(a)为吸力线圈符号，图 9.11(b)为主触头符号，图 9.11(c)为辅助触点符号。

(a)线圈符号　　(b)主触头符号　　(c)辅助触点符号

图 9.11 交流接触器的电路符号

6. 交流接触器的主要技术指标

交流接触器的主要技术指标是额定工作电压、电流和触点数目等。特别是额定工作电压是指线圈的工作电压，如果线圈电压为 380V，而接线时接成了 220V，表现为没有足够的电磁吸力；反之，如果线圈电压为 220V，而接成了 380V，线圈将很快发热而烧毁。

9.1.6 继电器

继电器和接触器的工作原理一样。主要区别在于，接触器的主触头可以通过大电流，而继电器的触头只能通过小电流。所以，继电器只能用于小电流控制电路中，常用继电器有中间继电器、电压继电器、电流继电器、时间继电器和热继电器。下面重点介绍时间继电器和热继电器这两种常用器件。

1. 机械(电磁)式时间继电器

时间继电器在电气控制系统中是非常重要的电器元器。一般分为通电延时和断电延时两大类型。从动作的原理上有电子式和机械式(电磁式)等。机械式又分交流供电和直流供电两种,总的来说机械式的样式较多,有利用气囊、弹簧、钟表擒纵装置式,也有使用小型罩极同步电机带动凸轮式。图9.12所示为某电磁式时间继电器的外形图。机械式的优点是电流大,主要用于电力和拖动系统。

2. 数字式时间继电器

数字式时间继电器已从过去的单结晶体管所完成的延时触发时间控制电路,发展到至今广泛使用的CMOS集成电路以及用专用延时集成芯片组成的多延时功能、多设定方式、多时基选择、多工作模式、LED显示的时间继电器。图9.13为国产某数字式时间继电器的外形图。

图9.12 电磁式时间继电器外形图

图9.13 数字式时间继电器

3. 热继电器

热继电器的主要作用是加热回路的控制和电动机的过流控制。一旦运行的电动机出现不正常的情况或电路异常,就会造成电动机转速下降、绕组中的电流增大,电动机的绕组温度升高。如果过载电流不大且过载的时间较短,电动机绕组不超过允许温升时,还允许这种过载。但如果过载时间长,过载电流大,电动机绕组的温升就会超过允许值,严重时甚至会使电动机绕组烧毁。这时热继电器利用电流的热效应原理来切断电源,所以,热继电器在电路中为电动机提供过流保护。另一种小电流热继电器,主要用于加热回路的控制,起到温度控制的目的,如家用电饭锅和饮水机的温度控制等。

热继电器也分机械式和电子式两种,机械式热继电器的弱点是保护迟钝,特别是家用电冰箱和空调机的压缩机保护,一般都是压缩机损坏后才动作,只能起到保护设备以外的供电线路,避免事故进一步扩大的作用。机械式热继电器的结构示意如图9.14所示。

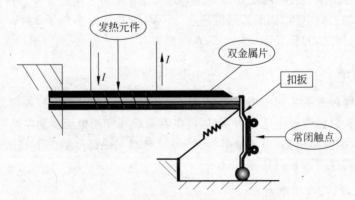

图9.14 机械式热继电器的结构示意图

机械式热继电器的工作原理是当发热元件接入电机主电路后,若长时间过载,双金属片被烤热。因双金属片的下层膨胀系数大,使其向上弯曲,扣板被弹簧拉回,常闭触头断开。热继电器的符号如图 9.15 所示,图 9.15(a)为发热元件符号,图 9.15(b)为热继电器符号。

电子式热继电器采用传感器与相应的放大驱动电路组成,它控制精度高,动作灵敏,目前高端电器设备都选用电子式热继电器作保护。

9.1.7 空气自动开关

1. 空气自动开关的作用

空气开关用于主回路中的过流或过载保护,通常安装在设备的进线端。根据控制的线数多少,分为单相单线、单相双线和三相三线。空气开关的动作电流从数十安至数十千安不等。常见的空气开关的外形如图 9.16 所示。

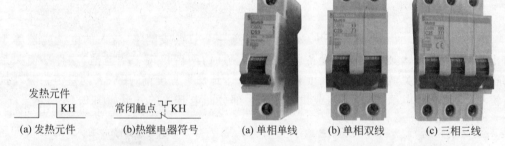

图 9.15 热继电器电路符号

(a) 发热元件   (b)热继电器符号

(a) 单相单线   (b) 单相双线   (c) 三相三线

图 9.16 常见空气开关外形图

2. 空气开关的工作原理

空气开关除了具有过流保护功能外,多数产品还具有欠压保护功能,原理如图 9.17 所示。

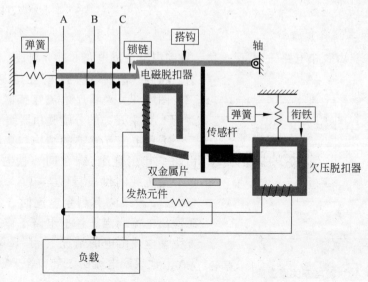

图 9.17 空气自动开关控制原理图

早期的空气开关只是当电流大于额定值时,双金属片上端进一步靠近传感杆,间隙缩小,当双金属片接触传感杆后,即推动传感杆转动,使其搭钩松离脱扣联杆,主动触头在弹簧的作用下迅速与静触头断开,完成过载保护。电流值越大,电流热效应产生的热量越多,双金属片弯曲的速度越快,动作所需的时间越短。由于双金属片的动作是由其受热变形而产生的,所以完成动作需要一定的时间,因而用这种热脱扣作为短路保护,分断能力是不够理想的。现在的空气开关采用电磁脱扣装置,当通过电流达到额定值的 7 倍以上时,流过电磁脱扣线圈的大电流产生的磁感应强度足够大,使两个分开的铁芯克服复位弹簧的张力而吸合,向传感杆方向推动铝质导杆,触动传感杆旋转,使动触头跳开,完成保护动作;当线路出现短路时,开关可以瞬时动作,对线路进行保护。欠压脱钩器的工作恰恰相反,当电压正常时,吸住衔铁,动触点吸合,一旦电压严重下降或断电,衔铁被释放使动触点断开。当电源电压恢复正常后,必须重新合闸才能工作。

9.1.8　漏电开关

1. 作用

漏电开关工作的核心理论是 KCL,即对任意一个节点或网络,流入的电流应该等于流出的电流,当人体触电或电器设备出现漏电故障时,两者出现一个差值,这种平衡关系将被破坏,漏电开关就是在电流强度和时间尚未达到伤害程度前,用放大的差值去驱动执行机构,自动切断电源,保护人身或设备安全。部分漏电开关的外形如图 9.18 所示。

图 9.18　漏电开关外形

2. 漏电开关工作原理

漏电保护器由脱扣电路、过载保护器装置和漏电触发电路 3 部分组成。图 9.19 所示为三相四线制漏电保护开关的原理图。

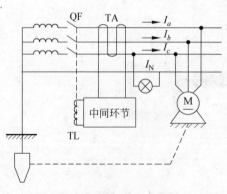

图 9.19　漏电开关原理图

图中 TA 为零序电流互感器,QF 为主开关,TL 为主开关的分励脱扣器线圈。

零序电流互感器的结构与变压器类似,是由两个互相绝缘、绕在同一铁芯上的线圈组成。接负载的供电导线与 TA 一次线圈相连接,当一次线圈有剩余电流时,二次线圈就会感应出电流。当被保护电路工作正常时,没有发生漏电或触电的情况下,由 KCL 可知,通过 TA 一次线圈电流的矢量和等于零,即

$$\dot{i}_a + \dot{i}_b + \dot{i}_c + \dot{i}_N = 0$$

这使得在 TA 铁芯中磁通的相量和也为零,即

$$\phi_a + \phi_b + \phi_c + \phi_N = 0$$

这样在 TA 的二次线圈中不会产生感应电动势,漏电保护器不动作,系统保持正常供电。当被保护电路发生漏电或有人触电时,由于漏电电流的存在,通过 TA 一次线圈各相电流的相量和不再等于零,产生了漏电电流 I_K。此时,在铁芯中出现了交变磁通。在交变磁通作用下,TL 二次线圈就有感应电动势产生,这个感生电动势就是被测出的漏电信号,此漏电信号经中间环节进行处理和比较,当达到预定值时,使主开关分励脱扣器线圈 TL 通电,驱动主开关 GF 自动跳闸脱扣,切断电路,从而实现保护。

3. 漏电电流的要求

漏电保护器的额定漏电动作电流应满足以下 3 个条件。

(1) 为了保证人身安全,额定漏电动作电流应不大于人体安全电流值,国际上公认 30mA 为人体安全电流值。

(2) 为了保证电网可靠运行,额定漏电动作电流应躲过低电压电网正常漏电电流。

(3) 为了保证多级保护的选择性,下一级额定漏电动作电流应小于上一级额定漏电动作电流,各级额定漏电动作电流应有级差 112~215 倍。

第一级漏电保护器安装在配电变压器低压侧出口处。该级保护的线路长,漏电电流较大,其额定漏电动作电流在无完善的多级保护时,最大不得超过 100mA。

具有完善多级保护时,对漏电电流较小的电网,非阴雨季节为 75mA,阴雨季节为 200mA;漏电电流较大的电网,非阴雨季节为 100mA,阴雨季节为 300mA。

第二级漏电保护器安装于分支线路出口处,被保护线路较短,用电量不大,漏电电流较小。漏电保护器的额定漏电动作电流应介于上、下级保护器额定漏电动作电流之间,一般取 30~75mA。

第三级漏电保护器用于保护单个或多个用电设备,是直接防止人身触电的保护设备。被保护线路和设备的用电量小,漏电电流小,一般不超过 10mA,宜选用额定动作电流为 30mA,动作时间小于 1s 的漏电保护器。

9.2 继电接触控制的基本环节

电机的基本控制环节主要包括以下几个方面:

(1) 电机起动、停车(点动、连续运行);

(2) 多点控制;

(3) 顺序控制;

(4) 电机正反转控制;

(5) 行程控制;

(6) 时间控制;

(7) 速度控制等。

本章重点介绍工程中常见的电机起动、停车、点动、连续运行、多点控制、顺序控制、电机正反转控制、行程控制和时间控制等。

9.2.1　电机的点动控制

1. 控制原理图

电机的点动控制电路如图 9.20 所示。图中 SB 为点动按钮,KM 为交流接触器的吸力线圈和主动触头,FU 为保险丝,QS 为三相闸刀开关。

2. 控制过程

当按下控制按钮 SB 时,C 相电流经交流接触器的线圈 KM 再经按钮 SB 到 B 相形成回路,由于 KM 线圈中有电流流通而产生吸力,衔铁被吸合,因而主触头 KM 闭合,电机得电而转动;当松开按钮 SB 时,交流接触器线圈 KM 的回路被切断,衔铁在弹簧的作用下弹开,从而使主触头打开,电机失电停止工作。

9.2.2　电机连续运行的控制电路

1. 电路原理

从点动控制电路的工作过程可以看出,这种控制电路虽简单,但功能单一,只能完成电机的点动工作,当要求电机进行其他形式的工作时,该控制电路的功能就无法满足了。电机连续运行的控制电路如图 9.21 所示,图中,SB2 为起动控制按钮,SB1 为停止按钮,KM 为交流接触器的各元件。

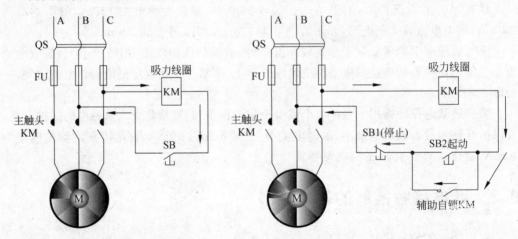

图 9.20　电机的点动控制原理图　　　图 9.21　电机连续运行电原理图

2. 控制过程

1) 启动过程

当按下启动按钮 SB2 时,C 相交流电经吸力线圈 KM,再经 SB2 流向 B 相,形成回路,由线圈产生的电磁吸力拉动衔铁,使主触头 KM 闭合,电机得电转动,同时辅助触头 KM 自锁;松开按钮 SB2 后,由于辅助触头的自锁作用,回路仍然是闭合的,所以电机照样运转。

2) 停机过程

当按下停止按钮 SB1 时,吸力线圈 KM 的回路被切断,失去电磁吸力,衔铁在弹簧的作用下弹起,与此同时,辅助触头也被打开,此时由于 SB2 也处于常开状态,当自锁辅助触头打开后,SB1 处于复位状态,线圈回路仍处于被切断状态,此时电机停止工作。

9.2.3 具有过载保护的电机连续运行控制电路

电机在长期的运行过程中,如果定子线圈出现匝间短路或者长期过热,都会损坏定子线圈,此时如果不立即切断电源,将会造成供电电路的损坏。加接过流保护功能的电路如图 9.22 所示,图中,SB2 为起动控制按钮,SB1 为停止按钮,KM 为交流接触器的各元件,KH 为过载过流保护热继电器。

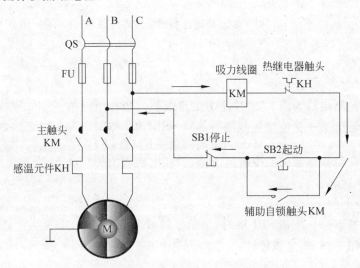

图 9.22 具有过流保护功能的连续运行控制电路

1. 电机的正常运行

电机正常运行时,感温元件上的温度较低,热继电器触头处于常闭状态,控制电路是否闭合由 SB1 决定,即电机处于正常工作状态。

2. 电机的保护过程

当电机定子线圈中的电流超过正常值时,感温元件上的温度迅速增加(注意:起动时电流会迅速降到额定值),热继电器的触头自动断开,切断控制回路,使交流接触器失去电磁吸力,与衔铁装在一起的主触头在弹簧的作用下跳开,电机停止供电,从而达到保护的目的。

9.2.4 多点同时控制一台电机

1. 电路结构原理

在工程应用中,经常需要两地能同时对一台电机进行控制,这就需要在同一个控制回路中具有两套控制元件,这种控制方法是将两个按钮 SB2 甲和 SB1 乙的常开触点并联,两个按钮 SB2 甲和 SB1 乙的常闭触点串联,电路如图 9.23 所示,图中箭头所示为甲地控制时的电流路径。

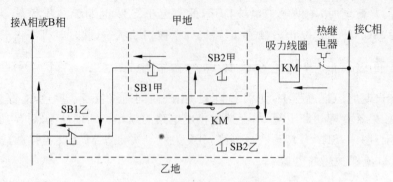

图 9.23　甲地控制时电流路径图

2. 工作过程

1）甲地启动

甲地启动控制电路为图 9.23 中上方的虚线框。当在甲地按下 SB2 甲按钮时，C 相交流电→热继电器触头→交流接触线圈 →KM→SB2 甲→SB1 甲→SB1 乙 →A 相或 B 相组

↓ 辅助触头KM自锁↑

成回路。由于交流接触器线圈中有电流流通，在电磁吸力的拉动下，交流接触器的主触头接通闭合，电机运转。

2）甲地停止

当在甲地按下停止按钮 SB1 甲时，切断控制回路，交流接触器失去电磁吸力，主触头在弹簧力的作用下弹开，电机停转。

3）乙地启动

乙地启动控制电路为图 9.23 中下方的虚线框。当在乙地按下 SB2 乙按钮时，C 相交流电→热继电器→线圈 KM→SB2 乙→SB1 甲→SB1 乙→A 相或 B 相，形成回路，交流接

↓ 辅助触头KM自锁↑

触器在电磁吸力下将主触头接通闭合，电机得电运转工作。

4）乙地停止

当在乙地停车时，按下 SB1 乙按钮，切断控制回路，交流接触器失电后，主触头在弹簧力的作用下被弹开，电机失电而停转。

9.2.5　连续运行+点动控制电路

1. 电路组成

这是一种使用较多的控制电路，经常用在被送物体一次不能准确到位，需要进行细致的人工操作才能准确到位的控制系统中。控制电路组成及电流路径如图 9.24 所示，图中，SB1 为停止按钮；SB2 为连续运行按钮；SB3 为点动复合按钮，它的常闭触点串联在连续运转的控制回路中，它的常开触点作为点动控制用。

2. 连续运转控制过程

当按下连续运行按钮 SB2 后，其辅助常开触点 KM 闭合，C 相交流电→温度继电器→KH→交流接触器线圈→KM→复合按钮→KM 的常闭端→SB1→B 相，形成回路，主触

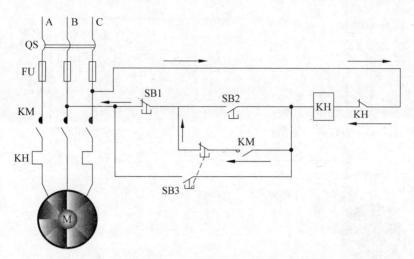

图 9.24 连续运行加点动控制电路及电流路径

头在电磁力的拉动下闭合,电机得电连续运转。

3. 点动控制过程

点动控制时的电路如图 9.25 所示,图中箭头所示为电流路径。

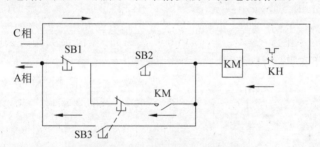

图 9.25 点动控制时的电流路径

当按下点动控制按钮 SB3 时,由于是复合按钮,SB3 的常开触点接通的同时,其常闭触点打开,连续运行时的控制回路被切断,同时交流接触器的辅助触头 KM 也被切断,C 相电→KH→KM 线圈→SB3 的常开触点→A 相形成回路。主触头在电磁力的拉动下闭合,电机得电连续运转;当松开 SB3 后,上下两条控制支路都处于切断状态,电机停止转动。

9.2.6 电机正反转控制电路

很多工程应用中,需要电机经常进行正转和反转的切换,如机具的进刀和退刀,物件的提升和降低等,都属于电机的正转和反转。电机正、反转控制电路如图 9.26 所示。

1. 主要控制元件的作用

SB1 为停止按钮,SBF 为正转按钮,SBR 为反转按钮。KMF 为正转时的交流接触器及附属部件,KMR 为反转时的交流接触器及附属部件。

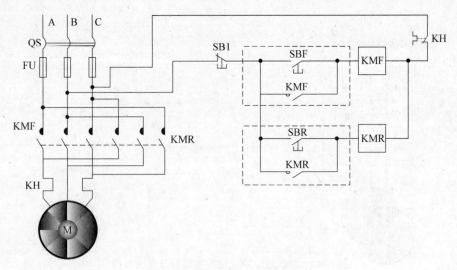

图 9.26　电机的正、反转控制电路

2. 正转控制过程

当按下正转控制按钮 SBF 时,辅助触点 KMF 被锁定,C 相交流电→温度继电器 KH→辅助触点 KMF(注:因 SBF 按下要复位)→SB1→B 相,形成回路,正转时的交流接触器在电磁力的拉动下,主触点 KMF 闭合,电机正转。其控制电路与电流路径如图 9.27 所示。

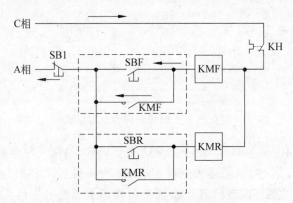

图 9.27　电机正转时的电流路径

3. 停止过程

当按下停止按钮 SB1 后,控制回路被切断,KMF 失去电磁吸力,主触头在弹簧力的作用下弹开,电机失电停转。

注意:必须先停止后,才能反转。

4. 反转控制过程

当按下反转控制按钮 SBR 时,交流接触器的辅助常开触头 SBR 接通自锁,C 相交流电→热继电器→KH→反转接触器线圈→SBR→自锁辅助触头 KMR→停止按钮→SB1→B 相。电流流向及电路如图 9.28 所示。

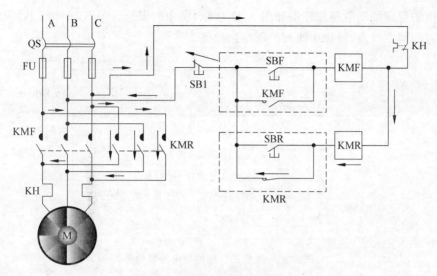

图 9.28　电机反转时的电流路径

讨论　如果电机处于正转,突然按下反转控制按钮,电路会接通吗? 此时电路会产生什么样的事故? 找出这个控制电路不安全的原因。

9.2.7　电机正反转互锁控制电路

本电路是利用交流接触器自身的常闭辅助触点接于对方的回路,当正转时,切断反转控制回路,即使是按下反转按钮,也不起作用;当反转时同样切断正转控制回路。这样就能避免误操作将两个交流接触器短路,达到安全控制的目的。控制电路如图 9.29 所示。

9.2.8　行程控制

行程控制的示意如图 9.30 所示,这种电路实质就是电机的正、反转控制,但行程的终端停止指令是由限位开关提供的。

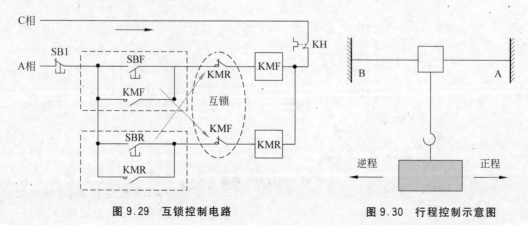

图 9.29　互锁控制电路　　　　　　图 9.30　行程控制示意图

电机的行程控制电路原理图如图 9.31 所示,图中的限位开关 STA 和 STB 安装位置是在行程的两个终点,通过引线与控制电路接通。

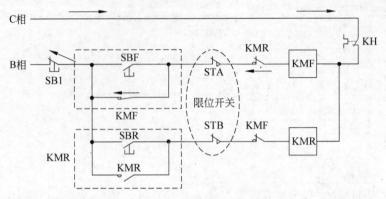

图 9.31　电机的行程控制电路原理图

1) 正程工作

当按下 SBF 按钮后,辅助触头 KMF 自锁,C 相交流电→KH→KMF→对方的辅助触点 KMR→STA→KMF→SB1→B 相,形成回路。一旦物件到达 A 端,碰触限位开关 STA 时,控制回路被切断,电机停止转动。

2) 逆程运行

当按下 SBR 按钮后,辅助触头 KMR 自锁,C 相交流电→热继电器→KH→线圈→KMR 对方的辅助常闭点 KMF→B 端的限位开关→STB→逆程接触器的辅助触点(也自锁)→停止控制按钮→SB1→B 相,电流的流经路径如图 9.32 所示。同样,当运行到 B 端终点,压下 B 端限位开关 STB,回路被切断,逆程交流接触器的线圈失电后,由弹簧将主触头打开,电机停止工作。

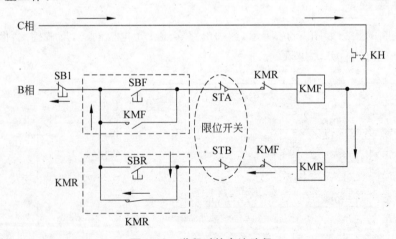

图 9.32　逆程时的电流路径

9.2.9　自动往返控制电路

在上面的控制电路中,电机只能实现自动停止,但不能自动反转,这远远满足不了工程的应用要求。实现自动往返的示意图如图9.33所示。

图9.33　自动往返示意

1. 电路组成

电路将限位开关自身的常开触点作为对方控制电路的一部分,当自身的常闭触点打开时,接通对方的常开触点,将对方的常开触点接成闭合状态,组成另一条控制回路。自动往返控制电路如图9.34所示,图中没有画出交流接触器的主触头控制部分。

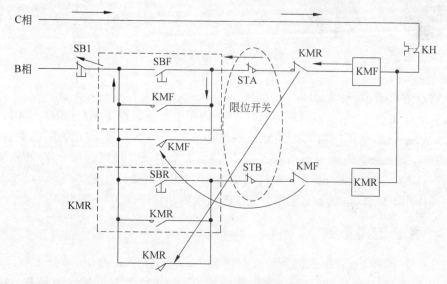

图9.34　自动往返控制电路

2. 电路的工作过程

当按下SBF按钮时,C相电流→KH→KMF线圈→对方的辅助触点KMR→STA辅助触点KMF→SB1→A相或B相,形成回路。KMF交流接触器的主触头接通闭合,电机转动使物件左移,与此同时,将对方的辅助触点KMR打开。

3. 自动返回过程

当左移物件撞开限位开关STA时,KMF失电的同时,接通了对方KMR的辅助触点,C相电→KH→KMR线圈→KMF(对方的辅助触点)→STB→KMR辅助触头→SB1→A相或B相,形成回路,KMR交流接触器的主触头接通闭合,电机转动使物件右移,与此同时,又将对方的辅助触点KMF打开。

9.2.10　时序控制电路

某一个电机启动后,经过一段时间的延时另一台电机再启动,这种方式叫时序控制。

1. 时序控制电路组成

时序控制电路如图 9.35 所示,电路中的关键部件是延时继电器。

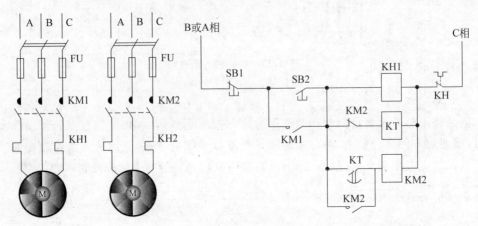

图 9.35　时序控制电路

2. 时序控制工作过程

当按下起动按钮 SB2 后,线圈 KM1 得电,C 相电流→线圈 KM1→SB2→SB1→A 相或 B 相,形成回路,交流接触器的主触头在电磁力的作用下闭合,电机 M1 起动,与此同时,时间继电器线圈 KT 同时得电,经一段时间延时后,KM2 得电而闭合,C 相电流→线圈 KM2→KM1 辅助触头→SB1→A 相或 B 相,形成回路,交流接触器 KM2 的主触头在电磁力的作用下闭合,电机 M2 起动。当 M2 起动后,时间继电器 KT 断开。

9.2.11　综合应用举例

设计一个车辆往返运输控制系统。车辆到达 A 地后,停留 5min,等待上料,5min 后自动返回 B 地,在 B 地停留 3min 下料,然后再返回 A 地,重复上述往返动作。示意如图 9.36 所示。要求运输系统具有过流、短路保护和任意地点停车检修功能。

本例知识目标:继电控制系统的综合应用。

图 9.36　车辆往返运输控制示意图

分析:本例实质是电机的正反转控制、延时控制、热保护控制、限位控制和起停控制的结合。

1. 电路安装结构

设计完毕的控制电路如图 9.37 所示,图中 ST_a、ST_b 为 A、B 两端的限位开关,分别安装在 A 地和 B 地的终点,作为停车信号开关。KT_a 和 KT_b 为 A 地和 B 地的延时时间继电器,安装在控制电路中,KMF 为右行主回路接触器,KMR 为左行主回路接触器,停车的上料时间和下料时间还可以根据现场的具体情况灵活设定。KA 为中间继电器,它的作用是作任意停车之用。

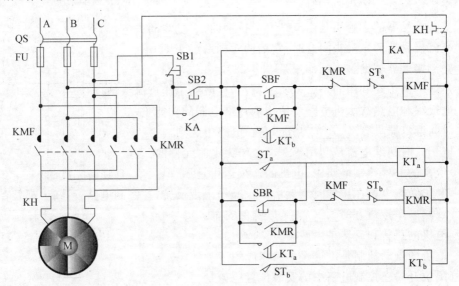

图 9.37 车辆往返运输控制电路

2. 电路的工作过程

当按下右行起动按钮 SBF,右行线圈得电 KMF,相应的主触头在电磁吸力下闭合,料车向右运行至 A 端,撞触右边的限位开关 ST_a 接通延时继电器,使 KT_a 延时 5min,然后线圈 KMR 得电,相应的主触头在电磁吸力下闭合,料车向左运行至 B 端,撞触左限位开关 ST_b,接通左边延时继电器,使 KT_b 延时 3min,再次接通右转接触器 KMF,料车又开始向右行驶,如此往返运行。

9.3 本章小结

(1) 电器自动控制系统中的按钮开关都具有自动复位功能,分常开和常闭两对触点。

(2) 交流接触器和继电器等电磁元件都是利用通电线圈产生的电磁吸力而拉动相应的主触头动作的,原则上它们都是小电流带动大电流的控制器件。

(3) 同一个电器的所有线圈和触头不论在什么位置都叫相同的名称,只以符号区别。

(4) 原理图上所有电器必须按国家统一符号标注,且均按未通电状态表示。

(5) 继电器和接触器的线圈只能并联,不能串联。

(6) 控制顺序只能由控制电路实现,不能由主电路实现。

（7）控制电路中，根据控制要求按自上而下、自左而右的顺序进行读图或设计。

习　题

一、填空题

1.1　交流接触器按它的功能分类应该归属于＿＿＿＿＿电器。

1.2　交流接触器的工作原理是＿＿＿＿＿。

1.3　交流接触器的主触头是由＿＿＿＿＿拉动的，一旦线圈失电，＿＿＿＿＿。

1.4　交流接触器的主触头闭合时，它的两对辅助触头则＿＿＿＿＿，＿＿＿＿＿。

1.5　交流接触器辅助触头的作用是＿＿＿＿＿。

1.6　热继电器主要利用的是＿＿＿＿＿特性，在电路中作过流保护。

1.7　电饭锅和电热饮水机电路中使用的热继电器的功能是＿＿＿＿＿。

1.8　时间继电器具有＿＿＿＿＿功能，它在电路中起到＿＿＿＿＿。

1.9　电子式时间继电器是利用＿＿＿＿＿作为定时元件的。

1.10　电机的起停控制电路中，电机的连续运行是靠＿＿＿＿＿自锁而完成的。

1.11　为了防止电机在正转时突然由于误操作出现反转，在控制电路设计时，都是在自身回路中串接对方的＿＿＿＿＿，以确保安全。

1.12　电机的正转和反转是由两套＿＿＿＿＿。

1.13　电机的点动控制是由＿＿＿＿＿完成的。

1.14　限位开关在控制电路中的安装位置应该是＿＿＿＿＿。

1.15　在工程应用中，车床的进刀与退刀和镗床的工件往返实质都是电机的＿＿＿＿＿。

二、选择题

2.1　交流接触器主触头的闭合或断开都是由线圈产生的（　　）的作用。

　　A. 电磁力　　　　　　　　B. 辅助触点　　　　　　　　C. A 相交流电流

2.2　交流接触器常开辅助触头的作用是（　　）。

　　A. 断开对方的控制回路

　　B. 主触头闭合时，同时闭合形成自锁

　　C. 主触头闭合时打开

2.3　在电机的控制电路中，常开复位按钮在进行操作后，由（　　）接通。

　　A. 交流接触器的常开辅助触点

　　B. 交流接触器的常闭辅助触点

　　C. 按钮本身

2.4　热（温度）继电器的核心材料是（　　）。

　　A. 双金属片　　　　　　　B. 通电线圈　　　　　　　　C. 弹簧

2.5　双金属片在常温下工作，它的形状是（　　）。

　　A. 变形的　　　　　　　　B. 可熔断的　　　　　　　　C. 常态的

2.6　时间继电器的定时时间是（　　）。

　　A. 固定的　　　　　　　　B. 根据需要设定　　　　　　C. 根据温度设定

2.7 要将顺时针转动的三相异步电机改为逆时针转动,就必须( )。

    A. 改变三相电源的相序

    B. 只改变任意两相进线的相序

    C. 改变定子线圈接法

三、简述题

3.1 在电热取暖器的电路中,是否可以设计一个热继电器? 如果可以,试分析它在取暖器电路中的功能作用。

3.2 试分析建筑工地上运输材料的升降机,它的电机控制系统都使用了哪些控制功能。

3.3 试分析 9.2.11 节"综合应用实例"的控制电路中存在哪些不足,应该如何改进。

四、设计应用题

4.1 设计一个能起动、停止和连续运行的电机控制电路,在图中注明电磁元件的参数型号和规格等。

4.2 设计一个能点动、停止、连续运行和过流保护的电机控制电路,在图中注明电磁元件的参数型号和规格等。

4.3 设计一个能正转和反转,并有防止误操作保护功能的电机控制电路,在图中注明电磁元件的参数型号和规格等。

4.4 有两台电机,工序要求第一台起动 2min 后,第二台才起动,设计出它的时序控制电路。

第 10 章

PLC 控制技术基础

本章重点

将继电接触控制电路图与梯形图对应，理解编程语言与电气原理图的关系。

本章重要概念

PLC 程序设计流程，"软"元件分配，元件设置，高电平、低电平与"1"和"0"的概念，PLC 接线图与电气图的关系。

本章学习思路

从熟悉传统的继电接触控制系统思路出发，在编程软件中用梯形图语言设计 PLC，最后再实现 PLC 编程。

本章的创新拓展点

用图表和实例逐步分解 PLC 的设计流程。

PLC 控制技术也叫可编程逻辑控制,是英文 Programmable Logic Controller 的缩写。它是随着计算机技术而发展起来的一种工业自动化控制技术,其核心仍是单片机芯片的普及应用,只是由于其早期功能单一,在电器控制系统中不叫单片机,而称为可编程器件。

10.1　PLC 控制系统的组成及编程语言

在交流继电接触控制系统中,接触器的触点和线圈等都是由电器元件实物构成的,控制的都是电路中电压或电流的有或无。电路的接通或断开由相应的触点完成。而在 PLC 控制系统中,触点、线圈都是"软元件",是没有实物存在的,控制的同样都是电路中电压或电流的有或无,但电路的接通或断开由指令完成。

10.1.1　PLC 控制系统的组成

PLC 控制系统是用微处理器实现的许多电子式接触器、继电器、定时器和计数器的组合体,其硬件结构框图如图 10.1 所示。

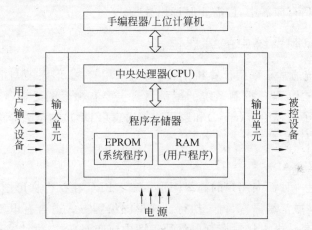

图 10.1　PLC 控制系统的组成

1. 中央处理器(CPU)

中央处理器是 PLC 的指挥中心,和一般微处理器相同,仍由控制电路、运算器和寄存器组成,这些电路一般都集成在一块芯片上。CPU 通过地址总线、数据总线和控制总线与存储器单元、输入/输出(I/O)接口电路连接。CPU 的主要任务是从存储器中读取指令,然后执行指令规定的操作,并根据任务读取下一条指令,在执行的过程中,接受中断请求执行后,自动返回原来所执行的程序任务。

2. 存储器(Memory)

在 PLC 中使用的两种存储器分别为只读存储器(ROM)和随机存储器(RAM)。只读存储器(ROM)中存储的是厂家写入的系统程序,它包括自诊断程序、翻译程序和监控程序,这部分程序永远保留,不受掉电的影响,用户是不能修改的。随机存储器(RAM)是可读可写存储器,读出时,RAM 中的信息不会被破坏,而写入时,原来的信息则被新信息所刷新。随机存储器主要存放用户程序、逻辑变量和供内部程序使用的工作单元。

3. 电源部件

电源的任务是向 PLC 系统提供稳定的直流电压,使 PLC 能正常工作,它的好坏直接影响 PLC 的功能和可靠性。因此,目前大部分 PLC 采用开关式稳压电源供电,系统数据用锂电池作掉电后的保持和备用电源。

4. 输入/输出部分(I/O)

输入/输出电路是 PLC 与被控设备相连接的接口电路。它包括现场输入接口电路和现场输出接口电路。输入部分由前端的光电耦合电路和微处理器的输入接口电路组成。输入接口电路主要是一种输入继电器。输出部分则由输出接口电路和相应的功率放大器组成,输出方式分为继电器输出、双向晶闸管输出和晶体管输出 3 种方式。

5. 编程方式

PLC 的编程方式有两种:一种是手编程器,另一种是利用上位计算机中的专业编程软件完成编程工作。无论哪种编程方式,所编写的 PLC 程序,都要经过"解释"程序翻译后才能下载到 PLC 存储器中,供需要时读出执行。

10.1.2　PLC 控制系统中的编程语言

PLC 控制系统通常不采用计算机语言,而是采用直观、形象的与电器控制线路相像的图形语言表达方式,PLC 控制系统的编程语言主要有梯形图语言(LAD)、语句表助记符语言(STL)、电子流程语言(SFC)和逻辑功能语言(FDB),本章只介绍首选的梯形图语言和语句表助记符语言。

1. 梯形图语言(LAD)

梯形图语言是一种面向用户的高级图形语言。PLC 在执行梯形图程序时,是先用解释程序将它"翻译"成汇编语言,再去执行。梯形图编程方式适合有电工理论基础的工程技术人员,它本身是从继电接触控制电气原理图中演变而来的,设计编程思路是将继电接触控制系统中的电器元件符号用 PLC 微处理器识别处理的符号表示。表 10.1 是继电接触控制系统中的低压电器元件符号与梯形图编程语言符号的对应关系。

表 10.1　梯形图语言与继电接触控制系统的对应关系

表述方式	继电接触控制系统	PLC 梯形语言符号	负载上有无电平	逻辑(指令)形式
常开触点		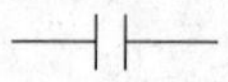	无电平	0
常闭触点	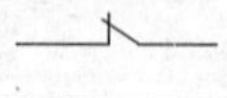	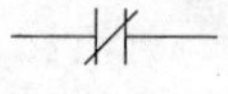	有电平	1
磁力线圈	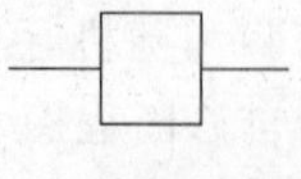	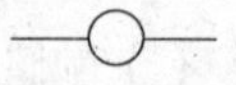 或	"有"或"无"	1 或 0

另外,在继电接触控制线路中,每个电器触头、线圈的闭合或断开,在负载上都表现为电压的"有"或"无",这种状态称为逻辑状态(变量),电器元件的线圈得电为"1"状态,线圈失电为"0"状态;触点闭合为"1"状态,触点断开为"0"状态。这种逻辑关系可以用波形和真值表表示,如图10.2所示。

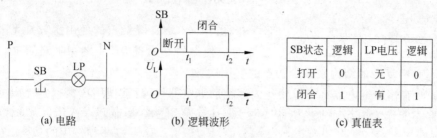

| | | (a) 电路 | | (b) 逻辑波形 | | (c) 真值表 |

图 10.2　开关状态的逻辑波形和真值表

有了梯形图的表述方式和电路逻辑变量的真值表后,按照梯形图语言的规则和逻辑关系表述的三相电动机起动、停止和连续运行控制如图10.3所示。图10.3(a)为原有的继电接触控制电路。图10.3(b)为梯形图语言编写的程序流程图。显然,PLC的梯形图编程语言就是用计算机程序的格式,将PLC系统能识别处理的电器符号去取代继电接触控制系统中的电器元件符号,通常情况下,输入端用"X",输出端用"Y"作标识。

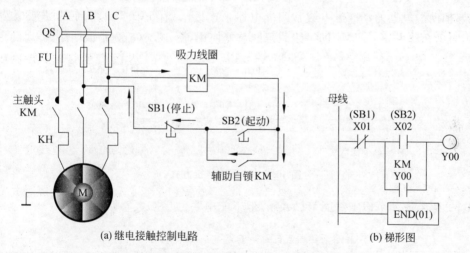

图 10.3　继电接触控制与 PLC 梯形图的对应关系

从图中可知,在PLC控制系统的梯形图中,电器元件已由软元件所取代,PLC运行时只是执行相应的程序。

2. 梯形图元件的放置原则

(1) 梯形图的每一逻辑行都是从左边母线开始,以输出线圈结束。也就是说,在输出线圈与右边母线之间不能再接任何继电器接点,所以,右边母线经常省略。如图10.4(a)所示为合法电路,图10.4(b)所示为非法电路。

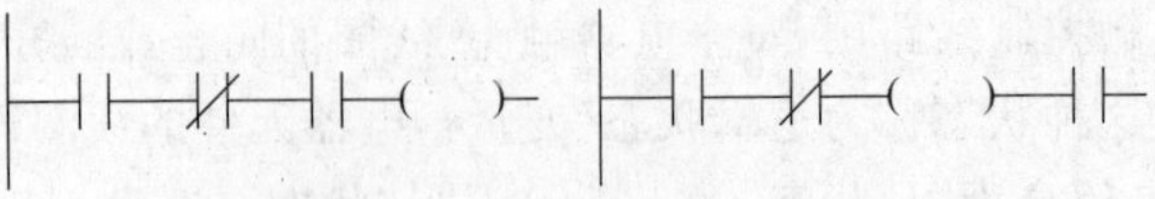

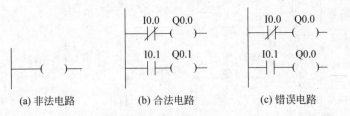

(a) 合法电路　　　　　　(b) 非法电路

图 10.4　PLC 元件的输出方式

（2）所有输入/输出继电器、内部继电器、TIM/CNT 等触点的使用次数是无限的，且动合、动断形式均可。所以，在画梯形图时应使结构尽量简化（使之有明确的串、并联关系），而不必用复杂的结构来减少触点的使用次数。

（3）所有输出继电器都可以用作内部辅助继电器，且触点使用次数也是无限的；但输入继电器不能作为内部辅助继电器。图 10.5(a)为合法电路，而图 10.5(b)为非法电路。

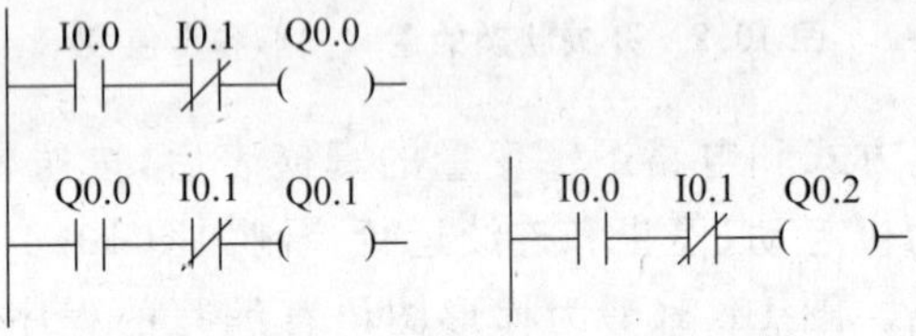

图 10.5　元件的连接原则

（4）输出线圈不能与左边母线直接相连，如果有这种需要的话，可通过一个没有使用的内部辅助继电器的动断触点或常闭继电器来连接。如图 10.6(a)所示为非法电路，图 10.6(b)为合法电路。另外，同一线圈不能重复使用，图 10.6(c)为错误电路。

(a) 非法电路　　　　(b) 合法电路　　　　(c) 错误电路

图 10.6　线圈的连接方式

（5）两个或两个以上线圈可以并联，但不能串联，如图 10.7 所示。

(a) 合法电路　　　　　　(b) 非法电路

图 10.7　线圈的使用原则

3. 助记符语句表(ATL)

语句表是 PLC 编程工作中的另一种语言，它采用语句表格的形式编写，适合有一定计算机语言功底的人员使用。由于各公司芯片差异大，使用的语句也不相同，但各编程软件都提供了将梯形图转换生成语句表的功能，因此，在 PLC 程序的编写过程中，这两种方法只要选择一种就可以了，需要时，可以将梯形图生成助记符语句表；也可以将语句转换生成梯形图。

10.2　PLC 控制系统的工作原理

目前 PLC 的型号和规格众多，但它们的工作原理是相同的，PLC 控制系统中 CPU 的工作方式采用循环扫描工作方式，包括初始化、输入/输出部分检查、通信、现场信息读入、执行用户程序和输出结果等过程，方框示意如图 10.8 所示。

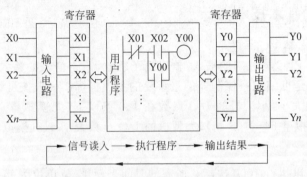

图 10.8　PLC 控制系统的工作过程

1. 初始化
PLC 控制系统在每次接通电源时，CPU 都要进行初始化工作，将输入/输出（I/O）寄存器和定时器等复位，初始化完成后才进入周期扫描工作方式。

2. 输入/输出部分检查
完成输入/输出存储器的检查和用户程序的检查。

3. 通信
检查是否有与编程器或上位计算机通信的要求，如将要显示的状态、数据和出错信息等发送给监控显示器等。

4. 现场信号读入
PLC 控制系统在输入取样时间内对各个输入端进行扫描，并将各个输入端的状态信息送入输入寄存器中，CPU 需要这些状态信息时只需访问输入寄存器，而不再去扫描各个输入端。

5. 执行用户程序
PLC 控制系统中的 CPU 将用户程序指令逐条读出，用最新的输入信息与原输出状态进行对比处理，按用户程序对数据进行运算，并将结果送入输出寄存器中等待输出。

6. 输出结果
CPU 将用户程序执行完毕后，集中把输出寄存器中的状态信息通过输出电路向外输出到被控设备的执行机构，以驱动被控设备，这个过程称为输出刷新。

PLC 控制系统的上述 6 个工作过程称为一个扫描周期,完成一个周期扫描后,又重复第二次扫描周期。显然,对 PLC 系统而言,希望它的扫描周期越短越好。

10.3 PLC 系统的主要技术指标及元件

虽然 PLC 控制系统的芯片很多,各个公司产品的指令、接触器、继电器、计数器、封装形式和内部元件的编号有所差异,但是它们的技术要求都是相同的,因此,掌握 PLC 的技术指标对整个 PLC 系统的开发工作十分必要。

10.3.1 PLC 的基本技术指标

1. 输入/输出点数(I/O 点数)

I/O 点数是指 PLC 与外部的输入/输出端子总数,一路信号的输入/输出称为一个点数,因此,I/O 点数是可编程序控制器的最重要的一项指标。一般按可编程序控制器点数多少来区分机型的大小,小型机的 I/O 点数在 128 点以下(无模拟量),中型机的 I/O 点数为 129～512(模拟量 64～128 路),大型机的 I/O 点数大于 512(模拟量 128～512 路)。

2. 扫描速度

扫描速度一般以执行 1000 次指令所需的时间来衡量,故单位为 ms/千次。一般情况下,总是希望时间越短越好,越短说明扫描时间越快。个别的情况也有以执行一步指令的时间计算的,例如 μs/次。

3. 指令条数

指令条数是衡量可编程序控制器软件功能强弱的主要指标,当然希望能执行的指令越多越好。但太多,不利用开发工作的简单化。

4. 内存容量

内存容量是指可编程序控制器内部有效用户程序的存储器容量。对用户而言,希望内存容量越大越好,小型 PLC 的内存为 1～3.6KB,中型机内存为 3.6～13KB,大型机都大于 13KB。

5. 扩展功能模块

可编程序控制器除了主机模块外,还可以配接各种扩展功能模块,这是 PLC 控制系统功能全面的主要硬件要求之一。

10.3.2 PLC 元件

PLC 控制系统中的元件是"软"元件,在 PLC 的编程过程中,必须要进行设置和分配,梯形图中使用的元件必须要与 PLC 内部的元件匹配,否则 PLC 系统可能无法正常执行控制。由于 PLC 芯片众多,各厂家产品内部的各种元件及编号差异较大,目前使用最多的 PLC 有德国西门子的 S 系列、日本三菱 F 系列、日本欧姆龙 C 系列和日本松下的F 系列,开发产品时,务必参照各公司的器件编程手册,按手册提供的元件编号一一进行设置。一般来说,设置的内容有输入继电器(X)、输出继电器(Y)、内部辅助继电器(AR)、保持继电器(HR)、暂存继电器(TR)、专用内部继电器(SR)、定时器/计数器(TIM/

CNT)、数据存储通道(DM)和一个高速计数器 FUN(98)。以上各类继电器(除输入继电器和专用内部继电器线圈外)的线圈和触点(含常开和常闭触点)都是 PLC 的编程元件。下面介绍它们的功能和用途。

1. 输入继电器(X)

输入继电器(Input Relay)的线圈与 PLC 输入端子直接相连,其线圈只能由外部输入信号驱动。其常开触点和常闭触点可用于编程,同一编号的触点可无限使用。

2. 输出继电器(Y)

只有输出继电器(Output Relay)能向 PLC 外部传送信息,其线圈接受 CPU 的运算结果。

3. 内部辅助继电器(AR)

内部辅助继电器(Auxiliary Internal Relay)作为 PLC 的编程元件,专供逻辑运算使用,其作用相当于继电器控制系统中的中间继电器。AR 作为 PLC 编程元件,其线圈由程序驱动,不能驱动 PLC 的外部负载。

4. 保持继电器(HR)

保持继电器(Hold Relay)在指令操作下有掉电保持功能。若 PLC 掉电,HR 能保持掉电前的状态;PLC 恢复供电,HR 将再现原来的状态。

5. 数据存储继电器(DM)

DM 为 PLC 的数据存储器(Data Memory),PLC 的 CPU 以通道为单位进行操作,因此在编程时不能按点使用,应按通道为单位使用,因为在程序中只有数据存储器通道的编号。当 PLC 突然中断供电时,DM 中各点能保持停电前的状态。

6. 定时器/计数器(TIM/CNT)

所谓定时器,实质就是时间继电器,起到延时作用。PLC 控制系统中的时序控制就是由定时器来完成的。各公司 PLC 芯片的定时时间都有最小值和最大值,使用时一定与时间的分辨率配合设置。计数器的功能与通用型计数器相同。

7. 暂存继电器(TR)

暂存继电器(Temporary Relay)用于暂存梯形图某逻辑行左侧电路块的逻辑运算结果,不能对外输出。

8. 专用内部继电器(SR)

专用内部继电器(Special Internal Relay)用作监控 PLC 的操作。

10.4 PLC 控制系统的设计流程

PLC 控制系统的设计流程是基于继电接触控制系统的设计过程之上的,在 PLC 设计过程中,须借助于相应的编程软件进行,由于各公司的 PLC 芯片不同,编程软件也不相同,但 PLC 设计流程是相同的,可以归纳为 6 个步骤,如表 10.2 所示。

表 10.2　PLC 控制系统设计流程

工作步骤	工 作 内 容	使 用 器 件	说　明
1	根据控制系统的要求,设计电气原理图	按钮、交流接触器、时间继电器、热保护继电器等	传统的电气图
2	对照电气原理图进行 PLC 资源分配,参见芯片编程手册,编号、地址对应匹配	按所选择的 PLC 芯片进行元件分配	如果选择梯形图语言,则为梯形图
3	连接 PLC 原理图	这是将电气元件与 PLC 各端点一一对应的布局过程	
4	在安装好的编程软件窗口编程,有梯形图(LAD)方式、语句表(STL)方式、电子流程图(FDB)方式和功能模块方式,其中梯形图(LAD)直观、流畅,建议首选	各公司的编程软件不同,根据所选芯片安装相应的编程软件	在上位机或手持编程器上完成
5	PLC 程序的仿真调试(分上调、下调),完成参数的设定,如 PLC 器件的型号、通信频率和通信口等。	器件型号必须一致,速率 4800b/s 或 9600b/s,通信口可选串口或并口	元件型号必须一致,初学者可选默认型号
6	将 PLC 程序下载到 PLC 的存储器中,系统程序入驻只读存储器(ROM),用户程序入驻随机存储器(RAM),现场调试	对输入开关量、模拟量进行动态调试,如压力、温度和流量等,检查扫描周期	

为了更清楚地说明 PLC 控制系统的设计流程,下面通过三相异步电动机正、反转控制过程的设计来分步解析。

10.4.1　设计低压电器原理图

低压电器原理图的设计在第 9 章中已做过介绍,它是按照被控对象的技术要求,使用低压电器控制元件进行设计的,控制电路如图 10.9 所示。图中 SB1 为常闭按钮,作用是对电机进行停止操作。SBF 为正转起动按钮,它的辅助常闭触点 KMF 串联在反转控制回路中,正转时切断反转回路。常开 KMF 触点作为自身的自锁。反转控制回路中各元件的作用与正转回路相同。KH 为主回路过流保护热继电器,在 PLC 设计的梯形图中,A 相电源称为母线,C 相连线相当于零线,在 PLC 梯形图中不画。

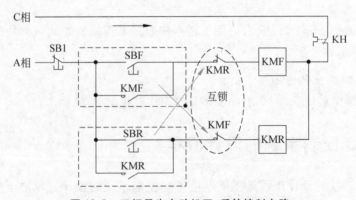

图 10.9　三相异步电动机正、反转控制电路

10.4.2 PLC 元件分配

不同的 PLC 芯片,各厂家都提供有专门的编程手册,元件的分配应参照编程手册一一进行,表 10.3 是用西门子 PLC 芯片的分配表。

表 10.3 元件分配表

电气元件	连接	PLC 端口	功能作用
SB1	──→	I0.1	停止按钮(常闭)
SBF	──→	I0.0	电机正转按钮(常开)
SBR	──→	I0.2	电机反转按钮(常开)
KMF	──→	Q0.0	电机正转接触器线圈
KMR	──→	Q0.1	电机反转接触器线圈

10.4.3 连接 PLC 电气图

PLC 的电气连接是根据元件分配表进行绘制的图,连接 PLC 电气图的目的是要清晰地将电气元件与 PLC 的端点对应,这是编程前的一次对接,从中可以发现元件的分配是否合理,PLC 各端点是否与电气原理图中的电器元件都匹配。根据表 10.3 连接的 PLC 电气图如图 10.10 所示。

10.4.4 PLC 编程

进行 PLC 编程的语言主要有 4 种,包括梯形图、助记符语句表、电子流程图和逻辑功能图。前面讲过,梯形图是 PLC 程序设计的首选,而且还可以利用编程软件提供的转换功能自动生成助记符语句表。在编程中,无论选择哪种编程语言,都必须在安装有支持 PLC 芯片的编程工具软件窗口中进行编写,或者在 PLC 携带的手持编程器上完成,否则,各元件参数就无法设置。编写时,梯形图的每一逻辑行都是从左边母线开始,以输出线圈结束,也就是说,在输出线圈与右边母线之间不能再接任何继电器接点,所以,右边母线经常省略。西门子 PLC 编程软件为 STEP7 系列,用梯形图(LAD)语言编写的电机正转、反转 PLC 控制图、软件转换功能生成的助记符语句表如图 10.11 所示。

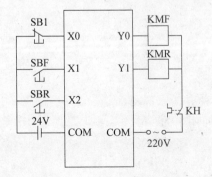

图 10.10 PLC 电气连接图

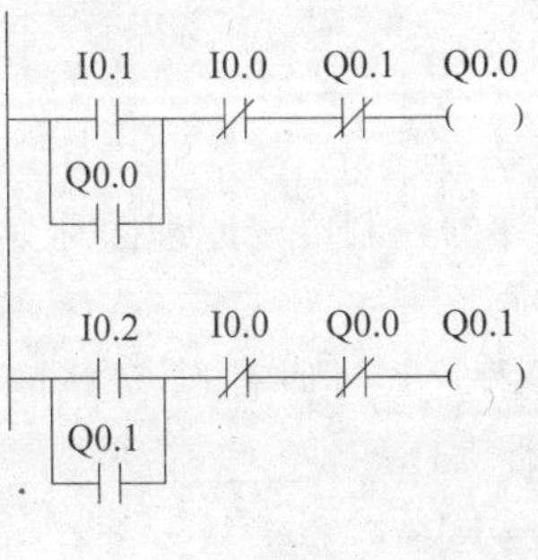

图 10.11 电机正反转梯形图与助记符语句表

句号	方式	PLC端点
0	LD	I0.1
1	O	Q0.0
2	AN	I0.0
3	AN	Q0.1
4	=	Q0.0
5	LD	I0.2
6	O	Q0.1
7	AN	I0.0
8	AN	Q0.0
9	=	Q0.1
10	MEND	

这里需要说明的是,在上述梯形图中,并没有将热保护继电器包括在内,这留在习题中完成。另外,PLC 其他的编程软件还有组态王、FP1 系列和 NEZA 系列,请读者根据自身 PLC 芯片选择相应的编程软件。

10.4.5 PLC 程序的仿真调试

当 PLC 编程过程完毕后,就要进行 PLC 程序的仿真调试工作,这项工作的任务主要是完成元件参数的设置,即 PLC 内部的元件地址、编号等必须与 PLC 电气图中的编号一致,否则程序无法编译执行。其次,对通信口和通信频率都要进行设置,如通信口是选择串口还是并口。这些工作都完成后,还得通过解释程序将梯形图"翻译"成 PLC 能执行的汇编程序,有的编程软件称为"编译",只有编译好的汇编程序,PLC 才能执行。

10.4.6 程序的下载

调试编译完毕的 PLC 程序并不能在上位机或手持编程器上运行,必须下载到 PLC 的存储器中,由 PLC 控制时去执行。下载 PLC 程序时,编写的系统程序下载至 PLC 的只读存储器(ROM)中,这部分程序不允许更改,也不怕掉电,它永远存储在 ROM 中,需要时每次由微处理器读出。程序下载完毕后,就要与现场的信息一并进行 PLC 的控制试验,如检验 PLC 是否满足现场的压力、温度和流量等参数的控制。另外,PLC 扫描周期是否满足要求都要作相应的调试。

10.5 本章小结

(1) 可编程序控制器是一种新型的工业控制专用计算机,其特点是利用计算机对工业设备直接进行电气控制。

(2) 梯形图是建立在交流低压电器控制电路基础上的 PLC 电气图,是首选的编程方法。

(3) 用梯形图语言编程时的关键点是元件的分配和设置。

(4) 编程工具软件是完成编程和下载程序的开发平台。

习   题

一、填空题

1.1 PLC 的编程语言主要有_____、_____、_____和_____。

1.2 用低压电器元件设计的控制电气原理图称为_____。

1.3 PLC 程序设计的梯形图是基于_____上的一种电气原理图。

1.4 梯形图是进行 PLC 程序设计时直观、流畅的面向用户的_____。

1.5 PLC 系统的存储器是指_____和_____,其中 ROM 是_____,RAM 是_____。

1.6 PLC 系统中 I/O 的点数通常是指_____。

1.7 在进行 PLC 系统的梯形图设置时,元件编号必须与_____。

1.8 元件的分配是指将电气元件与_____对应。

1.9 继电接触控制电路的元件是低压电器实体元件,PLC 内部的元件则是_____元件。

1.10 PLC 系统输入的信号通常分为模拟量和_____量两种。

二、选择题

2.1 梯形图作为 PLC 设计首选语言的理由是( )。

    A. 直观、流畅   B. 命令简单   C. 逻辑清晰

2.2 继电接触控制系统中的元件与 PLC 内部元件的区别是( )。

    A. 功能不同   B. 实体元件与软元件   C. 编号不同

2.3 PLC 系统的输入/输出点数指的是( )。

    A. 带负载的能力   B. 存储能力   C. 输入/输出信号通道的路数

2.4 PLC 系统的存储器分为( )。

    A. 暂存器   B. 锁存器   C. ROM 和 RAM 存储器

2.5 能将梯形图转换成 PLC 执行的程序的工具软件叫( )。

    A. 解释程序   B. 汇编语言   C. 驱动程序

2.6 由于 PLC 芯片的不同,用于 PLC 编程的工具软件( )。

    A. 不同   B. 相同   C. 可以兼容

三、简答题

3.1 为什么在编写 PLC 程序时元件的分配必须一一对应?

3.2 在 PLC 编程时,如果是西门子公司的芯片,能用三菱公司提供的编程工具软件吗?如果不可以,为什么?

3.3 编写调试好的 PLC 程序在下载时是下载到 PLC 的哪个模块?

3.4 PLC 现场的输入量为什么要分开关量和模拟量?

四、PLC 程序设计题

4.1 根据三相异步电动机的正、反转低压电器控制图(如图 10.2 所示),按西门子 PLC 电气符号设计出 PLC 系统的梯形图。

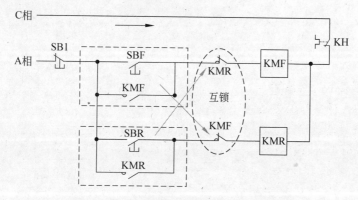

图 10.12 4.1题继电接触控制电气原理图

4.2 完成 3.1 题中的 PLC 电气连接图。

4.3 某运输移动系统如图 10.13 所示,要求小车到达 A 地后停留 15s 返回 B 地,到达 B 地后再停留 20s 开始返回 A 地,往返运行中间可任意停止和起动。

图 10.13　4.3 题移动示意图

整体继电接触控制电气图如图 10.14 所示,设计出元件分配表和梯形图。

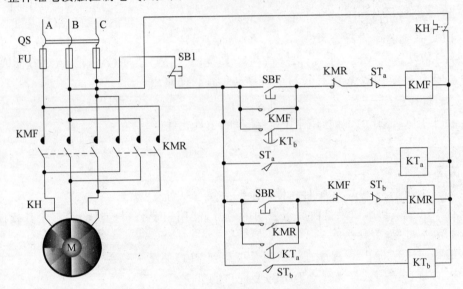

图 10.14　4.3 题低压电气控制图

附录　各章部分习题解答

第　1　章

实训

(1) 手电筒模型电路如图 A.1 所示。

(2) 双向楼道开关电路如图 A.2 所示。

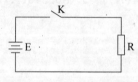

图 A.1　手电筒电原理图

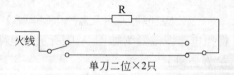

图 A.2　楼道开关控制电原理图

三、计算题

3.1　$I_3 = 3(A)$

3.2　$\because I_2 = I_4 + I_3$，　$\therefore I_2 = -2(A)$

3.3　$\because I_3 + I_4 = 0$，　$\therefore$ 开关打开后 $I_3 = 0$，故得 $I_4 = 0$

3.4　$\because I_1 + I_2 + I_3 + I_4 = 0$，　$\therefore I_4 = -18(A)$

3.5　$\because I_e = I_b + I_c$，　$\therefore I_c = I_e - I_b = 2940(\mu A)$

3.6　$R_4 = \dfrac{180}{5 \times 10^{-3}} = 36(k\Omega)$；　$R_3 = \dfrac{210 - 180}{(5+15) \times 10^{-3}} = 1.5(k\Omega)$

　　$R_2 = \dfrac{350 - 210}{(5+20) \times 10^{-3}} = 5.6(k\Omega)$；　$R_1 = \dfrac{400 - 350}{(10+25) \times 10^{-3}} = 1.43(k\Omega)$

3.7　$\because I_1 R_1 = E_1 - E_2$，　$\therefore I_1 = \dfrac{480 - 600}{12} = -10(A)$

3.8　$I_{R_1} = \dfrac{E_1 - E_2}{R_1} = 3(A)$；　$I_{R_2} = \dfrac{E_3 - E_2}{R_2} = 2(A)$；　$I_{R_3} = \dfrac{E_1 - E_3}{R_3} = 5(A)$

3.9　$\because I_5 = 0$，

　　$\therefore U_{BC} = 2(V)$，　$U_{AC} = 6 = U_{AB} + U_{BC}$，　$U_{AB} = 6 - 2 = 4(V)$

　　$I_4 = I = \dfrac{4}{10} = 0.4(A)$，　$\therefore R_4 = \dfrac{U_{BC}}{I_4} = 5(\Omega)$

3.10　$V_c = 5 \times R_4 = 5(V)$，　$V_b = (5+15) \times R_3 + V_c = 11(V)$

　　$V_a = (5+15+5) \times R_4 + V_b = 61(V)$，　$U_{R_1} = R_1 \times I_总 = 35mA \times 1k\Omega = 3.5(V)$

　　$\therefore U_0 = V_a + U_{R_1} = 61 + 3.5 = 64.5(V)$

3.11　$\because V_{cc} = U_{R_1} + U_{R_2}$，　又 $\because U_{R_2} = U_{be}$

$$\therefore V_{cc} = U_{R_1} + U_{be} = 9(V)$$

3.12　$\because V_{cc} = U_{R_c} + U_{ce}$，　$\therefore U_{ce} = V_{cc} - U_{R_c} = 5(V)$

3.13　$U_{R_1} = 1 \times 10^{-3} \times 51 \times 10^3 = 51(V)$，　$U_{R_2} = 0.9 \times 5.1 = 4.6(V)$

$$V_{cc} = U_{R_1} + U_{R_2} = 51 + 4.6 = 55.6(V)$$

$$V_{ce} = V_{cc} - U_{R_c} - U_e$$

$$U_{be} = U_{R_2} - U_e$$

第　2　章

三、计算题

3.1　可以用支路电流法和节点电压法及迭加原理求解,但本题宜选节点电压法求解。

$$I_1 = 0.99(A)，\quad I_2 = -0.376(A)，\quad I_3 = 0.614(A)，\quad I_4 = 0.345(A)，$$
$$I_5 = 0.645(A)，\quad I_6 = 0.269(A)$$

3.2　将原电路图改画为如图 A.3 所示的电路。

在 A 点处：

$$I_1 + I_2 + I_3 + I_4 = 0 \tag{A.1}$$

3 个回路的电压方程分别为：

$$5I_1 - 5I_4 = 10 \qquad I_1 = 2 + I_4$$
$$-5I_4 + 10I_2 = 10 \quad\Rightarrow\quad I_2 = 0.5I_4 + 1$$
$$-5I_4 + 10I_3 = 10 \qquad I_3 = 0.5I_4 + 1$$

代入式(A.1)得：

$$I_4 + 2 + I_4 + 0.5I_4 + 1 + 0.5I_4 + 1 = 0，\quad \therefore I_4 = -\frac{4}{3} = -1.33(A)$$

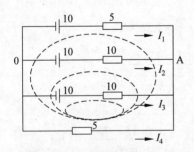

图 A.3　3.2 题改画后的电路

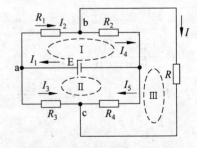

图 A.4　3.3 题电流方向和回路

3.3　本题为 3 个独立节点、3 个独立回路的电路,设电流的正方向如图 A.4 所示。

3 个节点 a、b、c 的电流方程和 3 个回路的电压方程分别为：

$$I_1 - I_2 - I_3 = 0 \qquad\qquad 10I_2 + 2.5I_4 = 12.5$$

电流方程：$I_2 - I - I_4 = 0$；　　电压方程：$-5I_3 + 20I_5 = -12.5$

$$I_3 + I + I_5 = 0 \qquad\qquad 14I - 20I_5 - 2.5I_4 = 0$$

联立求解得：$I = -0.375(A)$

3.4　如果选择 O 点作为电位的计算参考点,则 A 点电位为:

$$U_A = \frac{\dfrac{10}{5} + \dfrac{10}{10} + \dfrac{10}{10}}{\dfrac{1}{5} + \dfrac{1}{5} + \dfrac{1}{10} + \dfrac{1}{10}} = \frac{40}{6}(V)$$

$$I_4 = -1.33(A)$$

3.5　先将原电路的节点分为 A、B、C,电流的正方向如图 A.5 所示。

当选择 C 点作为计算的电位参考点后,A 点和 B 点的电位方程为:

$$U_A \left(-\frac{1}{R_1} + \frac{1}{R_3} + \frac{1}{R_4} \right) - U_B \times \frac{1}{R_3} = \frac{1}{R_1} \times E_1$$

$$U_2 = E_2$$

代入数据后,整理解得 $U_A = 68.5(V)$,所以各支路电流为:

$$I_1 = \frac{E_1 - U_A}{R_1} = 1.42(A); \quad I_3 = \frac{U_B}{R_2} = 0.5(A); \quad I_4 = \frac{U_A - U_B}{R_3} = 0.283(A)$$

$$I_2 = I_3 - I_4 = 0.217(A); \quad I_5 = \frac{U_A}{R_4} = 1.14(A)$$

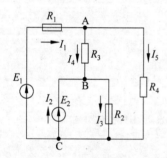

图 A.5　3.5 题重新标注节点与
电流正方向

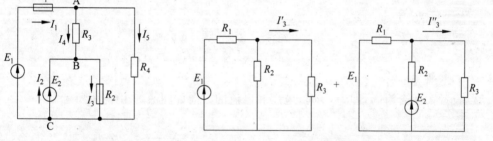

图 A.6　3.6 题分解后电源独立工作的电路

3.6　将原电路分解为如图 A.6 所示的两个电路,由两个电源独立工作。

$$I_3' = \frac{E_1}{R_1 + \dfrac{R_2 R_3}{R_2 + R_3}} \times \frac{R_2}{R_2 + R_3} \text{ 代入数据后解得 } I_3' = 0.4(A)$$

$$I_3'' = I_3' = 0.4(A), \quad \therefore I_3 = I_3' + I_3'' = 0.8(A)$$

3.7　本题用代维南定理求解,断开 R_5 支路后的电路、求等效内阻及最后的等效电路如
图 A.7 所示。

(1) 开路电压 U_{ab}

$$I' = \frac{U}{R_1 + R_2} = \frac{U}{15}(A); \quad I'' = \frac{U}{R_3 + R_4} = \frac{U}{5}(A)$$

$$\therefore U_{ab} = -I'R_2 + I''R_4 = \frac{U}{5}(V)$$

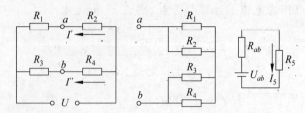

图 A.7　3.7题代维南定理的相关等效电路

（2）等效内阻 R_{ab}

$$R_{ab} = \frac{R_1 R_2}{R_1 + R_2} + \frac{R_3 R_4}{R_3 + R_4} = \frac{24}{5}(\Omega)$$

$$I_5 = \frac{\dot{U}_{ab}}{R_{ab} + R_5} = \frac{U}{90}(A)$$

根据题目要求应该有：

$$3I_5 = \frac{\frac{1}{5}U}{\frac{24}{5} + R_5} = 3 \times \frac{U}{90} \quad 解得 \quad R_5 = \frac{6}{5} = 1.2(\Omega)$$

第　3　章

三、计算题

3.1　设开关闭合瞬间，即 $t=0$ 时，电压和电流的方向如图 A.8 中箭头所示。

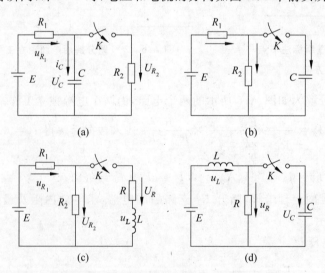

图 A.8　3.1题电路中的电压和电流方向

（1）对图（a）而言，开关闭合前，电路是稳定的，所以有：

$$\because u_{c(0^-)} = E \quad 当 \ t = (0^+) \ 时$$

$$\therefore u_{c(0^+)} = u_{c(0^-)} = E$$

$$u_{R_2(0^+)} = u_{c(0^+)} = E$$

$$i_{2(0^+)} = \frac{u_{R_2(0^+)}}{R_2} = \frac{E}{R_2}$$

$$u_{R_1(0^+)} = E - u_{c(0^+)} = 0$$

$$i_{(0^+)} = \frac{u_{R_1(0^+)}}{R_1} = 0$$

当 $t = \infty$ 后,电路处于稳定状态,所以有:

$$i_{(\infty)} = \frac{E}{R_1 + R_2}; \quad u_{R_1(\infty)} = \frac{R_1}{R_1 + R_2} \times E; \quad i_{2(\infty)} = i_{(\infty)} = \frac{E}{R_1 + R_2}$$

$$u_{R_2(\infty)} = \frac{R_2}{R_1 + R_2} \times E; \quad i_{c(\infty)} = 0; \quad u_{c(\infty)} = u_{R_2(\infty)} = \frac{R_2}{R_1 + R_2} \times E$$

(2) 对图(b)而言,当 $t = 0^+$ 时,各电压、电流表达式为:

$$u_{c(0^+)} = u_{c(0^-)} = 0; \quad i_{0^+} = \frac{E}{R}; \quad u_{R_1(0^+)} = E; \quad u_{R_2(0^+)} = 0;$$

$$i_{2(0^+)} = 0; \quad i_{c(0^+)} = i_{(0^+)} = \frac{E}{R_1}$$

当 $t = \infty$ 时,各电压、电流表达式为:

$$i_{(\infty)} = i_{2(\infty)} = \frac{E}{R_1 + R_2}; \quad u_{R_1(\infty)} = \frac{R_1}{R_1 + R_2} E; \quad u_{R_2(\infty)} = \frac{R_2}{R_1 + R_2} E$$

$$u_{c(\infty)} = u_{R_2(\infty)} = \frac{R_2}{R_1 + R_2} E; \quad i_{c(\infty)} = 0$$

(3) 对图(c)而言,当 $t = 0^+$ 时,各电压、电流表达式为:

$$i_{L(0^+)} = i_{L(0^+)} = 0; \quad u_{R(0^+)} = 0; \quad i_{(0^+)} = i_{2(0^+)} = \frac{E}{R_1 + R_2}$$

$$u_{R_1(0^+)} = \frac{R_1}{R_1 + R_2} E; \quad u_{R_2(0^+)} = \frac{R_2}{R_1 + R_2} E; \quad u_{L(0^+)} = u_{R_2(0^+)} - u_{R(0^+)} = \frac{R_2}{R_1 + R_2} E$$

当 $t = \infty$ 时,各电压、电流表达式为:

$$i_{(\infty)} = \frac{E}{R_1 + \dfrac{RR_2}{R + R_2}}; \quad u_{R_1(\infty)} = \frac{E}{R_1 + \dfrac{RR_2}{R + R_2}} R_1;$$

$$i_{2(\infty)} = i_{(\infty)} \cdot \frac{R}{R + R_2} = \frac{RE}{R_1 R_2 + R_1 R + R_2 R};$$

$$i_{L(\infty)} = i_{(\infty)} \cdot \frac{R_2}{R + R_2} = \frac{R_2 E}{R_1 R_2 + R_1 R + R_2 R}$$

$$u_{R_2(\infty)} = u_{R(\infty)} = i_{2(\infty)} \cdot R_2 = \frac{RR_2 E}{R_1 R_2 + R_1 R + R_2 R}$$

(4) 对图(d)而言,当 $t = 0^+$ 时,各电压、电流表达式为:

$$i_{L(0^-)} = i_{L(0^-)} = \frac{E}{R}; \quad u_{c(0^+)} = u_{c(0^-)} = 0; \quad u_{R(0^+)} = u_{c(0^+)} = 0$$

$$u_{L(0^+)} = E - u_{c(0^+)} = E; \quad i_{(0^+)} = \frac{u_{R(0^+)}}{R} = 0; \quad i_{c(0^+)} = i_{L(0^+)} - i_{(0^+)} = \frac{E}{R}$$

当 $t=\infty$ 时，各电压、电流表达式为

$$i_{L(\infty)} = i_{(\infty)} = \frac{E}{R}; \quad u_{L(\infty)} = 0; \quad u_{R(\infty)} = u_{c(\infty)} = E; \quad i_{c(\infty)} = 0$$

3.2　(1) $t=0^+$ 时，电压和电流表达式为：

$$u_{c_1(0^+)} = u_{c_1(0^-)} = E = 10(V); \quad u_{c_2(0^+)} = u_{c_2(0^-)} = 0$$

$$i_{2(0^+)} = \frac{u_{c_1(0^+)} - u_{c_2(0^+)}}{R} = \frac{E}{R} = 1(A)$$

(2) $t=\infty$ 时，电压和电流表达式为：

$$u_{c_1(\infty)} = u_{c_2(\infty)}$$

$$\because C_1 \cdot u_{c_1(\infty)} + C_2 \cdot u_{c_2(\infty)} = C_1 \cdot u_{c_1(0^+)} + C_2 \cdot u_{c_2(0^+)}$$

$$\therefore u_{c_1(\infty)} = u_{c_2(\infty)} = \frac{C_1}{C_1 + C_2} \cdot u_{c_1(0^+)} = 6(V)$$

而 $u_{R(\infty)} = 0; \quad i_{2(\infty)} = 0$

3.3　设电容初始值 $u_{c(0^+)} = U_0$

$$\because W_R = W_C = \frac{1}{2}Cu_{c(0^+)}^2 = \frac{1}{2}CU_0^2 = 2; \quad \therefore U_0^2 = \frac{4}{100 \times 10^{-6}} = 4 \times 10^4$$

$$U_0 = 200(V)$$

当 $t=0.06s$ 时， $u_{c(0.06)} = 10(V)$

而 $5\%U_0 = 10(V), \therefore 3\tau = 0.06$

即 $3RC = 0.06, R = \dfrac{0.06}{3C} = \dfrac{0.06}{3 \times 100 \times 10^{-6}} = 200(\Omega)$

3.4　电路原已稳定，开关换接前，电路中电压表达式为：

因为 $u_{c(0^-)} = E = 100(V), \quad \therefore u_{c(0^+)} = u_{c(0^-)} = E = 100(V)$

$t>0$ ，电容 R 放电，电路的微分方程为：

$$RC\frac{\mathrm{d}u_c}{\mathrm{d}t} + u_c = 0$$

$$u_{c(0^+)} = 100V$$

解得电容电压为：$u_c = 100\mathrm{e}^{-\frac{t}{RC}} = 100\mathrm{e}^{-\frac{t}{40 \times 10^{-3}}} = 100\mathrm{e}^{-25t}(V)$

电容放电电流为：$i = -c\dfrac{\mathrm{d}u_c}{\mathrm{d}t} = 25 \times 100 \times 4 \times 10^{-6}\mathrm{e}^{-25t} = 10^{-2}\mathrm{e}^{-25t}(A)$

当 $t=100ms$ 时，电容电压和电流表达式为：

$$u_{c(100)} = 100\mathrm{e}^{-25 \times 100 \times 10^{-3}} = 100\mathrm{e}^{-2.5} = 8.21(V)$$

$$i_{(100)} = 10^{-2}\mathrm{e}^{-25 \times 100 \times 10^{-3}} = 10^{-2}\mathrm{e}^{-25} = 0.82(mA)$$

3.5　当 $t>0$ 时，电容开始充电，电路的微分方程为：

$$RC\frac{\mathrm{d}u_c}{\mathrm{d}t} + u_c = E$$

$$u_{c(0^+)} = 0$$

解微分方程,求出电路中电压的表达式为:$u_c = E(1-\mathrm{e}^{-\frac{t}{RC}}) = 100(1-\mathrm{e}^{-0.1t})$

分别代入各个时间值,即可求出各时间点的电压值,如图 A.9 所示。

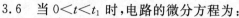

$$u_{c(5)} = 39.4(\mathrm{V}); \quad u_{c(10)} = 63.2(\mathrm{V});$$

$$u_{c(15)} = 77.6(\mathrm{V}); \quad u_{c(20)} = 86.5(\mathrm{V});$$

$$u_{c(30)} = 95(\mathrm{V})$$

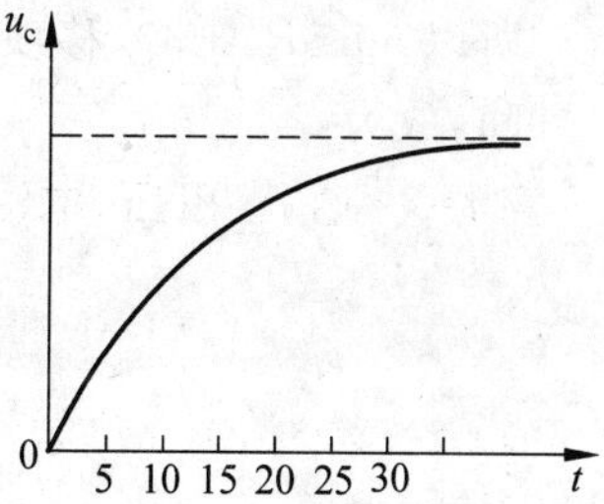

图 A.9 3.5 题各时间点的
电压曲线

3.6 当 $0 < t < t_1$ 时,电路的微分方程为:

$$RC\frac{\mathrm{d}u_c}{\mathrm{d}t} + u_c = 1$$

$$u_{c(0^+)} = 0$$

解微分方程得

$$u_c = 1 - \mathrm{e}^{-\frac{t}{RC}} = 1 - \mathrm{e}^{-5t}(\mathrm{V})$$

$$u_R = u - u_c = \mathrm{e}^{-5t}(\mathrm{V})$$

当 $t_1 < t < t_2$ 时,输入电压为 $-1\mathrm{V}$,此时电路的电容电压为:

$$u_{c(t_1^+)} = u_{c(t_1^-)} = 1 - \mathrm{e}^{-1} = 0.632(\mathrm{V})$$

所以电路的微分方程为:

$$RC\frac{\mathrm{d}u_c}{\mathrm{d}t} + u_c = -1$$

$$u_{c(t_1)} = 0.632$$

解微分方程得:

$$u_{cs} = -1; \quad u_{ct} = A\mathrm{e}^{-\frac{t}{RC}} = A\mathrm{e}^{-5t}; \quad u_c = u_{cs} + u_{ct} = -1 + A\mathrm{e}^{-5t}$$

因为 $t = t_1$ 时,$u_{c(t_1^+)} = 0.632$,所以有:

$$0.632 = -1 + A\mathrm{e}^{-5t}t_1, \quad A = 1.632\mathrm{e}^{5t}t_1$$

故 $u_c = -1 + 1.632\mathrm{e}^{-5(t-t_1)}(\mathrm{V})$;

$$u_R = u - u_c = -1.632\mathrm{e}^{-5(t-t_1)}(\mathrm{V})$$

3.7 设 RL 支路中的电流为 i_L,流动的方向为由上至下,所以它的初始值大小为:

$$i_{L(0^+)} = i_{L(0^-)} = \frac{220}{30} = \frac{22}{3}$$

因为绕组的工作电压为 220V,根据题意,要求断电时不能超过 3 倍工作电压,所以有:

$$3 \times 220 \geqslant R_f i_{L(0^+)} = R_f \times \frac{22}{2}$$

$$\therefore R_f \leqslant 90(\Omega)$$

题目同时要求 $t = 0.1\mathrm{s}$ 电流要减小到初始值的 5% 以下,也就是说 $3\tau \leqslant 0.1\mathrm{s}$,所以有:

$$3 \times \frac{2}{R_f + 30} \leqslant 0.1 \quad \text{即} \quad \frac{60}{R_f + 30} \leqslant 1$$

所以 $60 \leqslant R_f + 30$，移项得 $R_f \geqslant 30(\Omega)$。为了同时满足两个条件，电阻应该在两者之间，故为：

$$30(\Omega) \leqslant R_f \leqslant 90(\Omega)$$

第 4 章

三、计算题

3.1 $\because \dot{I} = \dot{I}_1 + \dot{I}_2 = 17.1 + j9.19 = 19.95 \angle 27.4°$

$\therefore i = 19.95\sin(314t + 27.4°)(A)$

3.2 $\because \dot{U} = \dot{U}_1 + \dot{U}_2 = \sqrt{2} \times (220 - 100 - j190) = \sqrt{2} \times 220 \angle -60°$

$\therefore u = \sqrt{2}220\sin(314t - 60°)(V)$

3.3 $Z = R - j\dfrac{1}{\omega c} = 20 - j\dfrac{1}{2\pi \times 50 \times 50 \times 10^{-6}} = 20 - j63.3 = 66.6 \angle -72.5°(\Omega)$

令电压的初相为零：$\dot{U} = 220 \angle 0°$ 得到：

$$\dot{I} = \frac{\dot{U}}{Z} = 3.3 \angle 72.5°(A)$$

3.4 当 $f = 50\text{Hz}$ 时

$$Z = R + j(\omega_1 L - \frac{1}{\omega_1 C}) = 10 - j16 = 18.9 \angle -58°(\Omega)$$

电路呈容性，当频率 $f = 150\text{Hz}$ 时

$$Z = R + j(\omega_1 L - \frac{1}{\omega_1 C}) = 10 - j36.5 = 37.8 \angle 74°(\Omega)$$

3.5 $\dot{I}_m = \dfrac{\dot{U}_m}{Z} = \dfrac{50 \angle 30°}{5 \angle 60°} = 10 \angle -30°, \therefore i = 10\sin(\omega t - 30°)(A), \dot{I} = \dfrac{\dot{I}_m}{\sqrt{2}}$

3.6 $u = 69.2\sin(\omega t + 239.7°)(V)$

3.7 令 $Z_1 = \dfrac{R}{1 + j\omega c_1 R} = 2.87 \times 10^3 - j1.8 \times 10^3$，及 $Z_2 = -j\dfrac{1}{\omega c_2} = -j1.59 \times 10^4$

因为 $\dot{U}_2 = \dfrac{\dot{U}_1}{Z_1 + Z_2} \times Z_2$，所以 $\dot{U}_1$ 与 $\dot{U}_2$ 之间的相位差就是 $\dfrac{Z_2}{Z_1 + Z_2}$ 的复角。

故 $\dfrac{Z_2}{Z_1 + Z_2} = \dfrac{1.59 \times 10^3 \angle -90°}{17.0 \times 10^3 \angle -80.76°}$

即输入电压与输出电压之间的相位差为 $\varphi = -90° + 80.76° = -9.24°$。

3.8 (1) 因为 Q 很大，可以认为电容电压（U_2）最大时，电路达到谐振。

(2) $\because L = \dfrac{1}{\omega^2 C} = 0.277(\text{mH}), \quad I = U_2 \omega C = 1.91 \times 10^3(A)$

$\therefore R_L = \dfrac{U_1}{I} = 5.14(\Omega)$

(3) $Q = \dfrac{U_2}{U_1} = 150$

第　5　章

三、计算题

3.1　（1）线电压 $U_1 = \sqrt{3} \times 6000 = 10400(\text{V})$

$$u_{ab} = \sqrt{2} \times 10400\sin(\omega t + 30°)(\text{V})$$

所以各线电压为：$u_{bc} = \sqrt{2} \times 10400\sin(\omega t - 90°)(\text{V})$

$$u_{ca} = \sqrt{2} \times 10400\sin(\omega t + 150°)(\text{V})$$

（2）相电压为：

$$u_a = \sqrt{2} \times 6000\sin\omega t(\text{V})$$

$$u_b = \sqrt{2} \times 6000\sin(\omega t - 120°)(\text{V})$$

$$u_c = \sqrt{2} \times 6000\sin(\omega t + 120°)(\text{V})$$

矢量图为

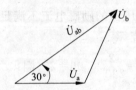

3.2　当负载不对称时，各相电压为：

$$\dot{U}'_{ao} = 220(\text{V})$$

$$\dot{U}'_{bo} = 220\angle-120°(\text{V})$$

$$\dot{U}'_{co} = 220\angle120°(\text{V})$$

各线压为：

$$\dot{U}_{ab} = \dot{U}_{ao} - \dot{U}_{bo} = 380\angle30°(\text{V})$$

$$\dot{U}_{bc} = \dot{U}_{bo} - \dot{U}_{co} = 398\angle-88.6°(\text{V})$$

$$\dot{U}_{ca} = 398\angle148.5°(\text{V})$$

3.3　相电流为：

$$\dot{I}_{AB} = \frac{380.0°}{10.30°} = 38\angle-30°(\text{A})$$

$$\dot{I}_{BC} = 38\angle-150°(\text{A})$$

$$\dot{I}_{CA} = 38\angle90°(\text{A})$$

线电流为：

$$\dot{I}_A = \sqrt{3} \times 38\angle-30° - 30° = 65.8\angle-60°(\text{A})$$

$$\dot{I}_B = 65.8\angle-180°(\text{A})$$

$$\dot{I}_C = 65.8\angle60°(\text{A})$$

3.4 $\because Z_{Y2} = \dfrac{Z_{\triangledown}}{3} = \dfrac{16.6 + j14.15}{3} = 5.54 + j4.72(\Omega)$

单相总阻抗为：

$$Z = \dfrac{(30 + j17.3)(5.54 + j4.72)}{35.54 + j22.02} = 6\angle 38.6°(A)$$

所以线电流为 $\dot{I}_A = \dfrac{220\angle 0°}{6\angle 38.6°} = 36.5\angle -38.6°(A)$

3.5 $P_1 = U_{AC} \times I_L \cos(30° - \varphi) = 380 \times 5.5\cos(30° - 79°) = 2090 \times 0.656 = 1370(W)$

$P_2 = U_{BC} \times I_L \cos(30° + 79°) = 2090 \times (-0.3256) = -680(W)$

注：读数为负值时，W2 的电流线圈应调头。

$$P = P_1 - P_2 = 1370 - 680 = 690(W)$$

第 6 章

三、计算题

3.1 表面上看，变压比成立，但变压器的励磁电流不满足要求，如果将它接在 220V 的电源上，变压器会很快过热而烧坏。

3.2 根据 $\dfrac{N_1}{N_2} = \dfrac{U_1}{U_2}$，$N_2 = \dfrac{U_2}{U_1} \times N_1 = \dfrac{12}{220} \times 500 = 27(圈)$

3.3 $\because P_2 = 36 \times 5 = 180(W)$，$\therefore p_1 = \dfrac{p_2}{\eta} = \dfrac{180}{0.9} = 200(W)$

又 $P_1 = U_1 I_1$，$\therefore I_1 = \dfrac{P_1}{U_1} = \dfrac{200}{220} = 0.9(A)$

3.4 根据 $\dfrac{N_1}{N_2} = \dfrac{U_1}{U_2}$，$N_2 = \dfrac{U_2}{U_1} \times N_1 = \dfrac{36}{220} \times 600 = 98(圈)$

同理 $N_3 = \dfrac{U_3}{U_1} \times N_1 = \dfrac{12}{220} \times 600 = 33(圈)$

$P_1 = \dfrac{P_2}{\eta} = \dfrac{12 + 36}{0.9} = 53(W)$

$I_1 = \dfrac{P_1}{U_1} = \dfrac{53}{220} = 0.24(A)$

第 7 章

三、计算题

3.1 根据 $n_0 = \dfrac{60f}{p}$ 可知，电机的磁极对数 $p = 2$。

转差率 $s = \dfrac{n_0 - n}{n_0} \times 100\% = \dfrac{1500 - 1450}{1500} \times 100\% = 3\%$

3.2 根据 $T_N = 9550 \times \dfrac{P_{2N}}{n_N}$，电机的额定转矩为：$T_N = 9550 \times \dfrac{7.5}{1440} = 49.7(N \cdot m)$

3.3 根据规律，$P \leqslant 100\text{kW}$ 的电机,电压都为 380V,接线方式为三角形,所以有:

(1) $I_N = \dfrac{P_2}{\sqrt{3}U\cos\varphi\eta} = \dfrac{45 \times 10^3}{\sqrt{3} \times 380 \times 0.88 \times 0.923} = 84.2(\text{A})$

因为 $n_N = 970\text{r/min}$,可知,电机的磁极对数 $p = 3$,磁场转速 $n_0 = 1000\text{r/min}$

(2) $\therefore s_N = \dfrac{n_0 - n}{n_0} \times 100\% = \dfrac{1000 - 970}{1000} \times 100\% = 3\%$

(3) 额定转矩 $T_N = 9550\dfrac{P_2}{n_N} = 9550 \times \dfrac{45 \times 10^3}{970} = 443(\text{N} \cdot \text{m})$

(4) 最大转矩 $T_{\max} = \lambda T_N = 2.2 \times 443 = 975(\text{N} \cdot \text{m})$

(5) 起动转矩 $T_{ST} = K_{ST} \times n_N = 1.9 \times 443 = 841.7(\text{N} \cdot \text{m})$

3.4 通常情况下,三相电机的起动转矩 T_{ST} 为 $(1.8 \sim 1.9)T_N$,所以当电压正常时,电机的起动转矩 T_{ST} 应该是 $918 \sim 969\text{N} \cdot \text{m}$

当电源电压只有正常电压的 80% 时,电机的起动转矩为:

$T'_{ST} = 0.8^2 T_{ST}$,为 $587 \sim 620\text{N} \cdot \text{m}$,大于 $510.2\text{N} \cdot \text{m}$

电机能起动。

3.5 电机功率引用公式 $P = \dfrac{\rho Q H}{102\eta_1\eta_2} = \dfrac{1000 \times 0.05 \times 20}{102 \times 1 \times 0.55} = 17.8(\text{kW})$

第 8 章

四、计算题

4.1 $\because P_2$ 是输出功率,输入电机的功率应该等于输出功率与效率之比,所以有:

$$P_1 = \frac{P_2}{\eta} = \frac{20}{0.9} = 22.2(\text{kW})$$

额定电流为 $I_N = \dfrac{P_1}{U} = \dfrac{22.2 \times 10^3}{100} = 222(\text{A})$

4.2 (1) 直接起动时的电流为: $I_{AST} = \dfrac{U}{R_a} = \dfrac{100}{0.1} = 1000(\text{A})$

(2) 当要求起动电流不大于额定电流的 2 倍时,应串入的电阻为 R'_{ST};

$$R'_{ST} = \frac{U}{I_{AST}} - R_a = \frac{U}{2I_N} - R_a = \frac{100}{2 \times 222} - 0.1 = 0.125(\Omega)$$

4.3 根据电机的转矩公式 $T = K_T\varphi I_a$,如果保持转矩和励磁电流不变,则输入电机的电流也应该不变。所以两个电压值的转速之比为:

$$\frac{n'}{n} = \frac{E'/K_E\phi}{E/K_E\phi} = \frac{E'}{E} = \frac{U' - R_a I'_a}{U - R_a 9 I_a} = \frac{80 - 0.5 \times 50}{110 - 0.5 \times 50} = \frac{55}{85} = 0.65$$

可见,当电压降低后,转速是原来的 65%,即:

$$n' = 0.65 \times 1500 = 970\text{r/min}$$

第 9 章

四、设计应用题

4.1　电路如图 A.10 所示。图中,SB1 为停止按钮,常闭复位型;SB2 为起动按钮,常开
　　复位型;KM 为主回路接触器线圈和辅助自锁触头;线圈电压为 380V。

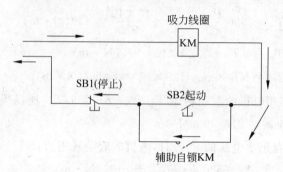

图 A.10　4.1 题答案

4.2　电路如图 A.11 所示。图中,SB1 为停止按钮,常闭复位型;SB2 为起动连续运行按
　　钮,常开复位型;SB3 为点动按钮;KM 为主回路接触器线圈和辅助自锁触头;线圈
　　电压为 380V;KH 为热保护继电器,动作温度为 100℃。

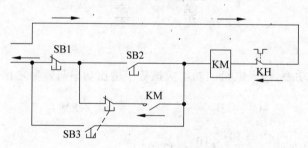

图 A.11　4.2 题答案

4.3　电路如图 A.12 所示。图中,SB1 为停止按钮,常闭复位型;SBF 为正转起动运行按
　　钮,常开复位型;SBR 为返转起动按钮;KMF 为正转主回路接触器线圈和辅助自锁
　　触头;KMR 为反转主回路接触器线圈和辅助自锁触头;线圈电压均为 380V;正转
　　常闭辅助触点串接在反转控制回路中,反转接触器的常闭辅助触点串在正转控制回
　　路中;KH 为热保护继电器,动作温度为 100℃。

4.4　时序控制电路如图 A.13 所示,图中 SB1 为停止按钮;KM1 为第一台电机主回
　　路接触器线圈和辅助触点;KM2 为第二台电机主回路接触器线圈和辅助触点;
　　KT 为延时继电器,第一台通电后,需经延时后,KM2 才能通电,延时时间设定
　　为 2 分钟。

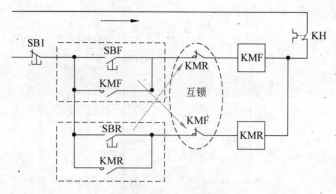

图 A.12 4.3 题答案

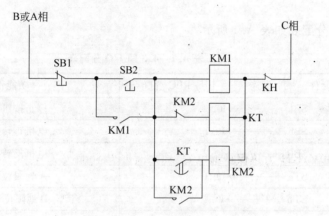

图 A.13 4.4 题答案

第 10 章

四、PLC 程序设计题

4.1 设计梯形图如图 A.14 所示。

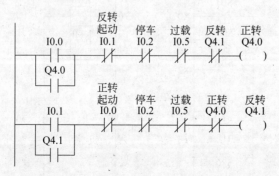

图 A.14 4.1 题三相电机正反转控制梯形图

4.2 PLC 连接图如图 A.15 所示。

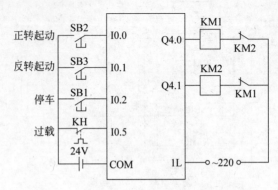

图 A.15 4.2题电机正反转PLC连接电气图

4.3 (1) I/O 分配表如表 A.1 所示。

表 A.1 4.3题 I/O 分配表

电气元件	连接	PLC 端口	功能作用
SB1 ——→		I0.0	停止按钮
SBF ——→		I0.1	电机正转按钮
SBR ——→		I0.2	电机反转按钮
STa ——→		I0.3	A 地限位开关
STb ——→		I0.4	B 地限位开关
KMF ——→		Q0.0	电机正转接触器
KMR ——→		Q0.1	电机反转接触器
KT1 ——→		T33	15s 延时
KT2 ——→		T34	20s 延时

(2) PLC 电气连接图如图 A.16 所示。

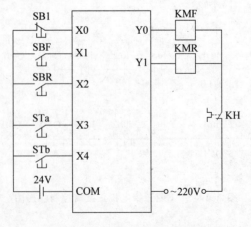

图 A.16 4.3题 PLC 电气连接图

（3）梯形图如图 A.17 所示。

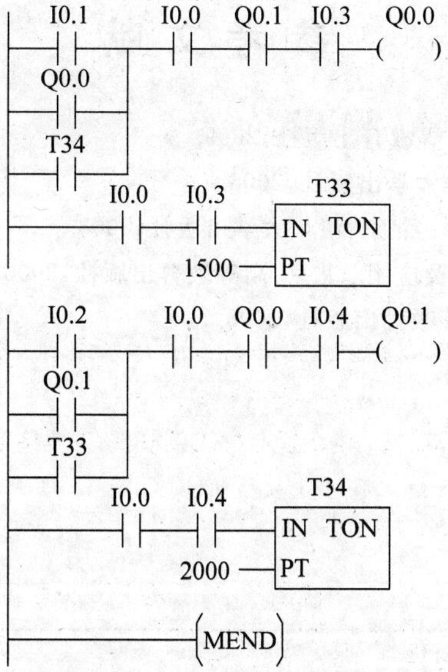

图 A.17   4.3 题梯形图

参 考 文 献

1. 秦曾煌.电工学.6 版.北京:高等教育出版社,2009.
2. 甘祥根.电路基础.北京:清华大学出版社,2006.
3. 王兆明.电气控制与 PLC 技术.北京:清华大学出版社,2008.
4. 吴建强.可编程控制器件原理及应用.北京:高等教育出版社,2006.
5. 孙政顺.PLC 技术.北京:高等教育出版社,2008.